ものと人間の文化史

149-Ⅰ

杉 Ⅰ

有岡利幸

法政大学出版局

まえがき

「スギ」という樹木名を聞いたとき、ほとんどの日本人はそれぞれ自分なりのイメージを思い描く。杉は松や桜などと同じように、いやそれ以上に日本人によく知られている。

わが国は地理的条件から各種の森林がよく発達し、有用な植物が豊富に生育している。数千年のむかしから樹木を活用した生活を営んできたわが国の文化は「木の文化」だといわれ、利用される樹木の種類は多種多様で、これほどの樹木を生活に活用している国は少ない。数多い樹種のなかでも量、質ともに重要な地位を占めているのが杉である。杉はかつての日本人の、衣食住といった物にかかわる生活分野だけでなく、精神生活の面にも密接な関わりをもっていた。

杉に関わる数多くの熟語や言葉がその証しで、辞典類を調べると、杉の生育状態を示す杉生、杉山、一本杉などはもちろんのこと、織物の文様の杉綾、住居部材の杉障子や杉板葺、食具の杉箸、信仰面での神杉、歩行具としての杉下駄や水上交通での杉舟、子供たちの遊具である杉鉄砲等、おおよそ一〇〇種を超える言葉がみつかる。杉と同様に、わが国の人びとによく知られている松の言葉は単純な調べだがおおよそ九〇種である。樹木と人々との関わりの深さは言葉の多さと大いに関係があり、言葉の数からいうと杉は松を超えている。

現在私たちが使っていることばだけでなく、文献としても『古事記』『日本書紀』『万葉集』などの古い書物や歌集にも杉材の使い方や、信仰面での関わりを示す歌が登場してくる。実際にも弥生時代以降の遺跡からは、水田の畔作り材、住居等の建築材、土木材、食器具などの杉製品の遺物が出土してくる。杉はわが国の人びとの生活の中で大活躍していたのである。

杉は日本人によく利用されてきたが、最優良材ではない。木材として世界的に最も優れたものは檜《ひのき》であり、その材は宮殿、寺院、神社、彫刻等に用いられてきた。杉は檜ほど優秀ではなかったが、すぐれた割裂性、つまり縦によく割れる性質をもっており、板材にはもってこいの樹種であった。板は壁や戸、仕切りなどに使われ、そのうえ箱などの容器は板がなければ作ることができない。正倉院の宝物が現在まで当時そのままに保存されているのは、外側のヒノキ材の校倉造りではなく、内部に収められているスギ板作りの箱の機密性の貢献度が高いと評価されている。

江戸期の二六〇有余年の間、地方に存立していた封建領主は、領民の自由な杉立木の伐採を制限するとともに、杉材を許可なく藩外に持ち出すことを禁止していた。領主によっては領民に杉の造林を奨励し、杉材の生産を図っていた。これらは杉の有用性が十分に理解されていたためである。

戦後の高度経済成長期以降、たくさんの杉が植林され、山地に生育する樹木では杉の比率がもっとも高い。戦後の都市部は慢性的な住宅不足で、いわば住宅建築に必要な木材に対して飢餓状態に陥っていた。その危機を脱するため山地をもつ人たちは政府の奨めもあって、樹木としては比較的短い年月で材木として利用できる大きさに育ち、多様な用途に使える杉を植林してきたからである。

このような杉と日本人との関わりを、弥生から現代にいたるまでの長い期間にわたって項目ごとに探ったものが本書である。杉は日本人の生活と密接に関わってきたので、限られたページ数ではその全容を探ることはとうていできない。杉は庶民的で、ごくありふれた素材であったから、現在みられる資料では杉を使ったとする記述はすくない。本書は、調べられる範囲が限られ、著者の好みが強く出ていると思うが、どうぞページをめくって下さい。いかに日本人が古い時代から、杉を愛してきたかという歴史がひろがってくると思う。

（付記）
近年、市町村合併や行政区画の統廃合により、旧市町村の地名表記が大きく変動している。本書では、本文の記述内容に沿った歴史的時点での地名表記とともに、可能なかぎり現行地名を併記した。

杉Ｉ——目次

杉II——主要目次

序章　杉の文化史への誘い

生家の背戸山にあった杉

私と杉とのかかわりは、子供のころからはじまる。

私は岡山県の東北部にあたる美作《みまさか》台地で生まれ育ったが、波打つように続く低い丘陵は赤松林で、台地をきざむ浅い谷では稲作が行われていた。生家は低い丘陵のやや南寄りに建てられた農家で、背後の北側は冬の季節風を防ぐ防風林で、檜が交じった赤松林となっていた。周囲の里山も主として赤松に少しばかり檜が交じった林が続いていた。

わが家を建てるときに背戸山を切り取った高さ二・五メートルくらいの土坡《どは》と家屋との間に、どういうわけか若い杉が植えられていた。五〇センチ間隔くらいで、一〇本くらいがあり、太さは直径八〜一五センチ程度で、高さも五〜六メートル程度であった。裏側の濡れ縁から、小学生の私がやっと手がとどく範囲にあったが、家の裏側なので湿気でじめじめしていたから、あまり好ましいところではなかった。

時折その杉に登ってはみたが、根元から二〜三メートルくらいのところまで枝のない幹で、さらにその上に登っても枝が細く、腰掛けることも出来ずおもしろくない木であった。それに反して家の東側にあた

スギの自然生えの一形態。ここでは大木のスギの根元の腐れ部分に若芽が生えている。

る井戸端のカシの生垣、というよりは剪定もせず、伸ばし放題にしたカシの自然木が一列に数本と黒松数本があって、それを生垣としているきわめて横着なものがあった。そのカシは枝が互いに交差していたし、地面のすぐ近くから枝がのびていたので、カシの木に登って枝から枝へと移動するなど、私の格好の遊び相手となっていた。

背戸の杉はいつ植えられたものなのか、親たちに尋ねたこともなかったが、第三紀層の粘土質のほとんど肥料分のないところなので、何年経っても一向に成長した様子をみせることはなく、私の小学生のころから高校卒業まで、そんなに大きくなったという記憶もない。この木が杉という名前だということを知っているだけで、関心を寄せるには愛想のない木であった。

高校入学のときは田舎のこととて、自転車で通学しなければならないので、他に選択の余地もなく、地元の農業高校の、この年に新設された林業科へ受験し、無事に合格した。高校へ行くようになった年だったと記憶しているが、わが家から少し離れた松林の中にある畑が、何を栽培してもできが良くなかったので、作物栽培を止め檜苗を植えることにした。もともとはリンゴ栽培のために開墾していたのだったが、地味不良でリンゴもあまり生らず、収入に結びつかなったので、畑を荒らすことにしたのだ。畑を荒らすとは、開墾する前の山に戻すことであり、放置しておけば周囲から赤松の種子が落ち、松林となることは確実であった。でも、家を建て替えるときの用意にと、家の背戸の赤松山にたくさん発生していた檜苗を植えることにしたのであった。いわゆる檜の山引苗である。

さほど広くもない背戸山だったが、苗畑ではないので、自然生えの檜苗があちらこちらに分散して生えていた。それを見つけながら掘りとっているとき、五〇センチくらいになった自然生えの杉苗を見つけた。近くにもう一本あった。背戸山での杉はこの二本だけであった。そのときは、杉も自然に生えるものだと思っていた。

いま考えると、その自然生えの杉苗は、わが家の背戸で実ったものが、風に乗せられて運ばれたもののようである。背戸と自然生えの杉苗との距離は、五〇メートルもなかった。

高校演習林での杉植林

高校の林業科を卒業するには、林業実習が必須科目であった。演習林実習は一年生は二回、二年生は三回、三年生は二回あり、それぞれ一回の実習は山泊まりで一週間、いまの言葉でいう林業体験をすることであった。山泊まりする宿舎は、地元の集落から約四キロも離れており、周りは山林という孤立したものであった。演習林実習に行けないことによる単位不足で、退学した同級生がいた。

林業実習は、苗床をつくり種子を蒔きつけ、芽生えた苗の管理を行う作業があったが、これは高校の地元の畑で行われた。演習林では植付け場所に生えている植生の刈払いなど、植林できる状態にする準備作業（これを地拵《じごしらえ》という）、苗木の植付け作業などがあった。

杉苗つくりは、種子を畑に蒔きつけて仕立てる実生苗と、枝を畑地に挿し発根させる挿木《さしき》苗の二つの方法があり、両方とも体験した。私が学んだ岡山県立勝間田高校は、吉井川の最上流部の鳥取県境に二六〇ヘクタールという広大な演習林をもっていた。杉の地域品種であるエンドウスギ（遠藤杉）の本拠地は、尾根を一つへだてた西側にあり、天然杉が生育していた。当時の演習林には、ブナ、ミズナラ、スギなどを高木層とする天然林もかなり広く存在していたけれども、高校生の私たちには見る機会はほとんどなかった。私たちは演習林では、春には杉を植林し、夏には下刈といって杉苗の生育を阻害する雑草や樹木の若芽などを刈り払った。下刈作業中にノウサギが出現したので、その場にいた同級生たちが作業をやめて追っかけまわし、ついに捕獲し、その夜はウサギ汁となり、私たちの腹に収まった。

高校卒業後は、本州西部の国有林を管理経営する大阪営林局に就職し、林業に関わる職場で過ごすことになった。そこでは国有林において、苗木を植え育てる育林のしごと、伐採され丸太になったものを販売する仕事などを経験した。しかしそれらの仕事は、杉という樹種を含む数多くの木材を市場に供給するための一次産業の仕事であった。

市場に、良質で、需要に応えられる量を、途絶えることなく供給することを第一義としている林業については長年仕事として関わってきた。しかし、それは伐採し丸太として販売するまでの仕事であって、その丸太を購入した人たちが、どう加工し、どのように人びとの生活に役立てるかという次の工程に及ぶことはなかった。いわば杉の文化を語る上では、片寄った一面の仕事の職場にいたということである。

わが国文化は杉文化

わが国の文化は木の文化だといわれる。

木の文化のなかでも杉は大きな役割を果たしている。杉はわが国の代表的な針葉樹で、私たちの生活に

日本茶の山地である京都の宇治茶畑のなかには、杉林に囲まれたところもある。香ばしいよい茶葉が採れる。

役立てるために最も数多く植林されている樹種としてよく知られている。一見単調とみえる杉林であっても、よく見れば少しづつ変化している。たとえば九州横断道路を自動車で走ってみると、山並みと草地と杉林が交錯し、杉林がすぐれた大風景の要素としても大きな位置を占めていることがわかる。

わが国は大陸東辺からあまり遠くない距離を隔てて、東北から南西へとやや傾きながらも、南北に長く連なった列島であり、その地理的条件から温暖で雨量が多く、植物の繁殖に適した気候帯に位置している。日本人の生活資材のほとんどは、列島内に生育している樹木を主とした植物で賄われてきた。そして樹木は重要な役割を果たしている。なかでも杉は植林されたものも含め、本州北端の青森県から九州の屋久島までという広い範囲に生育しており、日本人の生活に寄与してきた。

とくに弥生時代から近世のはじめまでは、日本人は木材を割って加工し、建築用材はもちろん、水田の畦にまで用いてきた。割れない木は大木でも放置され、邪魔物扱いされた。杉や檜は通直で大きな径の木材を産出したから、奈良の大寺の建築材料となり、また割って良質の板材を供給してきた。

他の木材からは得難い板という扁平な木材を、日本人は杉や檜という縦に割りやすい樹種から得てきた。それをつなぎ合わせて物を収納する箱をつくった。わが国の重要な木造建造物である正倉院は、天平時代の宝物を今に伝えているが、中身が傷まなかったのは外側の校倉造りのためではなく、内部に収められている杉の箱の機密性が大きな役目を果たしていたからだといわれている。コケラと呼ばれるそぎ板や、樹皮をはぎとった杉皮は屋根葺き材料として用いられてきた。

そんなところから、木の文化といわれる日本文化のなかにあっても、日本の木の文化はすなわち杉の文化だともいわれるのである。

杉は日本人の日常生活を支える基《もとい》となる住居をつくる材木としてばかりでなく、精神生活としての信仰面にも、支柱として重要な役割を果たしてきた。たとえば神社や寺の境内や参道には、必ずといっていいほど杉の大木があったり杉並木が整えられていた。一本杉あるいは三本杉といわれるように、孤立しながらも、大木となった杉が信仰の対象とされたりもした。

神奈川県足柄上郡山北町中川のほうき杉も一本杉で、集落の斜面にほうき状の樹姿ですっくと立っている。根元には「須賀神社」という小さな祠《ほこら》があり、秋祭りの日や、集中豪雨で大きな被害を受けた日を被災日ときめ、その日には集落の人びとはそろってお参りする。須賀神社の「須賀」とは、杉の別名のひとつであり、いわば杉神社のことである。

また杉立木が伐採され材木となっても、その木肌の白さに精霊の意識を感じ、白木として尊《たっと》んできた。白木とは針葉樹の木肌のことをいうのであるが、白色は古来から清浄無垢《せいじょうむく》の代表とされていた。もっとも身近な例では、杉の白太《しらた》、つまり丸太の芯の部分でなく、縁にちかくて色合いが白い部分の辺材からつくられた割箸があり、白木の割箸は日本料理を食べるうえで、切ってもきれないほどの結び付きとなっている。

図の上方に描かれているのが大悲山の三本杉。本文には「大木にしてまた類ひ稀なり」と記されている。（『拾遺都名所図会　巻之三』近畿大学中央図書館蔵）

神木として信仰の対象となっている三本杉。写真は京都市花背の大悲山国有林の三本杉だが、残り一本は右側に隠れている（近畿中国国有林管理局提供）

国産の割箸の原料としては松類、檜、杉、ドロノキ等があるが、もっとも好まれるのは杉製である。松類はかつては豊富に出回っていたが、松脂《まつやに》臭があり、下等と位付けされていた。檜製品も、檜材には独特の強い香りがあり、素材を重要視する日本料理を食べるのには向かなかった。松類、檜、杉というわが国の三大針葉樹でつくられる割箸も杉に凱歌があがっている。

道らしい道のない大和国（奈良県）の山奥の、大台ヶ原のすぐ麓にあたるところでは、ずっと以前には杉で割箸をつくっていた集落があり、それで生計を立てていた。軽くて上等な割箸は、険しい山坂を遠くまで運んでもそれに値する林産物となっていたのだ。大台ヶ原には何度か登ったが、杉の割箸を作るという集落にまで足を運ぶことはできなかった。ひじょうに残念なことをしたとの思いが今はある。

『林政ニュース』という隔週刊の林業専門誌が、石川県内の杉間伐材で生産する割箸の話題を載せていた。それによると、石川県金沢市の中本製箸株式会社が三年前から製造をはじめた杉割箸が、外食産業などから注目されて、現在では月産約二五〇万膳という全国トップの生産量をあげているという（一九九〇年六月二四日号）。

割箸の納入先は、シューマイで有名な株式会社崎陽軒のほか、飲食店、航空会社などである。現在のわが国内の割箸使用量の約九割以上が、中国を主とする東南アジアなどからの輸入品で占められている。しかし、輸入に伴う環境負荷や、漂白剤・カビ防止剤などの薬品の汚染が問題視されている。このため、外食産業などでは安全・安心の観点から、輸入割箸を国産割箸に切り替える動きが加速しているという。

同社の割箸原料となる杉間伐材は、北海道、岐阜県、石川県、大分県、奈良県、三重県などから、全国森林組合連合会の間伐材マーク適合材を購入している。加工した割箸の価格は、中国産の約二倍にもなるが、日本の森林づくりに貢献できる商品として差別化を図っており、今後も注文に応じて増産する方針だという。石川県も、県産の杉材をつかう同社の事業に補助金などの助成をおこなっているという。

杉割箸生産の地域にも、新たな産地がうまれつつあることが示されている。

都市の清潔さを保った杉の肥桶

私が就職した昭和三一年（一九五六）以前は電気の冷蔵庫など保存器具が普及していない時代で、腐りやすい野菜を長期間保存するため、漬物にされることが多かった。多量の野菜を保存するため、木製の樽が用いられたが、樽をつくる材料のほとんどは杉材であった。また酒造りの樽も、さらにできあがった酒を運搬する器もガラス製の一升瓶《びん》が多用される以前に用いられた小さめの樽も杉製品であった。

昭和三一年春の高校卒業とともに就職で家を離れるまで、生家には桶や樽があった。ほとんど材料は杉材だったように記憶している。秋祭りのときに使われるすし桶、初冬に大根や白菜を漬けるいくつもの漬物樽、一年間の調味料を作り蓄える味噌と醤油の樽があった。これらは食べ物に関する桶や樽であったが、これ以外に便所に溜まった糞尿をくみ取り、畑の肥料として運搬する容器として、わが家の地方には肥桶《こえおけ》というものがあった。

肥桶は生家の地方ではコエタゴと呼んでいた。板の作りは樽だが、決して樽とはいわなかった。樽とは、食べ物に関わる容器をさしているとの考えがあったようである。二つのコエタゴに便所の糞尿を入れ、天秤棒の両端に一つづつぶら下げ、気を配りながら畑へと運ぶのだ。上手に拍子をとって歩くことが必要で、コエタゴの中身の揺れと、歩調が合わないと、中身が大揺れして縁から飛び出し、かつぎ手の足に糞尿がビチャビチャとかかるのだった。これがうまくできるようになると、半人前と認められた。

私の家は田舎の農家だったので、家族が排出する糞尿は、わが家の畑の肥料として用いてきたが、野菜作りには不足するほどであった。自家用の畑をもたない大阪、京都、東京のような大都会では、周辺の農家の人が肥桶をもってくみ取りにきた。

『杉のきた道』（中公新書、一九七六年）の著者遠山富太郎は、つぎのように京都でのくみ取りの様子を描写している。

せまい通り庭の奥から、ゆっくりと一歩一歩ふみしめながら、たえず天秤棒の両側にぶらさがった重い桶に気を配りながら、担ぎ手が通りまで無事にでてきて地面に桶をおくと、見ているほうもほっとする。重い黄金色の液体にくらべてその桶はきゃしゃに見え、強くぶっつかるとたちまち桶はもとのバラバラになって大変なことになるのである。（中略）当時は何の木でとは知るはずもなかったが、いつもよく水洗いされていると見え、白い木肌に美しく柾目が浮き上がった杉の担桶《たご》であった。（中略）戦後六年をすごした会津若松では、材料はやはり杉であったが、少し細長い紡錘形の担桶で、その一端は樽の呑口の大きいようなのでとめてあった。

そして、進駐軍は担桶をハニー・バケットとよんでいたと、遠山は記している。

京都の街中に健康と清潔をもたらすために、近隣の農家の人が肥桶でくみ出したものが、近郊農業の肥料となり、そこでおいしい野菜を育てたのである。そして京都の街の人は、肥料を頂いたお礼として農家の人から新鮮な野菜を貰ったのである。

人が排出する糞尿は、現在の人たちは不潔なゴミ以下のものとしか見ないが、当時は重要な肥料であり、一つの資源であった。都市の生活を清潔に保ち快適にすると同時に季節の新鮮な野菜類を入手するということもあり、近郊農家の人にとっては糞尿は農作物の重要な肥料であり、都市と近郊農村とを循環する資源であった。その資源を運搬していた道具が、杉を材料として竹製のタガをはめた肥桶であった。

杉の板でつくられる肥桶は、南北朝時代の建武中興（一三三九年）後の「二条河原落首」に肥桶という語がみえるように、この頃から京の街では用いられていたようである。その後各地にひろまった。室町時代の永禄五年（一五六二）に来日したポルトガル人の宣教師ルイス・フロイスが書いた『日欧文化比較』（岡田章雄訳注『大航海時代叢書　一一巻』一九六五年に収録）には、次のような記事がある。

「われわれは糞尿を取り去る人に金を払う。日本ではそれを買い、米と金を支払う」

人の糞尿（下肥《しもごえ》ともいう）が肥料として活用できたのも、杉製の軽い運搬用の肥桶がつくられたからである。日本で下肥を農地へ施すようになったのは、近世の少し前あたりだとされており、それは板を強く締め付け、内部の液体が漏れないようにする竹のタガが出現するころからのことのようである。

灘などの酒造業を発展させた吉野杉

室町時代のおわりごろ、短冊型の板を立て並べ、これを竹の夕ガで締め付け、底をいれる桶・樽が発明され、桶・樽の大きなものが作られるようになった。この技術の進歩により、酒、醤油、味噌の醸造が便利になり、大量に生産されるようになった。

わが国の酒造りは、『古事記』のスサノオノミコトの八岐大蛇《やまたのおろち》退治の説話で知られるように、きわめて古い時代から醸しだされていた。中世末期ごろまでは、瓶《かめ》や壺で醸造も貯蔵も行われていたので、量的には限られていた。杉板を用いた大型の一〇石（一八〇〇リットル）、二〇石という樽をつくることが可能になったので、大量の酒を企業的に醸し出すことができはじめた。

近世の酒造業は、原料の米が幕藩体制の基幹商品であったため、領主から厳重な統制をうけていた。ところが徳川八代将軍吉宗の時代の享保（一七一六〜三六）のころから幕府の酒造政策はしだいに自由化の方向をたどるようになり、宝暦四年（一七五四）には酒造政策が大幅に緩和された。元禄期（一六八八〜一七〇四）には摂津国の伊丹（現・兵庫県伊丹市）や池田（現・大阪府池田市）が、享保期（一七一六〜三六）からは摂津国の灘地域（現・神戸市灘区及び東灘区）を中心として酒造業が発展し、酒樽や酒桶の需要が増加してきた。

灘地域の酒造業に大きく貢献したのが大和国（奈良県）の吉野地方の杉であった。寛文・延宝期（一六六一〜八一）のころから造林が行われていた吉野地方の杉は、樽丸（樽の両側用の板材）に適した年齢に達していた。それまでの天然杉と併せて、酒樽に適した通直完満（真っすぐで本口と末口の太さがほとんど変わらないこと）、年輪幅が均一で光沢のある淡紅色の材が生産でき、樽丸として適していた。樽丸には節のない枝下の芯材が主に使われ、厚さは五分（一・五センチ）とされていたが、年輪幅の狭い吉野杉ではその間に三つ以上の年輪が含まれ、液体の酒の浸出を完全に防いだのである。この樽丸用材をつくりだすことが、吉野の杉造林技術の最終目的となったのであった。

吉野の樽丸は、山で製造し、十分に乾燥させてから、吉野川・紀ノ川を下り、和歌山を経て堺へと運ばれた。杉の樽丸の得難いところでは、大きな酒造業は発展しなかった。

元禄当時の江戸は一〇〇万人近い人口をもつ世界一の大都会であり、単身赴任の武士を中心とした男の世界であったので、酒の需要も大きなものがあった。酒樽を運送することからはじまった大坂・江戸間の定期船である樽廻船《たるかいせん》は万治元年（一六五八）ごろから運行したが、三〇年を経た元禄のころには少なくとも五万石が江戸に送られたと推定されている。江戸に入津する酒のほとんどは上方からの下り酒で、享保一一年（一七二六）には二〇万樽であったが、寛政三年（一七九一）には一〇〇万樽に達した。この樽は四斗樽（七二リットル）であるが、実際の中身は三斗五升であった。

日本酒は木香《きが》といって、醸造などにつかった杉材などの酒造容器から酒についた杉材の香りを、酒の香りの一要素として楽しむのである。ことに吉野杉の木香には、苦、渋、甘、辛の四味が含まれており、これが酒に混じるとその味が芳醇なものと喜ばれたのである。

現在では飾りとしてあちらこちらで用いられているが、杉の枝葉を丸めた杉はやし、あるいは酒はやしが、新酒ができた標《しるし》として酒屋の軒にぶら下げられた。

杉のつく言葉

このように杉は、日本人の日常生活や、文化と深くかかわりをもっているので、数多くの熟語や言葉がつくられている。辞書類を調べるとおおよそ一〇〇種を超える言葉がみつかったので、それを項目別に整理するとつぎのようになった。

杉という植物に関する名称……杉、杉科、杉の木、杉の子、杉の花、杉の実、杉落葉、青杉葉、杉皮、杉苗

杉の生態に関する語……杉生《すぎう》、杉木立、杉並木、杉林、杉森、杉山、杉原、杉間《すぎま》、杉叢《すぎむら》、檜と杉、杉花粉、一本杉、三本杉、杉檜

杉以外の植物名……杉蔓《すぎかずら》、杉草、杉菜草、杉苔、杉木賊《すぎとくさ》、杉菜、杉菜木賊、杉菜坊主、杉菜藻、杉菜藻科、杉海苔、杉びゃくしん、杉蘭、杉茸

昆虫の名称……杉かみきり、杉食虫、杉毒蛾、杉虫、杉葉虫

建物に関する語……杉の庵、杉の門、杉の戸、杉の下、杉の屋、杉板葺、杉皮葺、杉垣、杉籬《すぎまがき》

建具に関する語……杉障子、杉戸《すぎど》、杉の板戸、杉柱、杉骨、杉遣戸《すぎやりど》

材木の名称に関する語……杉板、杉皮付、杉榑《くれ》、杉柾《まさ》、杉丸太

料理名に関する語……杉板焼、杉重、杉原餅、杉焼

食具に関する語……杉折敷《おしき》、杉折、杉形《すぎなり》椀、杉箸、杉楊枝

酒に関する語……杉折り掛く（酒林を掛けることをいう）、杉の葉、杉林《すぎばやし》（酒林《さかばやし》のこと）

神社・仏閣に関する語……杉の標、杉御社《すぎのみやしろ》、杉本寺、杉社、神杉

病気・健康・薬に関する語……杉花粉症、杉の湯、杉山膏薬《こうやく》、杉山流

織物に関わる語……杉綾、杉綾織、杉錦

生活道具に関する語……杉扇《すきおうぎ》、杉唐櫃《すぎからびつ》、杉下駄、杉手桶、杉櫃、杉目扇、杉樽、杉桶

地名に関する語……杉坂、杉田、杉戸、杉並

武具・戦術に関する語……杉材棒、杉形鞘《すぎなりさや》、杉形
算術に関する語……杉算
様式に関する語……杉形《すぎなり》、杉生《すぎばえ》
紙に関する語……杉杉《すぎすぎ》、杉原紙、杉原雲
姿勢に関する語……杉立《すぎだち》
葬祭に関する語……杉団子、杉仏
玩具に関する語……杉鉄砲、杉玉鉄砲
紋所に関する語……杉巴、杉菱
人物に関する語……杉戸者
船に関する語……杉船、杉舟
天文・気象の表現に関する語……杉颪、杉月

杉に関する語を分類してみると、樹木としての杉の部位を表す言葉が多いのは当然であるが、植物名にも杉の名をもつものが数多い。昆虫名は、杉を食べることで生活し繁殖しているものばかりである。武具や戦術といった武士階級の人だけがつかう言葉や、あるいは葬祭にも杉に関する語があるのも珍しい。

杉の熟語の概説

杉の言葉を分類したけれども、読者のみなさんは熟語をみるだけなので何故その分類にいれたのか理由が判らないものが多数あると思われるので、簡単に説明する。

杉山流とは鍼《はり》の一派で、伊勢国安濃津（現三重県津市）の盲人杉山和一が創始した。和一が徳川五代将

「杉生」「杉形」と「杉算」の関係

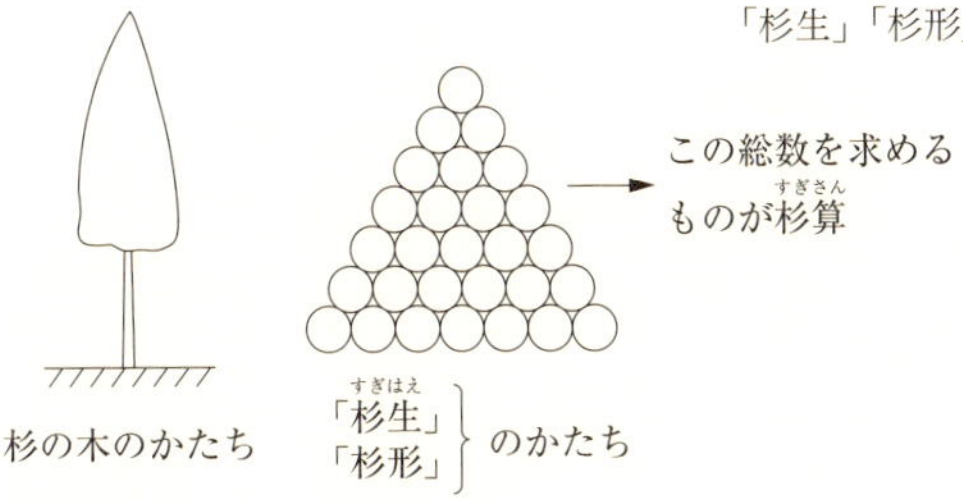

軍綱吉の病を治療して有名になり、江戸総検校《けんぎょう》になったところから、その流派が国中に広まった。

杉綾《すぎあや》とは杉綾織《すぎあやおり》の略であり、杉綾織とは杉の葉のような縞《しま》を織り出した布地で、もともとは毛織物であるが、綿や絹もあり、現在では化繊地のものもある。

杉扇《すぎおうぎ》とは、杉の薄い板を要《かなめ》で綴《と》じた扇のことをいう。

杉材棒《すぎさいぼう》とは杉の丸い棒のことであるが、その先の方にトゲをつけて武器としていたことが、『太平記』（応安〔一三六八～七五〕から永和〔一三七五～八一〕にかけて成立したとみられる南北朝時代の争乱を描いた軍記物語）に載っている。

杉形鞘《すぎなりさや》とは槍標《やりじるし》の一種で、鞘のふくろが杉の木の形になっているものをいう。杉形《すぎなり》は戦のときの陣立ての名称で、前の隊列には足軽を鉾形《ほこがた》にならべ、その後ろに武者を配した備えのことである。鉾は諸刃《もろば》の剣に長い柄をつけた武器のことで、敵を突き刺すことに用いる。

杉算《すぎさん》とは、和算（わが国古来の数学のこと）で正三角形状または台形状に積まれた俵や材木などの総数をもとめる問題およびその解法のことである。寛永四年（一六二七）に吉田光由が著したわが国最初の算術書『塵劫記《じんこうき》』に「杉算の事」とあり、杉形《すぎなり》に積まれたものの個数をもとめることから、杉算といわれる。

杉形《すぎなり》とは杉の木がそびえ立ったような形のことで、上が尖り、左右がしだいに張りひろがった形で、ピラミッドのような形をしている。杉生《すぎばえ》とは杉の木がそびえている形のように、俵や酒樽などを三角形に積みあげることをいう。

杉杉《すぎすぎ》とは杉原紙《すぎはらがみ》のことをいう女房言葉である。杉原紙は鎌倉時代、播磨国揖東郡杉原村（現兵庫県多可郡加美町）で産したといわれる紙のことで、奉書紙に似てやや薄く、種類が豊富で、主に武家の公用紙として用いられた。のち一般に広く用いられるようになると、各地で漉《す》かれた。近世から明治期にかけて、色を白く、ふんわりと仕上げるために米糊《こめのり》を加えて漉かれ、「糊入れ紙」または「糊入れ」と称された。「すいばら」「すぎわらがみ」ともいわれる。杉原雲《すぎはらぐも》とは、雲形の模様を染めた杉原紙のことである。

杉立《すぎだち》とは文字だけをみると杉の木が立っていることのようであるが、まったく意味が異なり、一つは両手と頭を下につけて両足を上にそろえて逆立ちすることをいう。もう一つは、長い竿《さお》などにのぼり、逆さまになって、足を竿にひっかけて手を放し、しばらくぶら下がってから身を翻して降りる技のことで、越後獅子などがする技をいう。三つ目は、身動きしないで真っすぐに立つことをいう。滋賀県蒲生郡の方言で、頭を下にして逆立ちすることを杉ダチという。

杉団子《すぎだんご》とは葬送のとき墓へ持って行く団子のことである。島根県や山口県では、杉の葉を串にした団子や、串団子を杉の枝につけたものから、杉団子という。杉仏とは三三年または五〇年の最後の年忌に、墓場に立てる杉の葉のついた塔婆《とうば》のことである。「葉付塔婆」とも「梢付塔婆《うれつきとうば》」ともいわれる。

杉戸者《すぎともの》とは江戸時代のこと、品川の遊里杉戸に出るような不器量な遊女のことをこうよんだ。ここにいう杉戸《すぎと》は、江戸時代の品川宿の遊女屋の張見世の下座のうしろにあった杉の板戸のことであるが、それから転じて杉戸の前に座っている下等な遊女のことをさした。

衣食住と杉の関わり

杉のつく言葉を分類すると、前のように二七種類にもおよんでいた。

私たちの生活のもっとも基礎となる条件は、衣服と食物と住居である。衣食住と簡略化されるが、生活のもといであり、暮らしむきのことである。ある植物名で、衣食住の中のどれか一つにでも関連したものがあれば、三つの生活基礎条件と深い関連があるといえる。たとえば、秋の七草の一つのクズ（葛）には、食に関わることばとして葛餡《くずあん》、葛掛け、葛切りといった食物の言葉がある。また衣服に関しては葛布《くずぬの》、葛《くず》袴《ばかま》がある。これらからみて、クズは日本人の衣服と食物とに深い関係で結ばれていることがわかる。

杉のつく言葉を衣食住という面で集約し直してみると、つぎのようになる。衣食住のほかに、日々の生活にかかわるものがあり、それも合わせて集約する。

衣服に関するもの……織物（三件）、紋所（二件）
食物に関するもの……料理名（四件）、食具（五件）、酒（三件）
住居に関するもの……建物（九件）、建具（六件）、材木の名称（五件）
信仰に関するもの……神社・仏閣（五件）、葬祭（二件）
日常生活に関するもの……生活道具（八件）、紙（三件）、姿勢（一件）、玩具（二件）、天文気象（二件）、
　病気・健康・薬（四件）
学問に関するもの……算術（一件）、武具・戦術（三件）、植物名（一四件）、昆虫名（四件）
交通に関するもの……船（二件）

以上の総計は八六件となる。樹木のなかでこれほど広い範囲にわたって、日本人の生活と密着している樹種は、松とともに双璧だといって差し支えない。松についてはここでは詳細は述べないが、杉と同じ分類の仕方で調べると、衣服で五件、食物で五件、住居で七件、信仰に関する語としては見あたらない。そして日常生活や年中行事にかかわるもの二三件、学問・芸能・文芸にかかわるもの四四件で、松の総計は

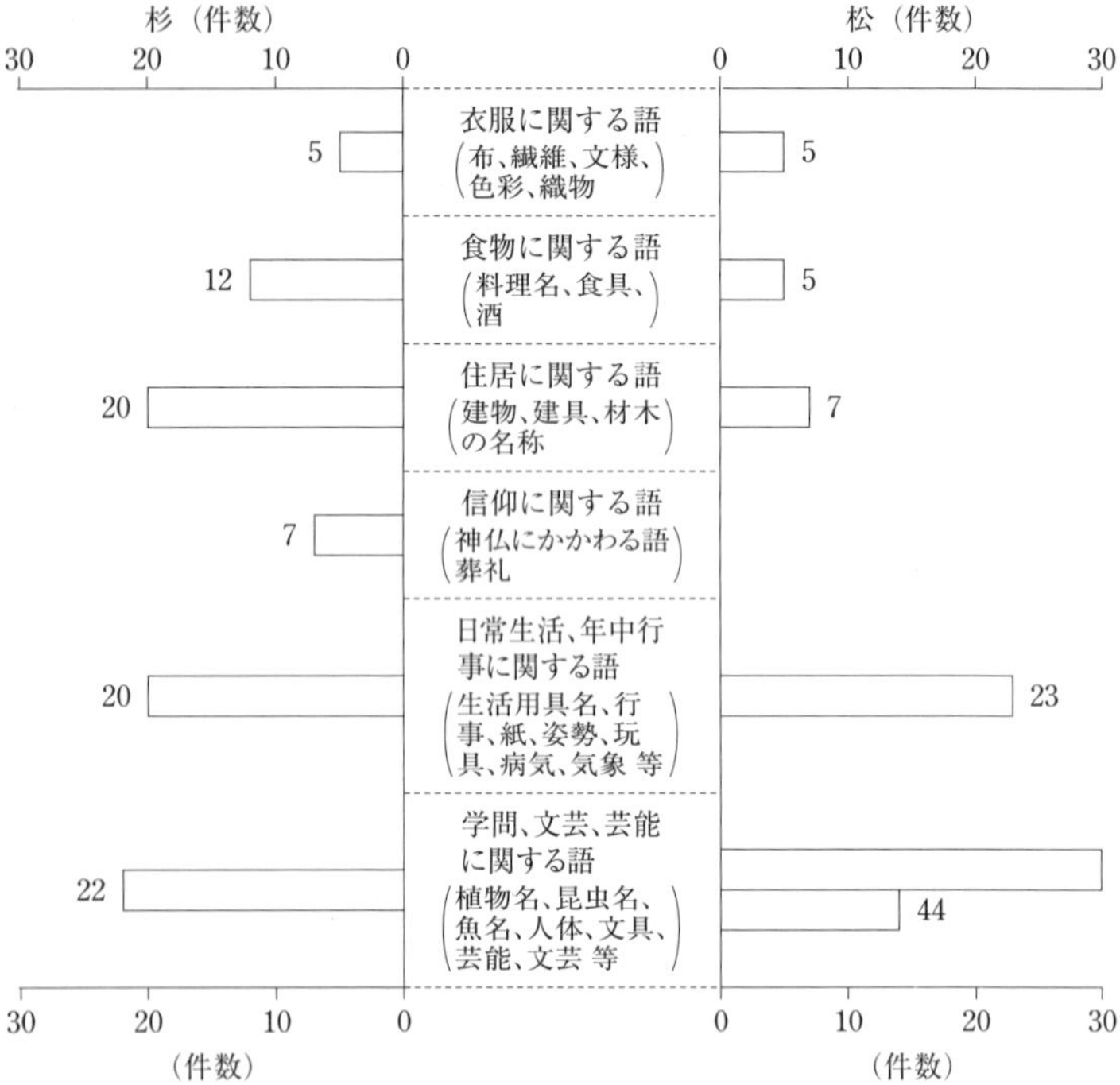

日本人の生活の中で杉・松のつく用語数

八四件となり、杉とほぼ拮抗する。

杉がどのように日本文化の中に浸透しているのかについては、それぞれの章で述べていくのであるが、東京や大阪といった大都会で生活している多くの人びとにとっては、杉がここまで日本文化と関連していたとは、意外に思われるにちがいない。

杉といえば、春の季節、風媒花の特徴として大量の花粉をとばす。多くの人は、この花粉が目や鼻の粘膜を刺激することで起こるアレルギー反応である杉花粉症のことが連想されるせいで、杉とは毒の花粉を吹き散らす樹木であるとの思いが多く、古い時代からわが国の文化を背負ってきた樹木だという認識しかないのであろう。

しかし、杉と松、この二つの樹木

は、稲作がはじまった弥生時代以降、現在に至るまでの長い年月の間、日本人の生活に欠くことのできない樹木であったのだ。

杉の建物は健康によい

杉は人が生活する上で、きわめて健康な材料でもあった。私の友人の河本一夫は、大阪市西淀川区のマンションで生活していて、猫を飼っている。あるとき部屋のなかで猫はどこに好んで行くのかという話になった。河本によると、猫はコンクリート部分よりも、木質部分に、木質の板の間では檜より杉の方に好んで行くというのである。

住居の材料では何が最も健康的であるかについて、有馬孝禮は静岡大学農学部時代に実験した結果を著書『エコマテリアルとしての木材――都市にもう一つの森林を』(日本建築士会、一九九四年)で報告しているのだが、ここでは上村武著『木づくりの常識非常識』(学芸出版社、一九九二年)から、すこし長いが孫引きさせていただく。

よく医学上の実験に使われるマウスを、木製、金属製、コンクリート製の三種類の飼育箱を一〇組づつ用意した中に杉のおがくずを敷き、それぞれ八週間飼育してから(各一〇組の雄と雌が)交配した。そのあと雄を除き、雌の分娩した子マウスを二三日観察した。……木製の場合子供マウスの生存率は八五・一%だったが、金属製では四一・〇%、コンクリート製では何と六・九%でしかなかった。それればかりでなく、生き残った子マウスの発育状況を調べたところ、木製では体重も順調に増加したが、金属製、コンクリート製ではかなり劣っており、とくに生殖器(雄は精巣、雌は卵巣と子宮)の重量は木製に対して他の飼育箱の子マウスは半分しかなかった。

表１　マウス飼育箱の材料と生存率

飼育箱の材料	子マウスの生存率	子マウスの体温
コンクリート	6.9％	冷
金　　　属	41.0％	冷
木	85.1％	温

（注：有馬孝禮のデータを有岡が表にした）

表２　マウスが休憩時に選ぶ床材料

健康によい←――　　　――→健康に悪い

スギ≒合板＞ヒノキ≧コンクリート
塗装合板＝クッションフロア

（注：有馬孝禮のデータを有岡が表にした）

このような結果を生んでいるのは、単に子マウスのことだけではありません。発育の遅れは親も関係しています。親が授乳する時間が違うのです。なぜかというと、マウスは腹ばいになって赤ちゃんにお乳をやります。そうすると、金属やコンクリート製の箱では体が冷える。授乳時間が非常に短くなります。子供たちはお乳に食らい付いているんですけれど、親が動いてしまうのでそこら辺りに散らばってしまう。散らばっても、普通は母性本能がありますから、子供をかき集めるものなんですが、子供が熱を奪われて冷たいものだから、子供と思わない。集めることをしなくなってしまうんです。冷えるということが、親の行動にも影響したということです。

有馬は床の材質に関しても実験を行っていた。

この（前示の）実験は、マウスが死んでしまうものですから、次は休憩するときにはどの床を選ぶのだろうかという実験に切り替えました。……四八時間、一〇匹のマウスがどこで休むか、二時間おきに見に行きました。そうすると、杉とコンクリートでは、圧倒的に杉で休んでいるのですね。……合板とコンクリートでは圧倒的に合板です。檜と杉では、杉の勝ち。クッションフロアと塗装合板は、ほとんど同じ。

杉と合板も半々でした。檜とコンクリートでは、一日目はコンクリートで休んで、あくる日になると檜に移っている。これは檜のにおいが厭だったので最初はコンクリートにしたが、やっぱり木のほうがいいということです。

ネコとマウスとの違いはあるが、河本家のネコは有馬の実験結果が示すように、コンクリートよりも、檜の床へ、檜よりも杉の床へと移っていったのである。人間もネコやマウスと同じ動物である。丈夫で耐久性があるといってコンクリート製のマンションに住み続けていると、体の健康はもとより、精神的な健康も蝕まれる恐れが多分にあると考えられる。人間については、こんな実験は誰もしていない。誰かやってみる人はいないのであろうか。

杉材は柱や梁などの住宅をつくる構造材としても利用されるが、古来から多用されるのは板である。木材を薄く平たくしたものが板であるが、杉は板材として最も適した樹種といえよう。コンクリート製のマンションでも、室内を杉板で囲むことで、心身ともに健康な生活をおくることができると考えられる。また、住居用材とは違った用途だが、平城京跡から出土した一〇万枚余りの木簡の材は、ほとんどが杉であったといわれている。

杉のチップ材を加工して家畜の粗飼料に

『林政ニュース』（株式会社日本林業調査会）という雑誌（二〇〇九年一月二八日号）を見ていたら、杉材を家畜の粗飼料とする話が載っていたので要約しながら紹介する。

杉材といっても無垢《むく》の丸太ではなくて、間伐した杉材をチップ（砕片）にし、それを蒸しあげ繊維状にすりつぶしたもので、宮崎みどり製薬株式会社が製造しており、製品名をウットンファイバーという。商品化に着手してから約一〇年が過ぎたという。ウシ（牛）やブタ（豚）などの家畜用の粗飼料は、稲わらや干し草が主流となっている。ウシには粗飼料を毎日、毎日休むことなく、定質なものを定量、与え続けてはじめて効果がでるものとされている。ウシはエネルギーの六〇〜七〇パーセントを粗飼料から得ているが、暖冬化のため稲わらなどの繊維が柔らかくなり、物理的な力が落ちている。人でも健康を維持するためには、ゴボウなどを食べ、腸管に物理的な刺激を与えることが必要とされている。

ウットンファイバーを一年間使った人から、「内臓廃棄が激減した」「肉質がよくなった」と高く評価されていると、前記の雑誌は記す。

また愛媛県のホルスタイン専門農場で、肥育牛にウットンファイバーを与えるプロジェクトが行われており、二〇〇九年六月には試験牛が初出荷される予定である。牛の飼育には一八〜二〇カ月と飼育期間はかかるが、この粗飼料を与えてきたことにより、当初の予定よりも二カ月短縮することができ、資金回転と収益性が高まったという。

養豚する際、床の敷料としてこの加工された杉チップ材を使うと、糞尿処理が不要となり、肉質も向上することがわかったという。二〇〇九年内に、実証データを整理して、わかりやすく公表したいというのである。

杉間伐材をチップ（砕片）とし、それをさらに加工するという工程を経た飼料であるが、木材を家畜に食べさせることに成功している。ウシも喜んで食べているのだろう。やがて美味しい牛肉が食べられるようになるのであろうか。木材のなかでは、やや柔らかな繊維をもつ杉の特徴をとらえた飼料化だといえる。林業と畜産業をとりもつ一つの縁になりうる話題である。

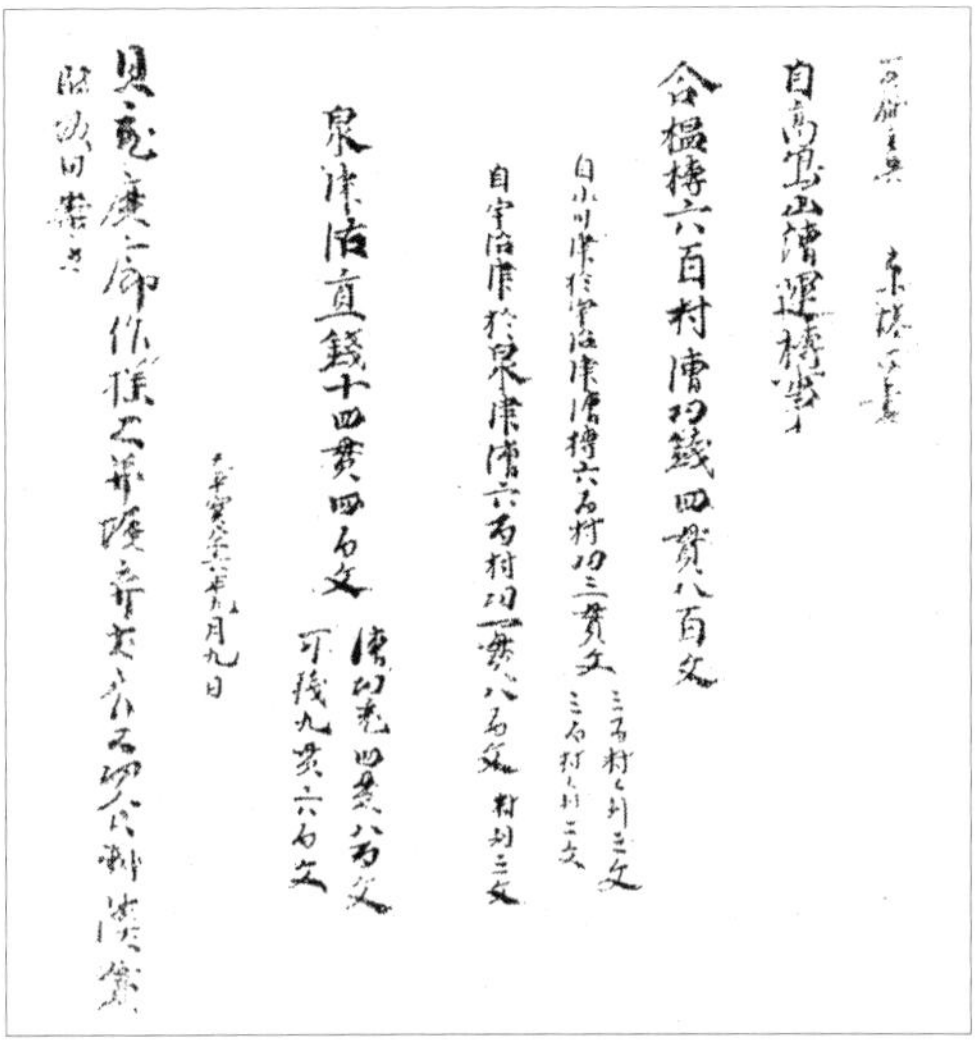

「正倉院文書　続修四十一」 本文右から2行目の2字目に「榲」の文字が見られる。(『日本林制史資料　豊臣時代以前』農林省編、朝陽会刊、1934年)

杉を表記する四種の漢字

ここまで述べてきたように、杉はわが国でもっともよく知られ、もっとも利用価値が高く、日本人の生活に密着している樹木である。

漢字では「杉」、「椙」、「榲」、「枌」と表記されることが多く、ときに手書きでは「杦」と記されることもある。なかでも「杉」がもっともよく用いられる。

杉は日本特産の樹木であり中国には産しないが、中国の漢字にも「杉」という字がある。

けれども漢名の「杉《さん》」はコウヨウサン（広葉杉）のことであり、およそ一〇〇〇年前に中国へ渡ったわが国の杉のことは漢名（中国名）では「倭木」と記される。つまり中国では、杉は倭《わ》の国の木であると認識して熟語を作ったのである。倭とは、中国や朝鮮半島で用いられる日本の古称であり、日本人のことを古くは倭人とよんだのであり、それに習って杉も倭の木だとしているのだ。なお、杉は中国では自生していない。

「杉」は『角川大字源』（尾崎雄二郎・都留春雄・西岡弘・山田勝美・山田俊雄編、角川書店、一九九二年）に

よると、「意符の木（き）と音符の彡（さん）から成る。粘りがあって腐りにくい木、『すぎ』の意」としている。音符の彡《さん》は、粘りがあるという意味だとし、一説には針の意味だとしている。つまり杉の葉が針のように尖っているところから、木偏に彡をつけ、尖った葉をもつ木だと意味付けたのだとの解釈をしている。そして、訓《よみ》は、中古も中世も近世も「スギ」とよむとしている。

「椙」は、「杉」の異体として用いる国字である。旁《つくり》の「昌」には、「あきらか」あるいは「さかん」という意味があり、数多くの樹木が生育している森林の中でも「あきらか」に目立つ樹形をして、「さかん」な成長力を示している杉の姿が表現できている字だといえよう。

「榲」は、古い時代につかわれた杉の漢字で、諸橋轍次著『大漢和辞典　巻六』改訂版（大修館書店、一九九九年）の第三の解釈は「杉也」とする。そして第四の解釈においでは「木の盛んなさま」とする。同辞典は「榲」を、樹木の名前としては杉のことを表しているとしているので、その樹木は生育状態が盛んであり、またその集団が他の広葉樹などとちがって、ひじょうな勢力で森林を圧倒している状態を示しているともよみとれる。

杉の表記には、古来から通常は杉、椙、榲という三種の漢字が使われ、さらに異体字として「枌」や「杦」などが使われている。

古い文献における使用例をみると、『古事記　上つ巻』の須佐之男命《すさのおのみこと》の条《くだり》には、八俣《やまた》の大蛇《おろち》について「其の身に蘿《こけ》と檜《ひ》と榲《すぎ》と生《お》ひ」とある。谷八つ、尾根八つの八俣大蛇の身体には、コケとともに檜と杉が生えていたというのである。一方『日本書紀　巻第一　神代上』の八岐大蛇の項の一書（第五）では、素盞嗚尊《すさのおのみこと》が杉・檜など三種の樹木を生み出されたときの記述に、「鬚髯《ひげ》を抜き散らすとすなわち杉と成る」とあり、「杉」の方を採用している。同じ杉でありながら、記紀では用いる漢字が異なっている。

古文献に記されたスギの漢字

スギの漢字／文献名	杉	椙	榲	枌
『古事記』			2	
『日本書紀』	1			
『万葉集』	7	2		
『出雲国風土記』	4	3		4
『正倉院文書』			9	
『日本三代実録』(神名)	1		2	1
『延喜式』(神名)	7			7
『続日本後紀』(神名)				1
計	20	5	13	13

注１:『正倉院文書』とは、『日本林制史史料　豊臣時代以前』に収録されている天平宝字六年の20通の文書のことである。
注２:『延喜式』の神名は本文では「杉」と記されているが、校訂のとき別の方ではすべての神社で「枌」と作るとされており、双方に掲げた。

『万葉集』では「鉾椙之本《ほこすぎのもと》」（巻第三・二五九）のように「椙」の使用例は二件、「杉村乃《すぎむらの》」（巻第三・四二二）のように「杉」の使用例は七件であり、杉が大勢をしめている。これ以外に、「須疑《すぎ》」と訓を万葉仮名に記したものが二例（巻第二・一五六など）ある。

奈良時代の天平宝字六年（七六二）の『正倉院文書』（『日本林制史資料　豊臣時代以前』農林省編、朝陽会刊、一九三四年所収）には、地方の山作所などから数多く送られてくる材木のなかに「榲榑《すぎくれ》」との記載をたくさん見る。榲榑の記述は九件あるが、すべて「榲」との記載である。

和銅六年（七一三）の元明天皇の命により、天平五年（七三三）に撰進された『出雲国風土記』意宇《おう》郡の、「すべてもろもろの山野にあるところの草木」の条では、「杉（字はあるいは椙に作る）」としている。このように記されているが『出雲国風土記』の杉の表記には郡によって異なり、「杉」あるいは「椙」の字が用いられている。

ところが、これまでみてきた杉の漢字表記以外の字が『出雲国風土記』にはみられる。「枌」という字である。神門郡《かむど》の山の説明のなかでつぎのように、

田俣山　郡役所の真南一十九里にある。（枌がある）
長柄山　郡役所の東南一十九里にある。（枌がある）
吉栗山　郡役所の西南二十八里にある。（枌がある）

それぞれ「（枌《すぎ》がある）」と注書されている。また飯石郡にある掘坂山の注書では「杉がある」とされ、これも二通りの書き方がされている。「枌」とは新しい書き方であり、のちほど検討する。

いずれにしても奈良時代までの杉の表記は、杉、榲、榅、枌の四種の書き方があった。

時代はすこし下るが平安時代初期の延長五年（九二七）に撰進され康保四年（九六七）から施行された律令の施行細則『延喜式』にある神社名には、杉の名がつく神社が七社記されている。ところがこの杉の字が別の記録によると七社とも「枌」と作ると注がされている。つまり『延喜式』の撰進された時代には、杉を「杉」とも「枌」とも書くことが行われていたことが示されているのである。

杉の語源説の数々

漢字での記載方法はそこまでにして、杉の語源説の方をみると、こちらも幾種類かあるので掲げる。

①『大言海』（大槻文彦著の国語辞典、冨山房、一九三二年刊）のカッコ書きは「すくすくと生える木の義、杉ノ木が成語か」とする。

②『和句解』（著者名、成立年不明）、『日本釈名』（貝原益軒著、元禄一二年＝一六九九年、わが国の物名を語源的に解釈した書）、『東雅』（新井白石著、享保四年＝一七一九年、語学書）、『日本声母伝』（安永八年＝一

七七九年、成井某写、音韻学の本)、『円珠庵雑記』(契沖著、刊年不明、随筆)、『言元梯』(大石千引著、文政一三年=一八三〇年成る、語学書)、『百草露』(小野高潔=含弘堂偶斎著、自筆本、随筆)、『名言通』(服部大刀著、天保六年=一八三五年刊、辞書)、『重訂本草綱目啓蒙』(小野蘭山述、小野職孝・岡村春益編、井口望之重訂、安政五年=一八五八年刊)という辞書類および随筆ならびに宇田甘冥の『本朝辞源』(辞書、江戸時代、成立年未詳)、林甕臣《みかおみ》の『日本語原学』(辞書、江戸時代、成立年未詳)は、「スグ(直)な木の義」とする。

③『倭訓栞』(谷川士清著、一七七七〜一八八七年にかけて刊行した国語辞典)は「直《すぐ》に生ふるもの故に名とするよし」としている。

④これにならって『角川古語大辞典』(中村幸彦・岡見正雄・阪倉篤義編、角川書店、一九八七年)は、『すぎ』の称も、その幹がまっすぐなのによるか」とする。

⑤『古事記伝』(本居宣長著、一八二二年刊行終了、『古事記』の注釈書)は、「ただ上へ進みのぼる木であるところからススミキ(進木)の義」とする。

⑥『菊地俗言考』(永田直行著、嘉永七年=一八五四年自序、方言辞書)は、「ススミキ(進木)の略」とする。

⑦『名語記』(江戸時代、著者、成立年不明)は、「直に生えるところからスグケミの反」とする。

⑧『箋注和名抄』(『和名抄』の注釈書)は、「スは痩清の義で、ギは木の意味で、細く痩せて真っすぐ上にのびるから」との説明をする。

⑨『和語私臆鈔』(本寂著、寛政元年=一七八九年成る。言語学書)は、称美の語サキ(幸)の転だとする。

このように杉の語源説には、九つの説がある。

そのなかで最も支持されているのが「直《すぐ》な木」との義だとする説であり、杉に関する書物も多くはこの説によっている。俳人たちも杉の木が真っすぐに伸びることを理解して、つぎのように詠む。

杉は直雑木は曲に寒明ける　益永孝元

北山の杉真直や春時雨　佳藤木まさ女

梅雨に入る杉直幹の男振り　増子京子

私も長年国有林の仕事をしていて、杉の植林や杉人工林の収穫調査、伐採をして丸太にしたものなどを扱ってきたので、杉が真っすぐに成長することはよく理解しており、この説をほとんど支持できるが、全面的に一〇〇％の支持をすることはできない。

「ソキイタを作る木」を語源とする有岡説

それというのも、前に触れたこれまでの辞書類が、杉とはただ真っすぐに伸びる木だから、その名としたとするのは、あまりにも単純すぎる感じがするからである。杉と同じような場所では、真っすぐに成長する樹種としてヒノキ（檜）、コウヤマキ（高野槙）、モミ（樅）、ツガ（栂）、カヤ（榧）という針葉樹が生育している。

これらの樹種もきわめて有用であったから、これらの樹種と何か区別することが必要であったと思われる。スギという命名もその一つであるが、幹が真っすぐの木という形態以外に、これこそスギだと誰にでもわかる別の特性があり、その特性は人びとの生活に大きな影響をおよぼしていたものがあったことはまちがいない。

というのは、杉はよく割れるので板を作るのに最適の樹種である。つくられるものは「枌板《そぎいた》」とよばれる薄い板で、古い時代はソキイタと清音でよばれた。のちにはソギタともいわれた。枌板はまた略して枌《そぎ》ともいう。

杉のそぎ板は、屋根葺きや壁などにつかわれた。

『万葉集』巻第一一には、

そき板もちふける板目のあわせずはいかにせむとかわが宿始《ねそ》めけむ（二六五〇）

とあり、新築の家の屋根をそぎ板で葺いたが、その板目を合わせることができなかったら、どうして始めて寝ることができるのだろうか、という意味である。

古い時代には杉板で屋根を葺いていたことは、『後拾遺集』の大江公資の「杉の板をまばらにふけるねやの上におどろくばかりあられ降るらし」（冬・三九九）という歌で示されている。

杉の木を割った板が木偏に分けるとの字と合成された熟語の枌板《そぎいた》とよばれるように、杉はよく割れた。枌板は古い時代には清音でソキイタと呼ばれたが、清音は古い日本語の発音である。木を割ることとは、木口《こぐち》に強い力を瞬間的に加えて、ひびを入らせて、そこから自然と分かれる状態にすることである。

よく割れる杉であるが、ことに天然林で育った杉が木口に斧を振り下ろしただけで簡単に割れ、板や角材にとれることを、昭和二年（一九二七）に秋田県で生まれた大工職人の菊地修一はその著『木の国職人譚』（影書房、一九九六年）の中でつぎのようにいう。

杉というのは建築材として確かにいい木だと思いますね。広葉樹でも使えますけれど、やはり針葉樹の杉が一番ですな。十二尺の角をとるのに、マサカリをひとつぶっつければ、ちゃんとまっすぐに割れるんですよ。ノコで挽かなくても。昔は板だって、そうやってマサカリで割って作ったもんですよ。（中略）木口にマサカリをぶっつけただけでまっすぐに割れる木なんてものは、これは節のない天然杉ですからね。

一二尺（三・六メートル）もの長い角材を取ることも、マサカリ一つで簡単に、一発で割れると菊地のいう杉とは、秋田県北部産の天然木の秋田杉のことであるが、弥生時代初期には、静岡県の登呂遺跡に見られるように、人里近くでも杉の天然木はたくさん生育していた。登呂遺跡からは製材したものでなく、割った板がたくさん出土している。

遠山富太郎は、昭和五一年（一九七六）に著した前掲の『杉のきた道』のなかで、島根県ではまだソギ板をつくる家があったことを記している。古くから代々ソギ屋を営業している石倉さんの家では、原木の買い付けから屋根葺きまで、一貫作業をしているとのことであった。

手割りで柾目の板をつくる材料は、クリ（栗）、サワラ（椹）、杉に限られていたが、普通は地元で杉材を求めるという。杉、クリのソギ板（コケラ板）は厚さ二ミリ強である。島根県安来市の奥にある国有林の杉なら、五厘（一・七ミリ）に割れるという。割りやすい材質というものは、年輪が密にそろっている年齢の高いものをいうようであった。

二〇〇七年二月八日の『朝日新聞』夕刊は、新潟県佐渡島の南端にある宿《しゅく》根木《ねぎ》集落で、瓦屋根に混じり木羽《こば》葺きに石を載せた屋根の点在している風景を描写し、「これが石置き木羽葺き屋根だっちゃ。佐渡の伝統で、わしらはこれを残さにゃいかんと頑張っているんや」いう春日一夫（七九歳）のことを記事にしている。もと船大工だった春日は、有田芳雄（八一歳）、石塚利夫（七八歳）、高津三千雄（六九歳）とともに、失われつつある木羽葺き屋根の保存に力をそそいでいた。

木羽は樹齢七〇〜八〇年の杉の原木を一尺二寸（約三六センチ）に玉切りし、大割鉈《なた》で柾目《まさめ》に割る。木目が細かいほど丈夫で、赤みの部分が油分が多くて水に強く、腐りにくい。柾目に割った厚い板を小割鉈でさらに薄く割っていく。最終的には一分厚（約三ミリ）に仕上げる。柾目で割りっぱなしにしておく方が、水走りが良くて腐りにくい。「自分が作った木羽が屋根に載ったときはそりゃうれしいやな」と、春日は笑顔を輝かせたと、記事は結ぶ。現在も佐渡では杉のソギイタ、つまり木羽《こば》葺きの屋根が葺かれているのである。

奈良県吉野郡川上村の森庄一郎が明治三一年(一八九八)に発刊した『吉野林業全書』は、杉の枌板《そぎいた》は樹齢八〇～一〇〇年のものから製造したものが最上だとしている。長さは八寸(二四センチ)から一尺(三〇センチ)など、需要に応じた長さに丸太を切断し、切り口より十字形に、俗にミカン割という割り方で包丁をはめ、槌で打ってまず四つ割とする。そして順次、柾目に枌ぎ割って薄い板を仕上げるとしている。そしてこの枌板は、みな屋根葺き用として用いられるものだという。前の佐渡の記事と同じである。

農山村では、近代に至るまでかなりの場所で、枌板《そぎいた》が、屋根葺き材料としてつかわれていたようである。ソギイタ葺きとは聞いたことがないといわれるが、別にはコバ(木羽)葺き、コワ葺き、コケラ葺きなどといわれる、板葺きのことである。

そんなところから、杉は簡単にソキイタがとれる木つまりソキイタノキと認識されるようになった。「スキイタ」と「ソキイタ」と声に出して言ってみると、最初の語がサ行で、その語感のなんと似通っていることであろうか。ソキイタはしだいに短縮され省略され、イタが抜け落ちてソキとなった。ソキがスキと言い替えられるようになり、さらにスキでは言いづらいのでキが濁音のギで発音されるようになり、ついにスギとなったというのが、有岡の仮説である。

日本古代文化研究会理事長・菱沼勇の「自然神と樹神」(『随想森林』第九号、一九八三年七月、土井林学振興会)によれば、「『延喜式』神名帳の最古の古写本(吉田家本や九条家で共に平安朝末期の書写とされる)では、これらに対して「スキ」の訓をほどこしてあるが、「杉」の字に対しても「スキ」という訓を付しているから、杉は古代には清音で発音したらしい」と、もともとはソギがソキであったと同様にスギはスキとよばれたことを示している。なお、菱沼の文中の「これらに対して」の「これら」とは、杉の当て字である「須義」や「須伎（岐）」のことである。古くはソギがソキと、スギがスキと呼ばれていたことは、ソキの呼び方がスキと変わる可能性がきわめて高いと考えられる。

『出雲国風土記』が、ふつうでは枌《そぎ》と訓まれる漢字を枌《すぎ》と訓んでいること、『延喜式』の神名帳に記された杉の名がつく神社名で、別の本では「枌」とつくるとされていること、『広辞苑』が「そぎ［枌］（古くは清音）」としていることがヒントになった。

杉の語源説の一つとして、「ソギイタを作る木が短縮変化してスギとなった」、という説を、有岡説として唱えておく。

第一章　杉の生態

杉祖先の出現は約一二〇〇万年前

スギはスギ科スギ属の一属一種の常緑の高木である。学名は Cryptomeria Japonica（クリプトメリアージャポニカ）で、日本の固有種である。スギ科で現生している植物は世界中では九属一五種で、日本には二属二種が自生している。スギ属のスギと、コウヤマキ属のコウヤマキ（高野槇）がそれである。

スギは雌雄同株で、樹高四〇メートル、直径二〇〇～五〇〇センチとなり、樹冠は円錐形で、老樹は円頭となる。樹幹は通直《つうちょく》、つまり真っすぐな幹が梢《こずえ》まで通っている。それだから、古来スギとは、『大和本草』の表現で「木直也故にスギといふ。すぎはすぐ也」のように言われるのである。葉は鋭尖刺頭で、針状の紡錐形をして、若い枝にびっしりと着いており、枯れても葉は単独では落ちない。

日本における最も古いスギ属の化石は、新生代第三紀中新世後期の現生スギの祖先であるミヤタスギで、ブナ属（ムカシブナ）をはじめとするブナ科、マツ科、カバノキ科、バラ科、カエデ科、ツツジ科など四三属六五種の温帯林的組成をもった植物群の一員として出現したと、植村和彦は「スギの祖先とその分布変遷」（雑誌『遺伝』三五巻四号、一九八一年四月）で述べている。

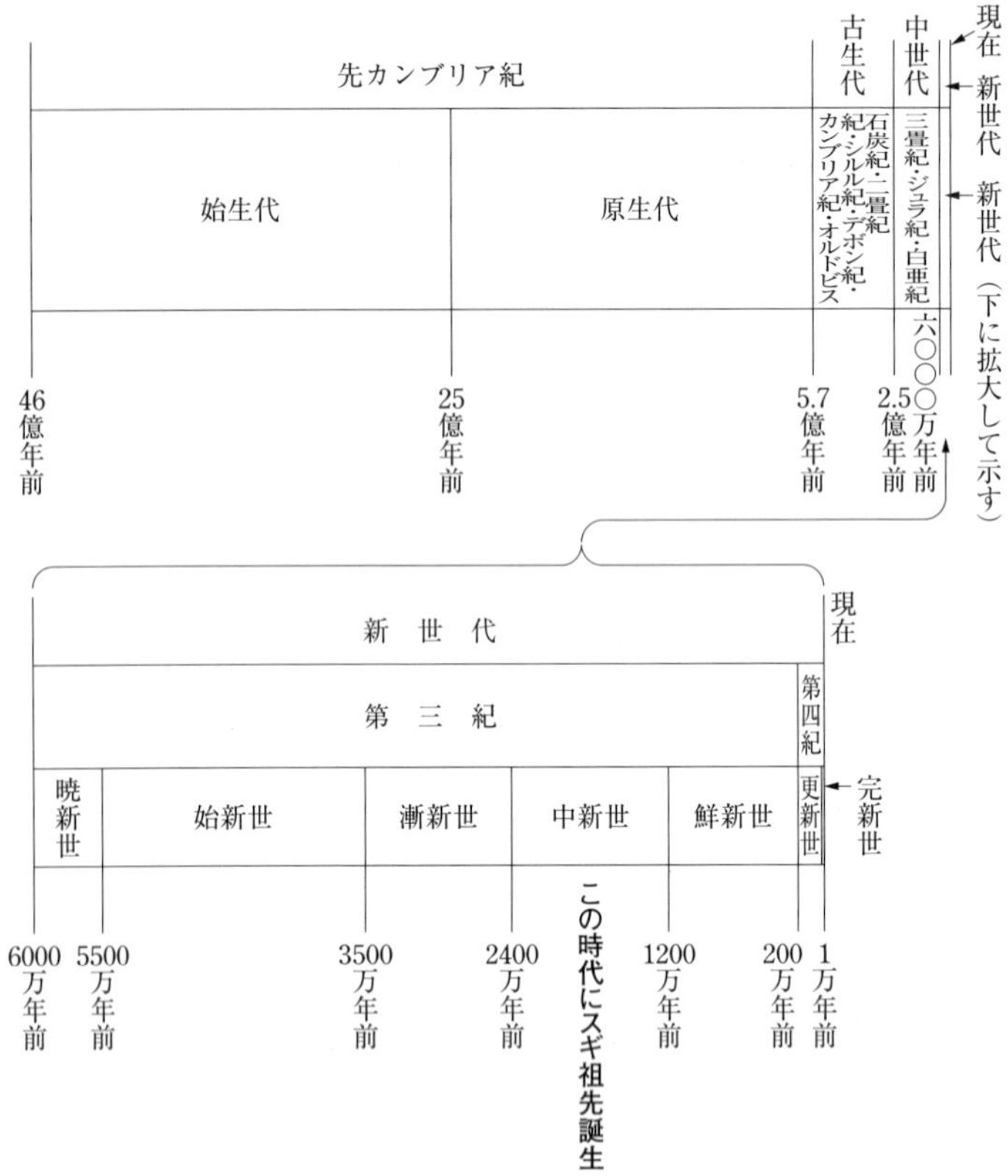

地質時代とスギの誕生
地質時代からみればスギの誕生はごく新しい。46億年を１日にたとえると、午後11時53分45秒あたりとなる。

なお第三紀とは、地質年代のうちの新生代の大部分をしめ、約六〇〇〇万年前から二〇〇万年前までの時代のことをいう。哺乳動物や双子葉植物が栄え、火山活動や造山運動が活発で、アルプスやヒマラヤなどの大山脈ができた。現在の日本列島の形は、この時代にできたとされる。わが国には、この時代にできた第三紀層とよばれる地層の分布が、ひじょうに広い。中新世とは、第三紀の地層のなかで鮮新世につぐ二ばん目に新しい地質で、二四〇〇万年前〜一二〇〇万年前の時代である。

とくに第三紀に栄えたスギ科の諸属が、氷期の到来によって第四紀（約二〇〇万年前から現在に至る時代）へと移り変わる時代の気温の低下、とくに冬季の冷温乾燥化などの影響で、つぎつぎと姿を消し、最後まで生き残ったメタセコイアも、今から一〇〇万年ほど前、第四紀洪積世（更新世）前期の後半に日本列島から絶滅したが、スギが顕著になるのはそれから後のことである。第四紀には氷期と間氷期とが何十回もくりかえされた。そして、その間、スギは何回かの氷期にも耐えて、現在に引き継がれてきたと、植村はいう。

最終氷期（ウルム氷期）から現在に至る約一万五〇〇〇年のスギの歴史について、塚田松雄が花粉分析に基づいてとりまとめた「杉の歴史過去一万五千年間」（雑誌『科学』第五〇巻九号）から要約しながら次に掲げる。なお、花粉分析においてスギを同定するばあい、この花粉は単孔粒で発芽口はやや湾曲した乳状突起をもつ特徴のある直径約三五ミクロンの球状形態をしており、日本にはこのような花粉をつくる植物がほかにないので、正確にスギと同定できるのである。

杉の移動を知る花粉分析

塚田がスギ花粉の変遷の動態を考察するために、選定した地点は次の三四カ所である。

北海道　上川支庁の秩父別原野ほか一
青森県　青森市月見野の月見野原野ほか一
秋田県　能代市落合の能代湿原ほか二
岩手県　平舘町の堀切湿原
宮城県　多賀城市の多賀城湿原ほか一
福島県　耶麻郡磐梯町の法正尻湿原ほか一
千葉県　八日市場市大寺の干潟沖積層
静岡県　駿東郡愛鷹町の柳沢沖積層
長野県　上水内郡信濃町の野尻湖ほか一
滋賀県　琵琶湖
京都府　京都市北区の深泥池
大阪府　羽曳野市の古市湿原ほか二
兵庫県　美方郡村岡町（現・香美町）の大沼湿原ほか二
岡山県　真庭郡川上町（現・真庭市）の蛇ケ乢湿原
広島県　山県郡芸北町（現・北広島町）の枕湿原ほか一
山口県　阿武郡阿東町の宇生賀湿原
島根県　鹿足郡津和野町の沼原湿原
福岡県　福岡市博多区のa福岡板付遺跡ほか二
鹿児島県　薩摩郡祁《け》答《と》院《いん》町（現・薩摩川内市）の藺牟田湿原ほか一

塚田氏がスギ花粉の変遷を調査した地点（有岡作図）

高知県　高知市野市の野市
　　泥炭ほか二

北は北海道から南は鹿児島県に及ぶ、実に二〇道府県について調べられているのである。

動物にしろ植物にしろ、自然のままの状態では、それぞれが最適の環境のところで生活している。間氷期から氷期へ、氷期から間氷期へというような気候変化や、その他自然環境の変化に対しては、動植物とも適地に移動するか絶滅するかしかない。

日本列島における最終氷期以降の気候変動にともなう植物の移動は、一つは太平洋側かあるいは日本海側をそれぞれ南下または北上、もう一つは東西に走る山脈の山腹を上昇または下降するという選択でおこなわれていた。日本列島の脊梁を構成して東西にはしる山脈によって、東西方向への移動は障害となったが、垂直方向へ対応することによって、気候変化に合った適地を得ることができるという利点もあったのである。こんなところから、太平洋側と日本海側とで、植物の種が異なる要因となっていたのである。

晩氷期の杉生育地移動

最終氷期には、それぞれの気候帯はせばめられ、スギは低緯度つまり南へと移動していた。この期間の日本海は朝鮮海峡が閉鎖されたことにより太平洋から孤立した結果、黒潮が流入してこなくなり、日本海側の寒冷化が促進され、寒冷気候のため海面が凍結して約一三〇メートル低下していた。また日本列島全域にわたり、降水量は現在より相対的に少なかった。しかし、現在二〇〇〇ミリ以上の降雨地域は、氷期にもスギに必要な降水量があったとみられている。

氷期におけるスギの分離分布地域の一つは、まず琵琶湖周辺の、海面下一三〇メートル（現在の海面に比べたときの高さ）の地域を含めた若狭湾およびその沿岸の低地帯である。この湾内から北にかけては福井・石川両県の沿岸に疎林として点在していた。富山平野の沿岸や湾内から、新潟平野まで伸びていた可能性もたかい。南西へは、島根県南端の益田市あたりまでスギ林がまばらにみられた。隠岐沿岸帯も氷期のスギ逃避地であった。島根県のほぼ中央部の大田市の三瓶山山麓から、数年まえ火山噴火物に埋没していた縄文時代のスギの巨木が発掘されている。

太平洋側では、伊豆半島から駿河湾沿岸にかけても、スギの隔離分布があったと見なすことができる。房総半島でもスギの疎林がみられたであろう。四国では四国山地南側の山腹より下方の地域、とりわけ足摺岬や室戸岬の周辺に逃避していた。さらに、紀伊山地と屋久島は、スギ逃避地の気象条件を満足させていると、塚田氏は分析している。

晩氷期には気候が温暖化してきた。晩氷期後半（約一万二〇〇〇年前ごろ）に、ブナ属を含めた落葉広葉樹が分布拡大をはじめたとき、スギはいちはやくその生育地を拡大しはじめた。若狭湾地域に逃避していたスギが北上し、長野県野尻湖へは約五五〇〇年前に到着した。秋田県女潟、岩手県堀切湿原へは約三五〇〇〜四〇〇〇年前、青森平野の駒込および月見野周辺では疎林ながら約三〇〇〇年前に生育しはじめている。

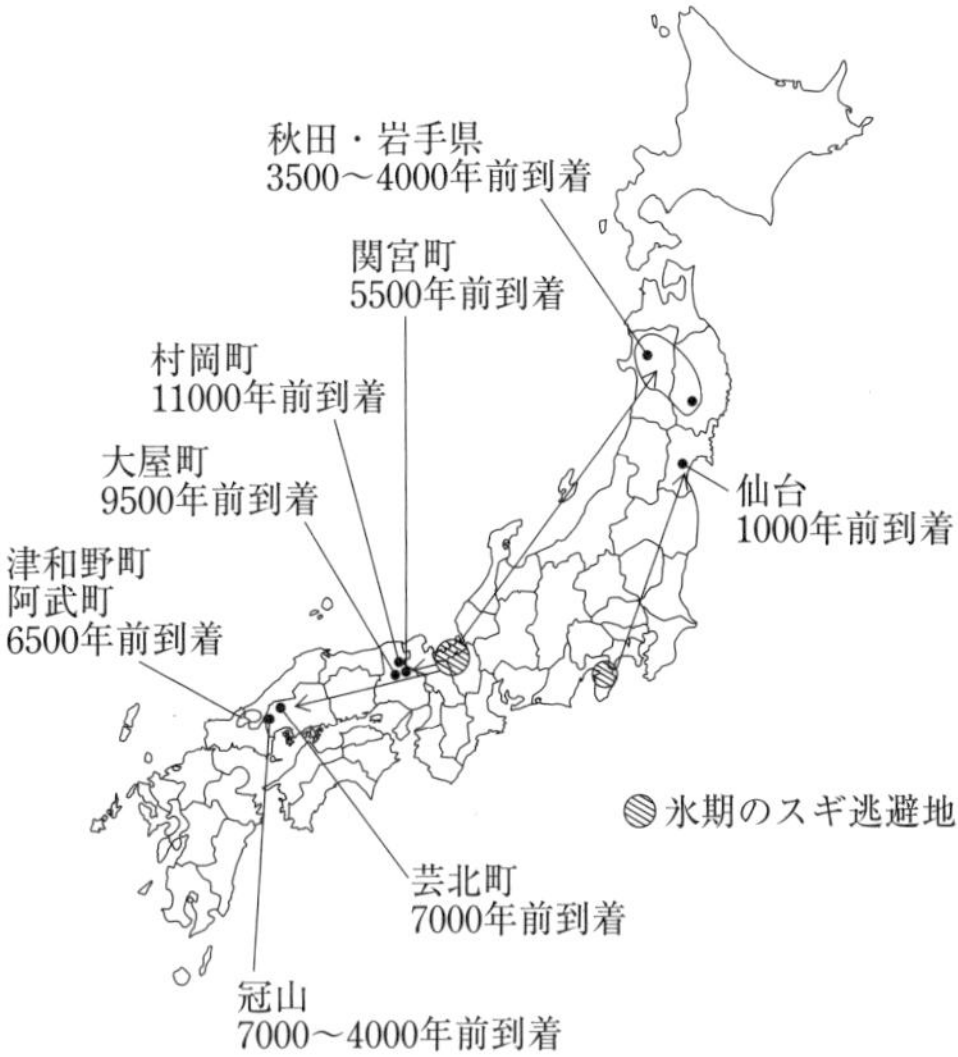

氷期のスギ逃避地から移動した時期（概略図）

若狭湾より南西の山陰地方のスギの移動をみると、スギ花粉出現が五％になり数キロ以内に分布拡大をはじめたおおよその年代は、大沼湿原（村岡町）で一万一〇〇〇年前、古生沼湿原（関宮町）で五五〇〇年前以前、加保坂湿原（大屋町）で九五〇〇年前、八幡湿原（芸北町）で七〇〇〇年前以前、宇生賀（阿武町）と沼原湿原（津和野町）で六五〇〇年前である。

中国山地南端の冠山《かんむりやま》山地は、年降水量が多いことも手伝ってスギの好適地となり、約七〇〇〇〜四〇〇〇年前の時代にはスギの本拠地となっていた。そして五〇〇〇〜四〇〇〇年前ころには、沼原・宇生賀へとひろがり、この地帯に大スギ林を確立していた。

太平洋側では、伊豆逃避地から拡大をはじめたスギの仙台付近への到着は約一〇〇〇〇年前である。一般に北東日本の太平洋側は、比較的年降水量が少なく、自然伝播と拡大は日本海側ほど容易ではなかった。

若狭湾の背景となっている山地の南側の、京都・大阪地方では、年降水量が低く、約四〇〇〇〜一五〇〇〇年前になるまで、スギの存在を示すような花粉の出現率をみない。四国のスギは、本州のスギとは無関係に独自の行動で、四国山地南側山腹と平野の間で、拡大と縮小が繰り返されている。

九州のスギは、最終氷期以前に九州本土から姿を消していた。そのことは、最終氷期最盛期に対比される九州南部の加久藤盆地の堆積物からはスギ花粉は検出されていないし、また晩氷期から後氷期へかけて、いずれの堆積物からも、約二五〇〇年前になるまで、低率花粉の出現すらみられないという事実が示している。

九州では約四〇〇〇〜一五〇〇年前の末期までスギの天然分布がみられなかったが、約一五〇〇年前以後には造林の結果と見られる増加傾向を示している。スギが九州各地でそれぞれ隔離しながら分布し、その分布地もほとんど同時に出現しはじめているので、人間の意図的な植林以外にはかんがえられないと、塚田松雄は結論づけている。

九州本土での杉生育地

塚田はまた、今日九州各地の社寺境内に見られるスギの古木について、九州本島以外の地、とくに本州からもたらされたものであろうと、つぎのように推定している。

すなわち九州のRⅢb期（注・約四〇〇〇〜一五〇〇年前）にみられるスギは、本州からもたらされたものであろう。縄文後期から弥生初期に大陸から九州に入ったとされるイネ農耕技術をもって本州を訪れた古代人は、裏日本にうっそうと茂りそそりたつスギの荘厳さに感銘し、その有用性を知ったとしたら、スギの種子や苗木をもち帰ることを思いついたとしても不思議ではない。スギの老大木が社寺境内に植えられているのは、その美しさと神聖さのみならず、有用なスギを保護しようとする日本人の願いがこめられているように感じられる。

実際にも現在、九州各地にみられるおよそ五〇〇年以上のスギ老大木は、その大部分が挿木《さしき》という無性繁殖によって成立している。

ここまで述べてきたように、これまで九州では天然スギがなく、一旦は絶滅したと見られていた。ところが、昭和五九年（一九八四）の秋、宮崎県北部の東臼杵郡北方町《きたかた》（現・延岡市）の大分県境にあたる大崩《おおくえ》山系の鬼ノ目山（一四九一メートル）の南西斜面のごく狭い（三〇〇ヘクタールぐらい）範囲一帯に天然スギらしいスギ群落が発見され、その記事が『朝日新聞』に載った（一九八四年一二月二四日付夕刊）。

この地域は熊本営林局（現在は九州森林管理局）の高千穂営林署が管理する国有林であり、祖母傾《そぼかたむき》国定公園特別地域と宮崎県立自然公園普通地域（自然公園は特別地域と普通地域に区別され、普通地域ではほとんど立木の伐採や土地の形状変更などに対して制限がない）にあたっていた。もしこのスギ群落が天然林であれば、学術上貴重なものであった。そのため宮崎県はさっそく、宮崎大学および宮崎県林業試験場に学術調査を委託した。

調査は、宮崎大学の外山三郎名誉教授、黒木嘉久教授、中尾登志雄助教授および林業試験場の細山田典昭副場長などがおこなった。一年余りに及ぶ調査の結果は、昭和六一年（一九八六）二月に『鬼ノ目山のスギ群落に関する調査報告書』として取りまとめられた。

調査された項目は、
①地質、地形、土壌、気象、植生といった自然環境
②スギの分布状況（スギ群落の成立立地）
③スギ群落の植生
④スギの大きさ（立木、伐採木）
⑤スギの樹齢
⑥スギの成長経過
⑦スギの樹形および更新状況
⑧スギの針葉の形態（針葉の長さ、岐出角、曲がりなどの針葉形質および針葉中のアイソザイムパターンの変異測定）
⑨スギ以外の樹種の樹齢、林分の状況
⑩土壌中のスギ花粉の分析
⑪人的干渉の有無
⑫地元における聞き取り調査
⑬地域の歴史的背景
⑭古文献
その他であった。その結果、①天然分布の自然環境条件は十分満たされている。②植生的には他の天然スギの分布地域のものと類似しており、ブナ（山毛欅）、モミ（樅）、ツガ（栂）あるいは常緑広葉樹が優占できない立地に分布している。③六〇〇年以上を示すツガの樹齢から、このあたりは九州本島で最も古い

森林であり、人の手が入りにくかった地域である。④土壌中の花粉分析の結果は、上層からの汚染の可能性もあるが、約六〇〇〇年前（後氷期RⅡ期＝約七〇〇〇年前〜四〇〇〇年前の間）のアカホヤ層から連続して分布しているなど、天然スギであることの可能性を示すとして、一三もの事項があげられた。

一方、人為による植栽の可能性をうかがわせるものとして、①かつて鉱山で死亡した人々の霊を慰める万霊塔などの存在から、上鹿川《かみしし》には四〇〇年以上も前から、人の出入りがかなりあった。②スギ分布内では形跡がみられなかったが、周辺地域には山伏の行動跡がある。③天然分布と思われるスギの樹齢がいずれも比較的低いなど、五つの項目が示されたのである。

これらのことから、宮島寛は「その分布範囲がきわめて狭いとはいえ、天然スギの可能性が高いということが明らかとなった」と宮崎県鬼ノ目山南西斜面のスギ群落を評価している。

スギ生育の限界地

日本の杉天然分布状況

日本のスギは、本州北部の青森県から南西諸島の屋久島までの、緯度で一〇度という幅の広範囲に天然分布している。気温的にも、ひじょうに広い適応範囲をもってい

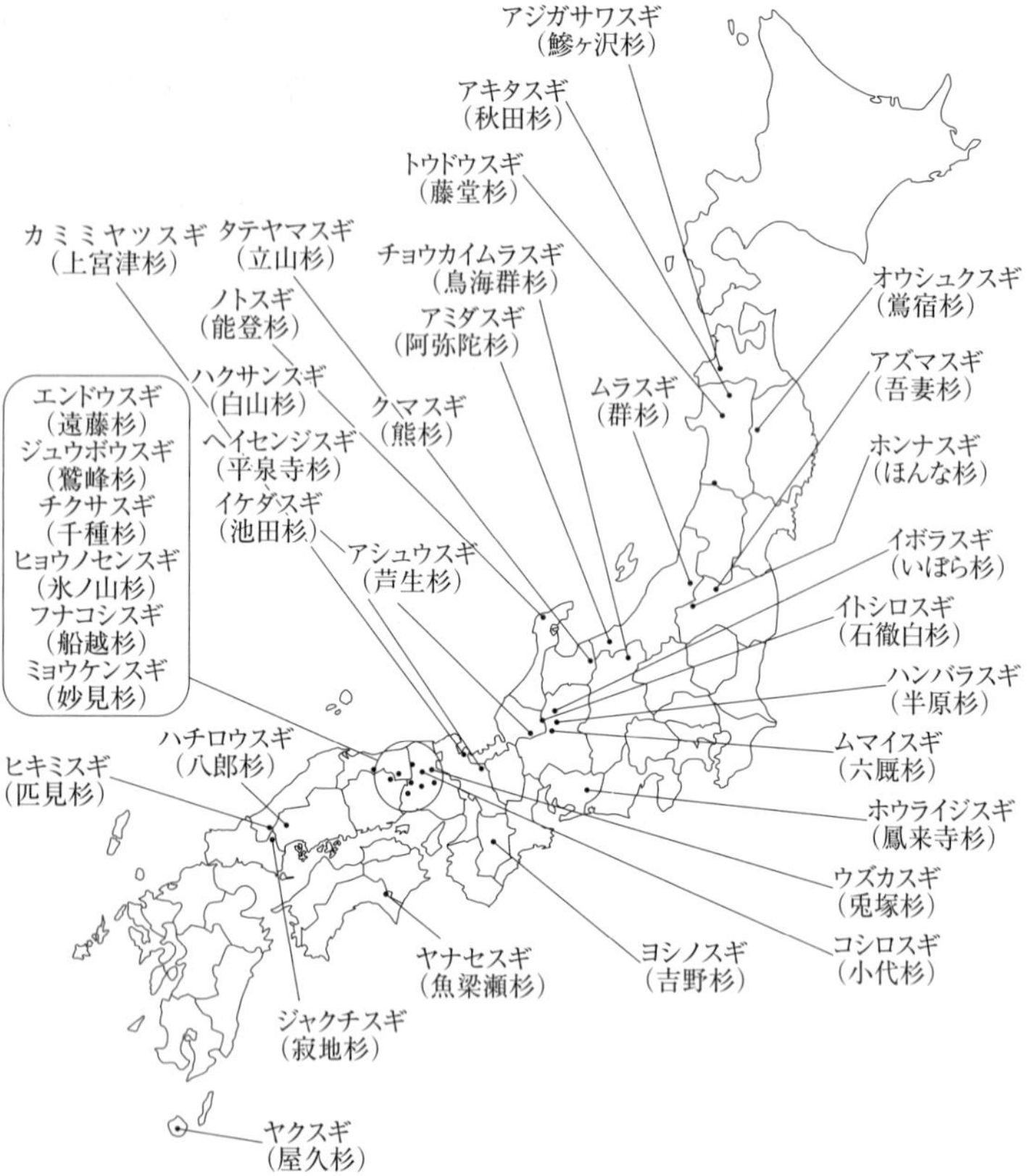
アジガサワスギ（鰺ヶ沢杉）
アキタスギ（秋田杉）
トウドウスギ（藤堂杉）
カミミヤツスギ（上宮津杉）
タテヤマスギ（立山杉）
チョウカイムラスギ（鳥海群杉）
オウシュクスギ（鶯宿杉）
ノトスギ（能登杉）
アミダスギ（阿弥陀杉）
アズマスギ（吾妻杉）
ハクサンスギ（白山杉）
ムラスギ（群杉）
エンドウスギ（遠藤杉）
ジュウボウスギ（鷲峰杉）
チクサスギ（千種杉）
ヒョウノセンスギ（氷ノ山杉）
フナコシスギ（船越杉）
ミョウケンスギ（妙見杉）
クマスギ（熊杉）
ヘイセンジスギ（平泉寺杉）
ホンナスギ（ほんな杉）
イケダスギ（池田杉）
アシュウスギ（芦生杉）
イボラスギ（いぼら杉）
イトシロスギ（石徹白杉）
ハンバラスギ（半原杉）
ハチロウスギ（八郎杉）
ヒキミスギ（匹見杉）
ムマイスギ（六厩杉）
ホウライジスギ（鳳来寺杉）
ウズカスギ（兎塚杉）
コシロスギ（小代杉）
ヤナセスギ（魚梁瀬杉）
ヨシノスギ（吉野杉）
ジャクチスギ（寂地杉）
ヤクスギ（屋久杉）

天然に成立したスギの地方品種生育地（日本海側に生育地が集中している）

る植物である。分布密度が高く良好な生育を示す分布の中心地域は、最寒月の平均気温は四・〇℃～マイナス二・〇℃、最暖月の平均気温二五・〇℃～二〇・〇℃にある。このことは冷温帯下部に分布の中心があることを示している。

スギの天然分布を気候図に照らしあわせてみると、おおむね年平均気温では八～一六℃の範囲内となる。月平均気温が五℃以上の月の平均気温から五℃を差し引いた数値を積算した数、つまり温かさの指数（温量指数ともいう）でみると水平的分布はほぼ北限が七〇度、南限が一四〇度となる。北限に近いところを寒さの指数（月平均気温が五℃以下の月について五℃以下の部分を積算した数）でみると、秋田はマイナス一〇・六度、青森はマイナス二四・四度、盛岡はマイナス二六・〇度、山形はマイナス二〇・一度となる。

スギ天然林分布の北限地は青森県西津軽郡鰺ヶ沢町矢倉山国有林で、それから南の本州、四国、九州（九州本土での天然分布はなく、屋久島のみに分布）に広く分布し、南限は鹿児島県屋久島である。スギ天然林の代表的なところは、本州の秋田、山形、新潟、富山、福井の各県下、紀伊半島、中国地方の鳥取、島根の各県下、四国の高知県下の東部、鹿児島県下の屋久島などである。

スギ天然林の垂直分布は、最低は和歌山県新宮市浮島にみられる標高ゼロメートルであり、標高の最高地は富山県立山の阿弥陀ヶ原の一九一〇メートルである。それまでは鹿児島県屋久島の標高一八五〇メートルが最高所で、本州では富山県新川郡宇奈月町（現・黒部市）黒部奥の不帰岳の一八〇〇メートルとされていたが、昭和四三年（一九六八）に立山で二株六本のスギが発見され、上限のスギの記録が書き換えられたのである。

高橋喜平撮影の上限の杉。幹の大半は地面を這っている。（高橋喜平著『日本のスギ』全国林業改良普及協会、1974年より）

杉天然生育地最高所の発見

スギが天然に生育している標高の最高地を発見した高橋喜平は、そのいきさつを著書『日本のスギ』（全国林業改良普及協会、一九七四年）で記している。発見は昭和四三年（一九六八）の秋で、富山県でおこなわれた全国植樹祭のとき、昭和天皇が立山にお越しになられたことがきっかけであった。生物、ことに植物がお好きな天皇が立山の国有林にお越しになり、立山スギをご覧になられるというので、この国有林を管理している名古屋営林局（現在は廃止されている）では、地元の富山営林署（現富山森林管理署）を通じて万全の準備を整えるとともに、あらためて立山スギの樹齢や分布などを調べなおすことにしていた。

高橋は、立山の美女平につらなる立

山スギを、昭和四三年（一九六八）七月に現地を訪れ見学していた。立山スギの分布を調べなおしているうちに、富山営林署の作業員が、阿弥陀ヶ原の立山荘の近くで数本のスギを見つけていたが、その場所の標高はだいたい一九〇〇メートルはあるという話が出てきた。

このことは日本のスギ生育地標高の上限を書き換えることになるので、高橋は気掛かりとなっていた。たまたま同年秋、富山市で日本雪氷学会の研究発表会があった。学会へ出席のついでに、現地調査をすることにした。富山営林署の好意により、昭和四三年一〇月八日に現地調査が実現した。調査に参加したのは、富山営林署の柏樹直樹技官、名古屋営林局の落合圭次技官、林業試験場山形分場の石川政幸技官、佐藤正平技官と高橋喜平の五名であった。

わたしどもは道路公団出張所の好意でジープを都合してもらい、雨の中を阿弥陀ヶ原の現場に向かった。

ところが、あらかじめ教えられていた付近にはスギが見当たらず、結局、立山荘に行って聞きなおし、立山荘から約三〇〇メートル離れたところにあるスギを見つけだした。そこは道路から数十メートル入った窪地であった。雨が降っていたので、背たけほどもあるチシマザサの中をかきわけてゆくのに骨が折れ、スギのそばに着いたときは全身ぬれねずみになっていた。

「ああ、これが上限のスギか」

と、誰かがいった。きっと、想像していたよりも小さく貧弱に見えたからであろう。じつは、わたくしも最初は同じ思いであった。ところが眺めているうちに、わたくしどもが大変思い違いしていることに気がついた。樹幹の大半が地面を這っていて、そこで生きぬいてきたことがいかにきびしく苦難にみちていたものであったかを物語っていたからである。わたくしは自分の軽率を心でわびながら、そのスギに向かって深々と頭をさげた。

さっそく、高度計で海抜（注・標高）を調べてみると一九一〇メートルをさしている。これは今しがた立山荘で指針をあわせてきたので、正確である。従来の記録は一八五〇メートルであるから、これよりも六〇メートル高く、正しく記録の更新である。地形は北西向の約二〇度のなだらかな斜面になっているが、スギの生育している位置は小さな窪地になっている。スギは二株であって、それぞれ幹が三本ずつにわかれている。地上からの高さは僅か二メートルから四メートルの範囲で、その太さも地上一メートルのところで直径僅か一五センチ内外である。幹の大半が地面を這っていて、そのなかの一本が折れていたので、ルーペでみると年輪が識別できるので、数えてみると一四七であった。

このことから、これらのスギはすくなくとも樹齢が一五〇年以上であることがわかった。

一〇月八日といえば、東京から大阪にかけての太平洋側では、秋も半ばのもっとも気候のよい時節である。しかし、北陸地方の、立山のしかも標高一九〇〇メートルあたりは、紅葉も終わりかけ、初冬の気配がただよっていたであろう。そのなかでびしょ濡れになって、生育地上限に生えているスギを探した高橋たちの学問に対する情熱には頭がさがるのである。

なお、スギの標高上限地の一帯の植生は、チシマザサの密生地で、樹木ではアオモリトドマツ（青森椴松）、ナナカマド（七竈）、ダケカンバ（岳樺）、ウスノキ（臼木）、シャクナゲ（石南花）などが散生し、草本類ではゴゼンタチバナ（御前橘）、イワカガミ（岩鏡）などが目立ったという。

気候別の杉の棲み分け

スギは北海道と沖縄をのぞく日本全土に分布しているが、地方によって棲みかたに違いがみられる。つまり日本の気候区分でいうところの日本海岸区の両羽（羽前、羽後。現在の山形県及び秋田県地方）、北陸、山陰および太平洋区の南海などに多く生育し、太平洋区の三陸、東海、東山、瀬戸内などの気候区内にはすこししか天然分布していない。スギの多く分布している気候区を日本海側と太平洋側という区分けかたでみると、両羽、北陸、山陰は日本海側に属し、南海は太平洋側に属することになる。つまり、スギは日本海側の冬季に積雪のある地域を主体に自生している樹木だといえよう。

また、日本海側のスギの系統を林学では裏日本系統とよび、太平洋側のスギの系統を表日本系統とよんでいる。二つの系統のスギには、つぎのような特徴がみられる。

裏日本系統（ウラスギ＝裏杉〜アシオスギ＝芦生杉）は、秋田、山形、新潟、富山、石川、福井、鳥取、島根の各県などに多く天然分布している。この系統のスギは、葉が内側に曲がり、柔らかく、下方の枝も枯れにくく、下枝は下に垂れ、地面に接して這い、そこから新しい株を発生させるという特徴をもっている。なお、この地方の気温は、夏は比較的気温が高く、冬は海岸線以外の山地の地方ではかなり寒いけれども、一年中の気温の変化はすくない。

表日本系統（オモテスギ＝表杉〜ヨシノスギ＝吉野杉）は、本州の宮城県以南の太平洋側および四国、九州に分布している。とくに三重と和歌山・奈良の三県にまたがる紀伊半島の南部地方、四国の高知県の東部にあたる魚梁瀬《やなせ》地方、九州では鹿児島県の屋久島に多く生育している。この地方の気温は、もっとも温暖で、冬のもっとも寒い月でも平均気温六℃以上というところである。

裏日本系統と表日本系統のスギで天然に生育しているものの樹齢を比較すると、裏日本系統の方が秋田などの特例を除くと一般的に低いようである。表日本系統のスギの樹齢のほうが一般的に高いようで、その顕著なものに屋久島に生育しているいわゆる屋久スギがあり、現在でも樹齢一五〇〇年以上のものが残存している。縄文杉、大王杉などとよばれる長寿のスギを屋久島では見ることができる。なお、植栽されたスギで現存している巨木の大部分は、表日本系統のものである。

スギが天然分布している地域の年間総降水量はおよそ一〇〇〇～三〇〇〇ミリであるが、三重・奈良県境の大台ヶ原山や鹿児島県の屋久島では四〇〇〇ミリ以上もある。一般にスギが自生しているところは、雨が多く湿潤である。日本海側に分布している裏スギの多く生育する地方の年間降水量は、だいたい二〇〇〇～二五〇〇ミリぐらいで、冬の雪、梅雨および台風のときに集中してたくさん降るという特徴がある。

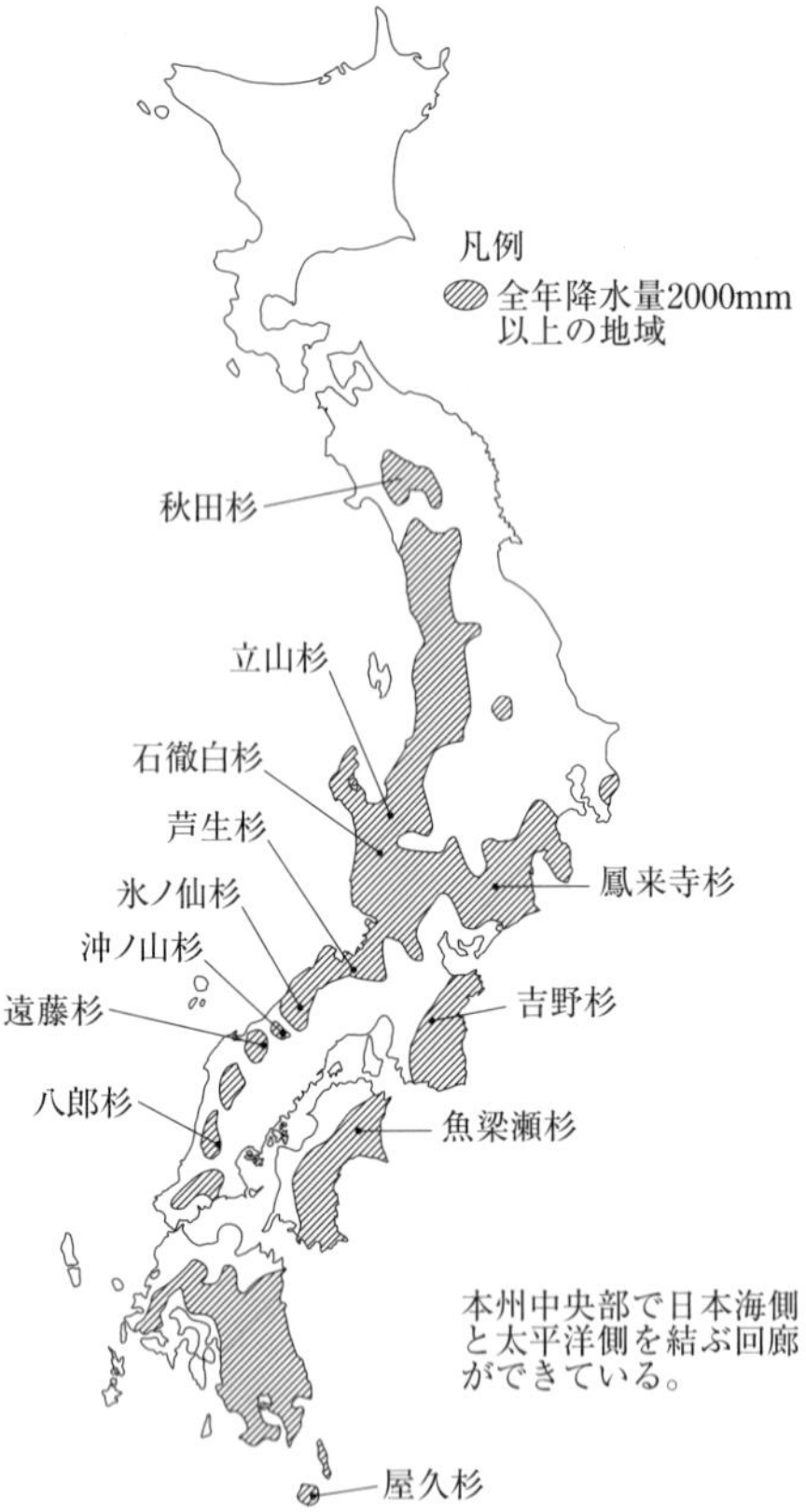

全年降水量2000ミリ以上の地域と代表的な天然杉

太平洋側に分布する表スギの多い地方での年間降水量は三〇〇〇～三五〇〇ミリで、ところによっては四〇〇〇ミリもある。降雨は冬に少なく、梅雨と台風のときにもっとも多い。谷間のスギと言われるように、スギは降水量の多い湿潤な気候のところを好んで生育している。また冬季にたくさんの雪が降る多雪地帯のところほど、スギは標高の高いところまで分布する傾向があり。これは、雪によって冬の寒さが保護されることによるものと考えられている。

杉北限地で共に生育する樹種

天然林ではスギはさまざまな樹種と混交し、生活している。天然にスギが生育している本州の全土から、四国、九州の屋久島までの地域で、スギとともに生育している主な樹種は調査されているが、それぞれ地方の代表的な地点を選んでどんな樹種とともに生育しているのかを掲げてみる。

スギの天然分布北限地の青森県西津軽郡鰺ヶ沢村の土倉山（標高三五二メートル）で通称「矢倉山のスギ」の中心付近は、東経四〇度一四分、北緯四〇度四一分という東経も北緯もほぼ同じ数値である。かつて土倉山周辺の天然スギは、南北に細長い同村を流れる二つの川の東側の川である中村川流域を中心に、西側にあたる赤石川の下流までのおよそ三八〇ヘクタールにわたって分布していた。そののち伐採がおこなわれ、現在は林野庁が指定した「矢倉山スギ遺伝資源保存林」に約一〇ヘクタールが残っている。この林は、東北森林管理局青森分局が独自に「巨木を育む森」として指定している。

この鰺ヶ沢村の「矢倉山のスギ」林には、昭和初期には「ヤグラスギ」といわれる櫓《やぐら》のかたちをしたスギの老木があったが、間もなく枯死した。その跡の調査では、ヤグラスギの樹齢は約一〇〇〇年に到達していたことが確認されているという。現在では代替わりをし、樹齢二五〇年ほどのものを筆頭としている。

高橋喜平撮影の北限のスギ。良好な生育を示している。（高橋喜平著『日本のスギ』全国林業改良普及協会、1974年より）

この地はブナ（山毛欅）を主とする天然生広葉樹林であり、なぜここに天然スギが出現してきたのかという事情については解明されていない。北限のスギが生育する「矢倉山のスギ」の西側の流域である赤石川の最上流部の白神山地は、きわめて原生的な自然であるブナを主とする天然生広葉樹林が保たれているとして平成五年（一九九四）一二月に世界遺産（自然遺産）として登録された。

スギの北限である下矢倉山国有林の標高三〇〇メートルのスギ林では、高木層はスギ、ブナ（山毛欅）、ミズナラ（水楢）、亜高木層はハウチワカエデ（羽団扇楓）、ウワミゾザクラ（上溝桜）、コバノトネリコ（小葉のとねりこ）、低木層はオオバクロモジ（大葉黒文字）、ハイイヌガヤ（這犬榧）、オオカメノキ、ガマズミ、ヒメアオキ（姫青木）、コマユミ（小真弓）、草本層はミゾシダ（溝羊歯）、シシガシラ（獅子頭）、ミヤマカンスゲ（深山寒萱）、チゴユリ（稚児百合）、蔓植物はゴトウヅル（後藤蔓）、ツタウルシ（蔦漆）、イワガラミ（岩絡）などによって構成されている。

秋田スギの本場である秋田県山本郡二ツ井町（現・能代市）田代の仁《に》鮒《ぶな》・水沢国有林には、秋田営林局（現・東北森林管理局）によって仁鮒水沢スギ植物群落保護林が設けられている。面積は一八ヘクタール余りと少なく、林内の広葉樹は少しばかり生育しているが、ほとんどは天然秋田スギの純林となっている。生立している秋田スギの半数以上の胸高直径は七二センチ以上で、最大のものは一六四センチとなっている。このスギ林の樹高は大半が五〇メートルを超え、最大は五八メートルで「日本一背の高いスギ」として林野庁による「森の巨人たち百選」に選定されている。樹齢は平成三年（一九九一）におそってきた台風による被害木を調査した結果、一八〇〇〜三〇〇〇年の範囲にわたっていたが、ほぼ一定の年齢階に集中しており、平均的なものは二五〇〇年と推定されている。

樹高五八メートルのスギの発見のいきさつは、平成八年東北森林管理局長が視察で訪れたとき、管理している米代西部森林管理署の幹部に「この保護林のなかで一番樹高の高いスギはどれか」と尋ねたが、答えることができなかった。そこで改めて調査し、一番高い木とその高さが判明したというわけである。

同県下の秋田スギの生育する下仁鮒国有林の標高二五〇メートルにあるスギ林の植生は、高木層はスギ（杉）、サワグルミ（沢胡桃）であり、亜高木層はスギ（杉）、ミズナラ（水楢）で、低木層はオオバクロモジ（大葉黒文字）、ヒメアオキ（姫青木）、マンサク（満作）、リョウブ（令法）、ウワミゾザクラ（上溝桜）、キブシ（木伏）、クマイザサ（隈井笹）で、草本層はヒメアオキ（姫青木）、ハイイヌガヤ（這犬榧）、オオバクロモジ（大葉黒文字）、ノリウツギ（糊空木）、タマブキ（玉蕗）、ミヤマカンスゲ（深山寒菅）であり、蔓植物はゴトウヅル（後藤蔓）、ツタウルシ（蔦漆）、イワガラミ（岩絡）などによって構成されていた。

標高が高く豪雪地帯に該当する長野県下佐渡山国有林の標高一四〇〇メートルにあるスギ林での植生は、高木層はスギ（杉）、ブナ（山気欅）、ミズナラ（水楢）で、亜高木層はスギ、ホオノキ（朴木）、ゴンゼツ（コシアブラ＝漉油）、リョウブ（令法）、ウワミゾザクラ（上溝桜）で、低木層はタムシバ（たむしば）、マルバマンサク（丸葉満作）、リョウブ（令法）、ユキツバキ（雪椿）、チシマザサ（千島笹）で、草本層はマルバフユイチゴ（丸葉冬苺）、シノブカグマ（しのぶかぐま）、ハナヒリノキ（はなひりのき）、ホツツジ（穂躑躅)、イワガラミ(岩絡)で、蔓植物はイワガラミ(岩絡)、ツタウルシ(蔦漆)、ゴトウヅル(後藤蔓)などによって構成されていた。

四国や屋久島の杉林の植生

表《おもて》スギの生育地の一つである高知県安芸郡馬路村魚梁瀬《やなせ》の千本山国有林は、大きいもので胸高直径二メートル、樹高五〇メートルにもなる。現在生育している魚梁瀬スギの樹齢は二〇〇~三〇〇年で平均二五〇年とみられている。同国有林の標高六五〇メートルにあるスギ林の植生では、高木層はスギ、モミ(樅)、ツガ(栂)であり、亜高木層はスギ、モミ(樅)、ヨグソミネバリ(夜糞峰張)、ホオノキ(朴木)で、低木層はイヌガシ(犬樫)、シキミ(樒)、サカキ(榊)、アオハダ(黄檗)、エゴノキ(えごの木)であり、草本層はサワアジサイ(沢紫陽花)、ハリガネワラビ(針金蕨)、トサミカエリソウ(土佐見返草)、キジノオシダ(雉の尾羊歯)、オオキジノオシダ(大雉の尾羊歯)、ミゾシダ(溝羊歯)、コミヤマスミレ(小深山菫)、チヂミザサ(縮笹)であり、蔓植物はサルナシ(猿梨)などによって構成されている。

魚梁瀬スギの大径木が集団的に生育する千本山(標高一〇八四メートル)の南斜面では、藩政時代には御留山《おとめやま》とされ、大正七年(一九一八)には学術参考保護林に指定され、さらに平成二年(一九九〇)には林木遺伝資源保存林(保護林の区分けの一つ)とされている。この保護林のなかは、頭の鉢巻きが落ちるほど見上げなくてはならないくらい樹高が高いといわれ、「一目千本鉢巻き落とし」と形容されている。このようなところは魚梁瀬スギの純林に近い特異な林相となっている。保護林のなかでも立地によって森林を構成している樹種は異なり、尾根筋の土壌の深いところではスギが優占し、その下部にウスゲクロモジ、アブラチャンなどが多く、林床はツルシキミが目立つ。急傾斜地ではツガが多く、低木層にはウンゼ

四国山脈の暖温帯林の森林植生には、スギを主とし、ツガ、モミ等の針葉樹に、アカガシ、ウラジロガシ、シキミ、ハイノキ、サカキ、ヒサカキ等が混じった常緑針広混交林がみられる。写真は高知県馬路村の雁巻山国有林。（四国森林管理局提供）

ンツツジが繁茂している。

天然スギの南限地である鹿児島県下屋久国有林の標高一〇〇〇メートルにあるスギ林の植生は、高木層はスギ、モミ（樅）、ツガ（栂）、ヤマグルマ（山車）、ヒメシャラ（姫舎羅）、ミヤコダラ（都だら）、アカガシ（赤樫）、ウラジロガシ（裏白樫）であり、亜高木層はスギ、ヤクシマオナガカエデ（屋久島尾長楓）、クロバイ（黒灰）、ソヨゴ（そよご）、バリバリノキ（ばりばりの木）、ヤブツバキ（藪椿）であり、低木層ではサクラツツジ（桜躑躅）、サカキ（榊）、イヌガシ（犬樫）であり、草本層はサツマルリミノキ（薩摩瑠璃実の木）、シロヤマシダ（城山羊歯）、ノコギリシダ（鋸羊歯）、クサマルハチ（草丸鉢）、オオキジノオシダ（大雉の尾羊歯）、コバノイシカグマ（小葉のいしかぐま）、タニイヌワラビ（谷犬蕨）、クリハラン（栗葉蘭）、ヒメナベワリ（姫鍋割）、ガンゼキラン（がんぜき蘭）、ヤクシマスミレ（屋久島菫）、ミヤマカタバミ（深山酢漿草）であり、蔓植物はイワガラミ（岩絡）、ゴトウヅル（後藤蔓）、テイカカヅラ（定家葛）などによって構成されている。

日本全土にわたるスギ天然林の植生をみると、低木層や草本層にスギをみることはほとんどない。つまり高木層や亜高木層を構成しているスギの後継樹となるべき幼樹や稚樹は生育していないのである。これはスギが生育するにあたっては、幼時から壮齢・老齢期まで太陽光線を十分に必要とする陽樹であることが原因で、枝葉が密生するスギ林下では射入する陽光量が少なく、芽生えても陽光不足で大きくなれず、枯れてしまうのである。

日本海側の杉天然品種

スギには、日本各地に名前のついたいわゆる品種とされるものがひじょうに多い。人の手によってつくられたものも数多いが、ここでは天然に成立したもののなかで、むかしから比較的話題にのぼることの多かった地方品種を、全国林業改良普及協会が編集・発行した『スギのすべて』（坂口勝美監修、一九六九年）を参考にしながら述べる。

アジガサワスギ（鰺ヶ沢杉）は、青森県西津軽郡鰺ヶ沢町矢倉山国有林とその付近に生育している。天然スギの北限で、幼齢時に幹が折れたものはさかんに萌芽し、立条となるが、その多くは雪に押し下げられて伏条《ふくじょう》（枝が垂れ下がって、ついには地面につき、地面に接した部分から発根し、一つの個体へと生長していく枝をいう）となる。なお、条とは枝のことである。

オウシュクスギ（鶯宿杉）は岩手県岩手郡雫石《しずくいし》町および和賀郡沢内村（現・西和賀町）地方に生育しているスギで、秋田杉の分布の延長線上にあたる。幼時の成長はおそく、ひじょうに耐陰性がつよく、伏条性も高く、二〇〇年生ころからの成長がよい。

マキノサキスギ（牧ノ崎杉）は宮城県牡鹿郡牡鹿町（現・石巻市）の牡鹿半島牧ノ崎の標高数メートル〜一〇五メートルに一株から数本の幹が立ち、また伏条で繁殖しているスギである。

アキタスギ（秋田杉）は、秋田県の米代川・雄物川・子吉川流域および青森県西南部に分布している。

伏条《ふくじょう》または立条《りつじょう》で成立したものと見られているが、純林老齢状態からの天然更新はむつかしい。材はあざやかな鮮紅色で艶《つや》がよく、軽くて弾力性に富み、髄線《ずいせん》が多くて、柾目《まさめ》方向に割れやすい。酒樽として奈良県の吉野スギにおとらない。

トウドウスギ（藤堂杉）は秋田県北秋田郡阿仁町（現・北秋田市）、森吉町（現・北秋田市）の森吉山の標高八〇〇〜九〇〇メートルの地帯に、秋田杉と隔離している原生林のスギをいう。耐雪・耐寒性がつよい。

ヤマノウチスギ（山ノ内杉）は山形県最上郡戸沢村の最上川左岸一帯に生育しており、老齢のものは奇形を呈し、壮齢のものは通直な幹をもっている。清川ダシ（常風）によって奇形になったといわれる。耐陰性、耐寒性がつよく、伏条や萌芽性もつよいが、一部種子による更新もみられる。

チョウカイムラスギ（鳥海群杉）は秋田県由利郡矢島町付近の鳥海山山麓の標高六〇〇〜六五〇メートルに分布しているスギで、ほとんど伏条で成立しており、耐雪性が大きい。

アズマスギ（吾妻杉）は、福島県摩耶郡塩原村の西吾妻山腹の標高一〇〇〇〜一七〇〇メートルで、ブナを主とした広葉樹と混交して、孤立、群生または純林をつくっている。大部分は伐根からの萌芽が伏条して発根し、小径木の下枝も伏条となる。

ホンナスギ（ほんなスギ）は福島県大沼郡金山村で只見川上流の御神楽岳東方の標高四〇〇〜九〇〇メートル付近にブナ（山毛欅）を主とした広葉樹と混交している。成立はほとんど伏条で、腐朽根株または倒木上にも実生がみられる。耐雪性がつよく、老齢になっても成長はおとろえない。

クマスギ（熊杉）（カブツスギ、コモチスギ、サドヤマクマスギともいう）は、長野県上水内郡戸隠村（現・長野市）、新潟県西頸城郡青海町（現・糸魚川市）、糸魚川市および中頸城郡妙高村（現・妙高市）に生育し、長野県では佐渡山を中心とした新潟県に近い標高一五〇〇メートル付近に、広葉樹に交じってさかんに伏条でふえ、広葉樹が除かれるとさかんに成長する。新潟県側では標高一五〇〜一三五〇メートルに分布し、枝条による繁殖が旺盛で、雪につよい。

アミダスギ（阿弥陀杉）は、新潟県糸魚川市姫川流域の、標高六〇〇〜七〇〇メートルにある天然スギのことで、とくに阿弥陀山国有林に産するものを俗称する。耐雪性がつよく、豪雪地帯や急傾斜地でも林が成立できる。

ムラスギ（群杉）は新潟県村上市、岩船郡関川町、北蒲原郡黒川村、新発田市、東蒲原郡三川村（現・阿賀町）、上川村（現・阿賀町）の飯豊山山麓および御五神楽岳を中心とした一帯のスギをいう。標高四〇〇メートル以上でブナ（山毛欅）を主とした天然林内に点在あるいは群生し、純林状となり、一一〇〇メートルの所にもある。雪につよく、更新はおもに伏条、立条によるが、結実性もあり、実生もみられる。

タテヤマスギ（立山杉）は富山県中新川郡立山町、上市町、下新川郡宇奈月町（現・黒部市）の立山、剱岳、早月尾根および宇奈月一帯の標高五〇〇〜一六〇〇メートルの範囲に、ブナ（山毛欅）を主とした広葉樹またはモミ（樅）その他の針葉樹と混交し、スギは約六〇％を占めている。耐雪・耐寒性がつよく、また鬱閉《うっぺい》（樹木が茂り陽光の射入をふさぐこと）林内でも、稚樹が発生するほど耐陰性が大きい。

ノトスギ（能登杉）は石川県能登地方の天然生スギに付けられた名である。

ハクサンスギ（白山杉）は石川県能美郡および小松市の白山山系の標高七〇〇〜一三〇〇メートル付近にブナ（山毛欅）、ミズナラ（水楢）などと混交して点在または純林をなしている天然スギである。きわめて伏条性がつよく、立山スギ、石徹白《いとしろ》スギに近いものとされている。

イケダスギ（池田杉）は福井県今立郡池田町とその周辺に生育しているスギで、下枝が伏条になりやすく、幹は通直で耐雪・耐寒性がつよく、幼時の成長はおそいが高齢まで結実しない。

ハンバラスギ（半原杉）は福井県大野郡和泉村（現・大野市）一帯に生育しており、天然生林が多く、とくに半原地区内のスギをこのようによぶ。積雪に耐え、伐根からの萌芽および伏条によってさかんに更新する。心材は黒味が多い。

ヘイセンジスギ（平泉寺杉）は福井県勝山市平泉寺の平泉寺境内および参道にある天然生スギおよび植えられたものをいう。耐寒性がつよく、伏条性もつよい。

イボラスギ（いぼら杉）は岐阜県郡上郡白鳥村（現・郡上市）北濃に生育するスギで、オヤコスギ（親子杉）とよばれるほど萌芽力がつよく、耐寒性で材質がよい。石徹白《いとしろ》スギに近い。

イトシロスギ（石徹白杉）は岐阜県郡上郡高鷲村（現・郡上市）石徹白に生育しているスギで、推定一〇〇年生のものもあり、天然生の生育限界は標高一四二〇メートルにもおよび、耐雪性、耐陰性がつよい。更新は伏条によるものが大部分で、細い下枝が伏条となり雪によって這い、二次、三次の伏条をつくる。

ムマイスギ（六厩杉）は岐阜県大野郡荘川村（現・高山市）六《む》厩《まい》川上流に群落を形成しているスギである。耐陰性がつよく、伏条性もきわめてつよい。標高六〇〇～一一〇〇メートルにあって、耐雪性も大きい。

カマクラスギ（鎌蔵杉）は岐阜県吉城郡上宝村（現・高山市）の標高六〇〇～一〇〇〇メートル付近の沢沿いに出現する天然生のスギの俗称である。更新は伐根からの萌芽によるものが多く、結実はすくない。黒芯で、構造材にしか用いられない。

ホウライジスギ（鳳来寺杉）は愛知県北設楽郡、南設楽郡、八名郡、新城市、豊橋市の鳳来寺山を中心とした周辺の、標高二五〇～七〇〇メートルの低地帯に残る天然生スギをいう。表スギのタイプであるが、裏スギの性質を示す系統もある。

近畿・中国地方の杉天然品種

アシュウスギ（芦生杉）（別名アシオスギ）は、京都府北桑田郡美山町（現・南丹市）芦生《あしお》地方に生育している。吉野スギ、秋田スギとちがって、下枝の末梢で長く下垂し、それから発根して伏条となるこの地方のスギに対して命名されたものである。裏日本型の一つである。

カミミヤツスギ（上宮津杉）は京都府宮津市上宮津地方の天然生スギで、二〇〇年生ころまで結実しない。高齢になってからも成長がすぐれている。更新は伏条よりも種子によるものが多い。

ウヅカスギ（兎塚杉）は兵庫県美方郡村岡町（現・香美町）兎塚《うづか》地方での天然生のスギで、造林材料として古くから用いられている。

コシロスギ（小代杉）は兵庫県美方郡美方町（現・香美町）小代《こしろ》の天然スギで、古くから造林材料としてつかわれている。

シソウスギ（宍粟杉）（シソウクマスギ〈宍粟熊杉〉ともいう）は兵庫県宍粟《しそう》市山崎町の赤西・音水国有林に産する天然スギの名前で、伏条更新が多く、枝先が上に向く性質が強いことが伏条性の根源とされている。材の着色がつよい。

ジュウボウスギ（鷲峰杉）は、鳥取県気高郡鹿野町（現・鳥取市）の鷲峰山麓の標高五〇〇〜九〇〇メートルにあって、耐寒性がつよく、発根は容易である。

チクサスギ（千種杉）は兵庫県宍粟市千種《ちくさ》町の日名倉山地方の天然生スギで、この地方の造林材料として古くから使われている。

ヒョウノセンスギ（氷ノ山杉）は兵庫県美方郡美方町（現・香美町）の氷ノ山《ひょうのせん》山麓の天然生スギのことで、標高一五一〇メートルの氷ノ山のうち標高一三〇〇メートル以上は低木と草本で占められているが、一四〇〇メートルの地点に高木状のスギの集団がある。

フナコシスギ（船越杉）は兵庫県宍粟市千種町の船越山山麓の天然スギのことで、古くから造林材料としてつかわれている。

ミョウケンスギ（妙見杉）は兵庫県養父《やぶ》市八鹿《ようか》町の妙見山の中腹から頂上にかけての天然生スギをいう。根元が太く、樹幹は雪圧をうけても自体の反発力でもどるほど耐雪性がつよい。稚樹のときは成長がおそく、三〇～四〇年生でようやく旺盛となり、結実期は八〇～九〇年生である。

ヨシノスギ（吉野杉）は奈良県吉野郡吉野町、大淀町、川上村、上北山村、宇陀郡室生村（現・宇陀市）付近のいわゆる吉野地方のスギをいう。表《おもて》スギの代表とされている。現在植栽されているものは、奈良市の春日神社の天然スギまたは屋久島の天然スギからの苗木を導入したものが起源とされている。

オキノヤマスギ（沖ノ山杉）（チズスギ〈智頭杉〉ともいわれる）は鳥取県八頭《やず》郡智頭《ちず》町の沖ノ山、穂見山、那岐山を中心とした標高五〇〇メートル以上にみられ、標高八〇〇～一〇〇〇メートル付近で落葉広葉樹と混交・群生しているものがすぐれている。シソウスギ（宍粟杉）にくらべて伏条がすくなく、結実が多いといわれる。

エンドウスギ（遠藤杉）（別にトウハクスギ〈東伯杉〉ともいう）は岡山県苫田郡下の吉井川上流域およびその日本海側の鳥取県東伯郡三朝《みささ》町に生育するスギで、中国山地の人形峠付近で、岡山県側のスギを遠藤杉と、鳥取県側のスギを東伯杉とよぶ。根曲がりがつよく、高所のものは立条性がつよい。

ハチロウスギ（八郎杉）（山口県ではジャクチスギ〈寂地杉〉、島根県ではヒキミスギ〈匹見杉〉とよばれる）は広島県での呼び名である。広島、山口、島根の三県境の千両山山塊で、標高三二〇～一一七〇メートルにブナ（山毛欅）などと群生している伏条性のスギで、雪に対する抵抗性は強いが、材はやや不良とされている。

ヤナセスギ（魚梁瀬杉）は高知県安芸郡馬路村、北川村、安芸市の安芸、安田、奈半利川上流で、標高五〇〇～一一〇〇メートルの地帯に、針葉樹と広葉樹が混交した老齢の天然生スギの一般的な名称である。

ヤクスギ（屋久杉）は鹿児島県熊毛郡屋久島の標高三〇〇メートル以上にあり、その存在場所と大きさから区別されている。七〇〇年生以上を屋久スギという。また、別には一〇〇〇年以上のもののみを屋久スギと称するとされる。老齢巨木の屋久スギの周囲に発生したものをコスギ（子杉）といい、一〇〇～三〇〇年生のものが多い。

坂口と宮島の品種区分

坂口勝美監修『スギのすべて』によれば、以上のように天然に成立するスギの品種は、三九種を数える。地域別にみると、

東北地方九種（青森一、岩手一、宮城一、秋田三、山形一、福島二）
信越地方三種（長野一、新潟二）
北陸地方六種（富山一、石川二、福井三）
東海地方五種（岐阜四、愛知一）
近畿地方一〇種（京都二、兵庫七、奈良一）
中国地方四種（鳥取二、岡山一、広島一）
四国地方一種（高知一）
九州地方一種（鹿児島一）となる。

また宮島寛は『九州のスギとヒノキ』（九州大学出版会、一九八九年）で、地域品種（天然品種）は、その地域の気候条件や土地条件による自然淘汰作用によって天然に成立したもので、それらの中には天然生林で他の集団とその性質（形態、更新法、材質など）を異にするもの、または特殊な環境（海抜高、豪雪地帯など）に成立しているものなどが含まれる。このような集団は、おのずから共通の遺伝的特性を有しているもので、これらの集団を気候品種、または土地品種などともよぶ。これらは特定の一地方に分布する集団であるので、単に地方品種ともよばれるとして、文献に基づき、おもなものとして次の二四種の品種名を掲げている。

北から順に、アジガサワスギ（鯵ヶ沢杉）、オウシュクスギ（鶯宿杉）、アキタスギ（秋田杉）、イトシロスギ（石徹白杉）、ムマイスギ（六厩杉）、アシュウスギ（芦生杉）、シソウスギ（宍粟杉）、オキノヤマスギ（沖ノ山杉）、エンドウスギ（遠藤杉）、ハチロウスギ（八郎杉）、ヨシノスギ（吉野杉）、ヤナセスギ（魚梁瀬杉）、オニノメヤマスギ（鬼の目山杉）、ヤクスギ（屋久杉）である。

なお、宮島はこれらの品種名のあとに「など」としているので、これ以外に小さな地域的分布の品種が存在していることを示唆しており、おおよそ坂口のものと変わらないと考えられる。

杉の栽培品種

栽培されているスギの品種として知られているものを分類すると、つぎのようになる。

①天然生林で他の集団とその性質（形態、更新、材質等）を異にするもの、または特殊な環境（標高、豪雪地帯等）に成立しているもの

②在来のものを人為的に淘汰して、比較的変動幅の少ない集団をつくりあげているもの

③個体選抜をおこない、挿し木によって増殖したクローン等

①の天然の品種についてはここまでみたところなので、以下は②③について著名なものについてみていこう。

東北地方ではほとんどが天然生スギに由来するものであることは前に触れた。なかでも秋田地方の天然生スギをアキタスギ（秋田杉）と称し、古くから建築、その他の一般材として高く評価されてきた。また学術上からも裏スギの代表的なものとして有名で、品種的検討も行われてきた。

秋田杉は粗皮《あらかわ》の外観のちがいによって、松肌（餅肌）、赤肌、白肌、黒肌、網肌、離れ肌の六群に類別され、成長とも関係があるといわれている。

関東地方では、千葉県を中心に関東一円に広く植えられている挿し木品種のサンブスギ（山武杉）、栃木県北東部で造林されている挿し木複合品種のナスクマノスギ（那須熊野杉）、栃木県日光市の福田孫多氏が育成したクローン品種がある。那須熊野杉の特性は、十分明らかではない。

山武杉は千葉県東金《とうがね》市、山武《さんむ》町（現・山武市）、松尾町（現・山武市）を中心に約二〇〇年前に成立し普及した挿し木スギ品種であり、地元ではカンノウスギ（閑農杉）またはハニヤスギとよび、実生スギのボッタスギと区別している。この品種の形態および生育状態は斉一であり、全体として均一性がたかく、他のスギと一見して区別できる。特徴は、樹形が通直、完満《かんまん》である。なお完満とは、通常の樹木は根元が太く梢の方は細いが、完満な幹は円錐体ではなく下部から上部にいたる直径の減少率が緩慢であることをいう。幹部分を切断した断面は正円で、根張りはきわめてすくない。樹冠《じゅかん》部分は実生スギにくらべてかなり高い位置にあり、形状は円錐形であり、外縁が平滑で、占有面積は小さい。枝は樹幹のどの方位にも均等に着生し、細く、短く、角度が大きく、枝葉の分岐が大きい。心材の幅は地スギより大きく、心材の色は

赤桃色であり、木理が正しく、狂いの少ない材が生産できる。このスギは耐乾性が強いといわれる。

信越地方のクマノスギ（熊野杉）は、長野県北安曇郡、上水内郡の全域および東筑摩郡、埴科郡、更級郡、上高井郡に天然に分布していたといわれるが、現在では上水内郡戸隠村（現・長野市）の佐渡山国有林が中心であり、挿し木造林の歴史は上高井郡東村の仁礼および豊丘の民有林が古い。クマスギは伏条《ふくじょう》、萌芽力がきわめて旺盛で、挿し木での苗木つくりが容易なスギである。樹冠は尖った円錐形で、葉は濃藍色で、枝は弾力性に富み、全体として短いが、地上約三メートル以下に着生する枝が極端に長く、かつ極端に湾曲して下に垂れる。小枝は柔軟で、風害、雪害に対する抵抗性がつよいといわれる。心材は暗褐色、黒色のものが多い。

クマノスギはさらに、純クマノスギ、クマノスギ、純アカスギ、アカスギに類別され、後の二つの品種は吉野系のスギに由来するものとされている。

北陸地方の杉栽培品種

北陸地方では富山県にリョウワスギ（了輪杉）、ボカスギ、ベッショスギ（別所杉）、タテヤマスギ（立山杉）が、石川県にはクワジマスギ（桑島杉）、福井県にはイケダスギ（池田杉）、岐阜県にはイトシロスギ（石徹白杉）、ムマイスギ（六厩杉）がある。

ボカスギは富山県西礪波郡で行われる挿し木造林の品種五つのなかの一つで、明治初年ごろから用いられ、明治三〇年以降はおもにボカスギが使われるようになった。大正末期から昭和初期にかけて、電柱材として需要が急増し、特にボカスギは名声をたかめた。ボカスギの形態的特徴は、樹冠が長円錐形で、針葉がやや長く、太く、曲がりがすくなく、粗剛であり、枝葉の着生が密である。成長ははやい。心材は赤褐色または濃褐色で、年輪幅がひろく材質は悪い。雪害をうけやすい欠点をもつ。ボカスギの名前は、成長がひじょうに旺盛で、材が軟弱なことを意味するボカからきたといわれている。

タテヤマスギ（立山杉）は標高一〇〇〇メートル以上の山地に生育する天然スギで、寒冷地または亜高山多雪地帯に適するスギとして期待された。立山スギの人工林では、天然林にくらべて樹冠の狭い個体の出現率が著しく減少する。これは天然林において樹冠の広い個体が結実量が多いことから、種子を採取する段階で樹冠の広い個体が選ばれた結果と考えられた。

イトシロスギ（石徹白杉）は岐阜県郡上市白鳥町（現・郡上市）石徹白《いとしろ》地区に生育する天然スギであり、従来この地区では択伐《たくばつ》を行ってきた。択伐とは、必要に応じて林のなかのスギを個別に抜き伐りする方法で、伐採跡地は自然に更新される伐採の方法である。大正末期に挿し木技術が導入され、伏条《ふくじょう》、立条《りつじょう》から挿穂《さしほ》をとって養成した挿し木苗で造林されるようになった。地区外にもかなりの苗木を供給していた。一般に枝下高が低く、樹冠は鋭く尖った円錐形で、樹幹は梢殺《うらごけ》のものが多い。梢殺《うらごけ》とは、樹高が低く、幹の根元の部分が太くて、梢にかけて急激に細くなる形態で、いわば根元から梢まで円錐形の形態をしているものをいう。この品種では幼時の成長は悪いが、壮齢以後の成長がよく、老齢になっても旺盛な成長をしめす。

北山や中国地方の杉品種

キタヤマスギ（北山スギ）とは京都市の西北端部にあたる北山地方で、スギ磨《みがき》丸太の生産を目的としたスギ林業を営むために用いられているスギ品種である。この北山林業は室町時代にはじまり約五〇〇年の伝統をもち、形質のすぐれた丸太を育成することに目標がおかれている。このためスギの品種は厳選され、ふるくから著名な挿木品種が育成されている。

シロスギ（白杉）は北山地方で古くから用いられる挿木品種で、材の表面が白いためにこの名がある。再別してホンジロ（本白）、ミネヤマジロ（峯山白）、ホウズキジロ（鬼灯白）、コネンダニシロ（コネン谷白）という四つの品種がある。葉は柔軟で内に曲がり、樹冠は鈍頭である。材は緻密で、表面が白く、光沢に富み、変色しにくい。心材は黒褐色である。立条性と耐陰性がつよく、北山林業独特の台木仕立て更新が容易である。しかし成長はおそく、土地を選ぶ傾向がつよい。挿木の発根は一般に容易である。

シバハラ（芝原）は、白スギ系とは対照的に葉は濃緑色で、ほとんど湾曲せず、樹冠は尖っている。樹形はやや梢殺《うらごけ》で、材の色沢もおとるが、成長がはやく、立条性がつよく、造林が容易で、盛んに造林されてきた。心材は淡紅色である。

シボ系（絞系）のシボとは材の表面に縦皺《たてじわ》をもっているものをいい、タネスギ（種スギ）と北山地方では称される実生苗の造林地もかなり分布しているが、そこから見つけだされたものが多い。シボ（絞）にはデシボとイリシボがある。デシボは縦皺が隆起し、イリシボは縦皺が陥没している。一般に磨丸太にして珍重され、価格もすこぶる高い。これらの造林木から挿木苗が養成され、造林されている。

カミヨシスギ（神吉杉）は、京都の北山林業地域内に属する京都府船井郡八木町（現・南丹市）大字神吉小字河原の日吉神社境内にある樹齢三〇〇年以上のものが母樹の実生品種である。いまから一〇〇年くらい前から、母樹は集落共有で管理され、採取された種子は地区の人たちに配布され、造林されてきた。樹幹は通直、完満で、心材は赤い。下枝は強く張らず、上に伸びる成長が旺盛なので、雪害には弱い。

山陽・山陰地方では中国山地沿いに天然スギが多く、いずれも伏条性のつよいスギである。とくに兵庫県宍粟《しそう》市の北部山岳地方に生育している天然スギをシソウスギ（宍粟杉）またはシソウクマスギ（宍粟熊杉）および、それから挿木の穂を採取して造林されている。心材が黒および半黒をおびたものが多い。

以上は天然に成立したスギの品種であるが、現在栽培されているスギのなかには、人がスギを育成していくため、複数の個体あるいは一本の木から挿木によって増殖した個体群、つまり品種となっているものがある。

古くから挿木スギとして知られたものを掲げるが、東北地方では挿木スギの品種は見当たらない。

九州の挿木杉品種

九州地方は挿木技術の古い歴史的背景もあり、品種名として挙げられるものはおよそ二〇〇もあるとされる。九州でみられるスギ挿木の品種では、まず最も古い時代から挿木で育成され、神社や寺院などに植えられていったと考えられものに、アヤスギ・ホンスギ・メアサ・ヤブクグリの四品種がある。

アヤスギ（綾杉）は、熊本県北部、大分県西南部、福岡及び佐賀県下一円に多い。福岡・佐賀・大分各県の社寺などに老大木が散見されるが、いずれも三〇〇年未満だといわれる。

ホンスギ（本杉）は、適地範囲が狭く、本スギのみの植林地はほとんどない。福岡県英彦山《ひこさん》山麓近くの小石原にある行者スギ（二〇〇～五〇〇年生の老齢木）のうち、ホンスギは最も古いものの中に含まれている。

メアサ（芽浅黄）は、鹿児島県下全域、宮崎県西南部、熊本県南部県境一帯に多く栽培されている。熊本県小国町の阿弥陀スギは七〇〇年以上を経たものといわれている。

ヤブクグリ（藪潜）は、大分県日田・玖珠一円、熊本県小国地方、福岡県八女地方に多く栽培されている。この品種は日田、小国地方の代表的造林品種だが、老齢木はほとんど見られず、佐賀県富士町の弁財天スギ（推定五〇〇年）など佐賀県下に老齢木が点在している。

江戸時代以降に人工造林が盛んになるにつれて成立していった挿木スギの品種には、次のものがある。

オビスギ（飫肥杉）群は、宮崎県日南市、同南那珂郡および宮崎市南部、宮崎郡一帯に分布するもので、他の品種群とはその成因を異にする挿木集団である。オビアカ（飫肥赤）、アラカワ（荒皮）、トサアカ（土佐赤）、トサグロ（土佐黒）などの品種がある。

ヒタスギ（日田杉）群は、大分県日田市、日田郡（現・日田市）、玖珠郡にまたがる約五万三〇〇〇ヘクタールの民有林地帯の林業を日田林業といい、その地域における挿木スギ品種群の総称である。ヤブクグリ（藪潜）、アヤスギ（綾杉）、ホンスギ（本杉）、アオバ（青葉）などの品種がある。

ヤメスギ（八女杉）群は、福岡県南部を流れる矢部川上流域の八女郡矢部町、星野村、上陽町（現・八女市）、黒木町にまたがる約三万二〇〇〇ヘクタールの民有林地帯の林業を八女林業といい、明治期以降一〇〇年間に多数の挿木スギ品種を生み出している。この地方で育成された挿木スギ品種は、ヤイチ（弥一）、キウラ（木裏）、シチゾウ（七蔵）、ヤマグチ（山口）、コガ（古賀）、ナカムラ（中村）など三〇種を超えるといわれる。

オグニスギ（小国杉）群は、熊本県阿蘇郡小国地方の筑後川支流杖立川の集水地域にあたり、この地域の林業を小国林業とよび、この地域のスギ品種群を小国スギと総称される。だが、この地域で選抜育成された固有のスギ挿木苗の品種は見当たらない。

その他のスギ挿木品種をみると、佐賀県では東北部地帯（背振山系）を中心にイワオ（巌）、オオセ（大瀬）などが、熊本県では阿蘇南部地方ではアカエド（赤江戸）、クロエド（黒江戸）が、同県菊池地方ではクモトオシ（雲通）、リュウノヒゲ（竜の髭）が、益城地方ではシャカイン（釈迦院）、オトヘイ（音平）が、

屋久島の縄文杉。ヤクスギという天然品種である。
（九州森林管理局提供）

鹿児島県では姶良《あいら》地方のオドリ（踊）、肝属《きもつき》地方のキジン（黄芯）、ハライガワ（祓川）などが知られている。

挿木というものは、親木の体の一部を切り離してふやす栄養繁殖方法のひとつである。植物の繁殖方法には、種子が芽生えて繁殖する有性繁殖と、栄養器官の一部が分離発育して独立の個体となる無性繁殖（栄養繁殖）とがある。高等植物では栄養繁殖として、むかご、鱗茎《りんけい》、塊根《かいこん》という自然な繁殖もあるが、人為的に繁殖させる方法として挿木や接木あるいは取木が行われている。

挿木のはじまった当初は、親木を意識することはなかったと考えられるが、そのうちに成長がよい、幹が通直である、穂を挿したときに根が出やすいなどといった性質に目をむけて親木を選択し、似た性質のものをあつめるようになり、しだいにスギの挿木品種ができあがったと考えられている。

長寿で巨木になる杉

スギは長寿で大木に育つ樹木である。樹齢も鹿児島県屋久島の縄文杉は、読売新聞社編『新日本名木100選』は樹齢七二〇〇年と推定しているが、いろいろと論議があり、実際は三〇〇〇年くらいではないかと見られている。それにしてもその長寿であることには驚かされる。落葉広葉樹林の天然林としてもてはやされるブナの最長寿は、静岡県田方郡函南《かんなみ》町の函南原生林にあるもので、推定樹齢七〇〇年であり、縄文杉はその四倍も長生きしているのである。

すこし資料が古いが、多数の樹木の状況をみるのに適当な本がないので、財団法人帝国森林会編著（代表三浦伊八郎）の『日本老樹名木天然記念樹』（大日本山林会、一九六二年）を参考にする。この本には発行当時調査することができた三三八五点の樹木が登載されている。そのうち杉は七七九本（正確には並木も一つとして数えられているので、本数ではない）載せられている。この本から樹齢を一〇〇年単位で取りまとめると次のようになる。

杉の樹齢階毎の本数

三〇〇年未満	五一本
三〇〇〜三九九年	九八本
四〇〇〜四九九年	六三本
五〇〇〜五九九年	一〇七本
六〇〇〜六九九年	五五本
七〇〇〜七九九年	六八本

代表的なスギの巨樹・巨木（読売新聞社『新日本名木100選』をもとに有岡作図）

八〇〇〜八九九年　六三本
九〇〇〜九九九年　一二本
一〇〇〇〜一〇九九年　一〇七本
一一〇〇〜一一九九年　一五本
一二〇〇〜一二九九年　三七本
一三〇〇〜一三九九年　八本
一四〇〇〜一四九九年　一本
一五〇〇〜一五九九年　一〇本
一六〇〇〜一六九九年　四本
一七〇〇〜一七九九年

〇本
一八〇〇～一八九九年　　一本
二〇〇〇年以上　　七本
合計　七一四本
（樹齢不明木もあり、登載本数とは合致しない）

樹木の長寿の区切りとするのは何年かについては議論があろうが、一〇〇〇年で一応区切ると一九〇本となる。

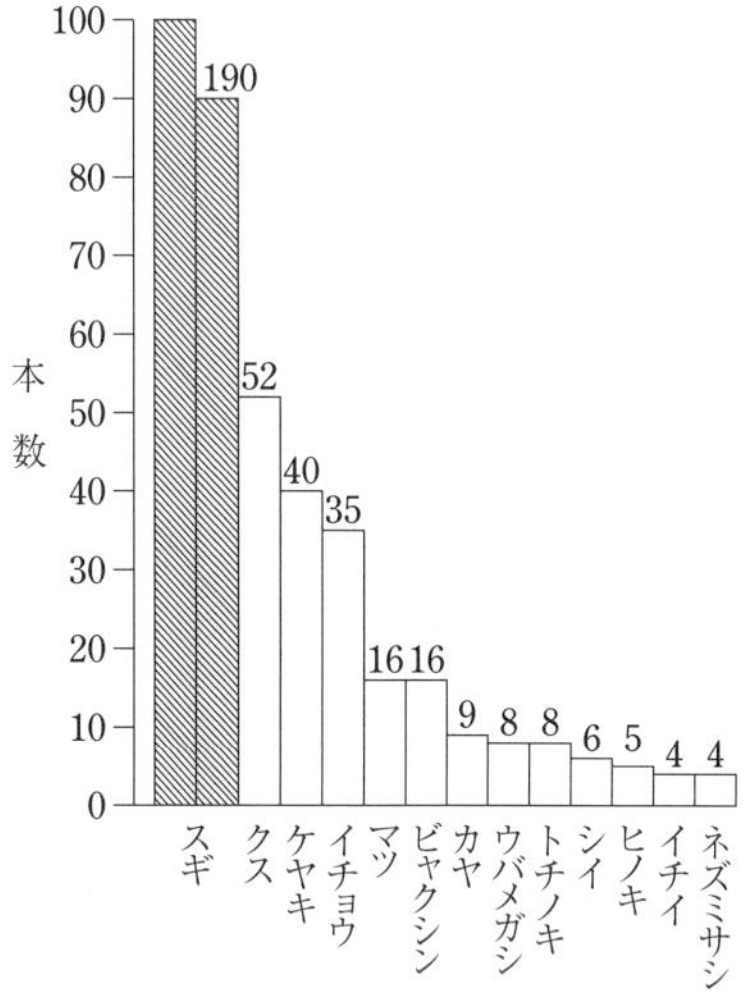

樹齢1000年以上の長寿木の内訳（『日本老樹名木天然記念樹』をもとに有岡作成）

前掲の同書から樹齢一〇〇〇年以上の樹種をひろうと、クスノキ五二本、ケヤキ四〇本、イチョウ三五本、ビャクシン一六本、サクラ一二本、カヤ九本、ウバメガシとトチノキ八本、ムクノキ七本、シイ六本、ヒノキ五本、イチイ・ネズミサシ四本、カツラ三本となる。二本のものではタブノキ、ソテツ、ヤマグワ、キンモクセイ、ウメであり、一本だけのものはコウヤマキ、センダン、ミズナラ、クリ、マキ、カラマツ、タモ、フジ、シデ、モチノキ、サザンカ、カエデ、サイカチ、ネズコ、ヤナギ、ツガ、バラモミ、ツバキ、ヒイラギ、タラヨウ、ツツジとなる。ここに掲げた順に樹種の長寿さをみることができる。

樹木の太さは地上から一三〇センチの高さの幹周りで表されるが、杉の幹周り最大木は京都府京都市花背にある天然伏条台杉の一八・四メートル、次いで縄文杉の一六・一メートル（直径五・一三メートル）である。三番目は新潟県三川村（現・阿賀町）の将軍杉の一六メートルで、四番目は高知県大豊町の杉の大杉（二本あるうちの南大杉）で一五メートルとなっている。他の樹種と比較すると、杉よりも幹周りの大きいものはクスで、鹿児島県蒲生町の大クスは二四・二メートルであり、その次に大きいものはイチョウで、徳島県上板町の乳保神社のイチョウの一七・〇メートル、以下は杉よりも小さくなっている。

樹高では高知県大豊町の杉の大杉（南大杉）の六八メートルが最も高い。

環境庁調査の巨木数でも一位は杉

平成二年（一九九二）の環境庁発行『日本の巨樹・巨木』によると、日本全国の巨樹は五万五七九八本ある。これ以外に、山奥や調査不能地、樹林、並木林などには、計測されていない巨木が六万八〇〇〇本あると推定されている。だから合計すると、およそ一二万四〇〇〇本以上の巨木が、わが国にはあることになる。

巨木とは環境庁の定義によると、地上一三〇センチの幹周りが三〇〇センチ（直径になおすと九六センチ）以上の木をいい、地上一三〇センチの位置で幹が複数に分かれている場合は、それぞれの幹周りの合計が三〇〇センチ以上あり、主幹の幹周りが二〇〇センチ以上のものをいう。

環境庁の調査報告によると、巨木が最も多い樹種はスギで一万三六八一本、二位はケヤキの八五三八本、三位はクスノキの五一六〇本である。

環境庁調査による巨木の樹種別本数

①スギ	一万三六八一本	②ケヤキ	八五三八本	③クスノキ	五一六〇本
④イチョウ	四三一八本	⑤シイノキ	三七九八本	⑥タブノキ	一九〇七本
⑦マツ	一六六九本	⑧カシノキ	一五三七本	⑨ムクノキ	一四六五本
⑩モミ	一三六四本	⑪エノキ	一二二一本	⑫サワラ	九〇七本

以下、サクラ、カヤ、ヒノキ、ミズナラ、トチノキ、カツラ、ブナ、ハルニレ、サワラ、アコウ、ツガ、イヌマキ、ホルトノキ、イチイ、クロガネモチ、イブキ、クリ、コウヤマキ、ヤマモモ、ガジュマル、センダン、サイカチ、コナラ、ハリギリ、カシワ、デイゴ、アベマキの順となる。

これらの樹種のうちには、つぎのように複数の樹種が含まれているので、注意する必要がある。スギにはスギ、ヒマラヤスギ、ヌマスギ等が、シイノキにはスダジイ、ツブラジイ等が、カシノキにはイチイガシ、シラカシ、アカガシ、ウラジロガシ、アラカシ等が、サクラにはエドヒガン、ヤマザクラ、シダレザクラ、ソメイヨシノ等が、マツにはアカマツ、クロマツ等がそれぞれ含まれている。

これらの巨木の所有者は誰かをみると、寺社が約五八パーセントで最も多く、ついで個人の約一八パーセントで、この二つで約七六パーセントに達する。

巨木に育つには長年月の間、見守り、保護してやることが必要である。巨木をもつことは、その社会や人びとがある種の文化をもっていることが必要である。巨木のある地を訪ねてみると、そこに土俗的ともみられる信仰なり、農耕技術などが存在している。長年月にわたって、巨木を守るというそれぞれの土地の人のかかわりのなかでこそ、巨木は生まれてくるのである。

第二章　日本文化形成期の杉

登呂遺跡の杉利用

わが国文化の夜明けともいえる縄文文化では、杉を使いこなすことなく、杉よりも堅い材質のクリ（栗）を多用している。

真っすぐに伸び、根元からこずえまで良く通った長い樹幹をもつ杉が、一見使いやすそうに思えるのだが、縄文時代には使われた形跡がない。なぜだろうか。

まず第一は、縄文時代には、樹木を伐採すること、および材木を使用目的に応じて加工する斧が鋭利でなかったことが挙げられる。石器のように刃先が鈍いと、クリなどの広葉樹は伐《き》ったり、穴を掘ることはできるが、杉などの柔らかな材質の針葉樹は打ち込んでも撥《は》ねかえされて伐れないのである。

もう一つは、縄文文化の中心地となっている東北地方にまで、杉が分布域をひろげていなかったことが挙げられる。これについては、第一章「杉の生態」で述べた。

かくして杉の利用開始は、鋭利な鉄の刃物が使用される弥生時代までまたなければならなかった。

弥生時代に杉が木材として用いられたことがはじめて見つかったのは、太平洋戦争もガダルカナル島の

登品遺跡の位置

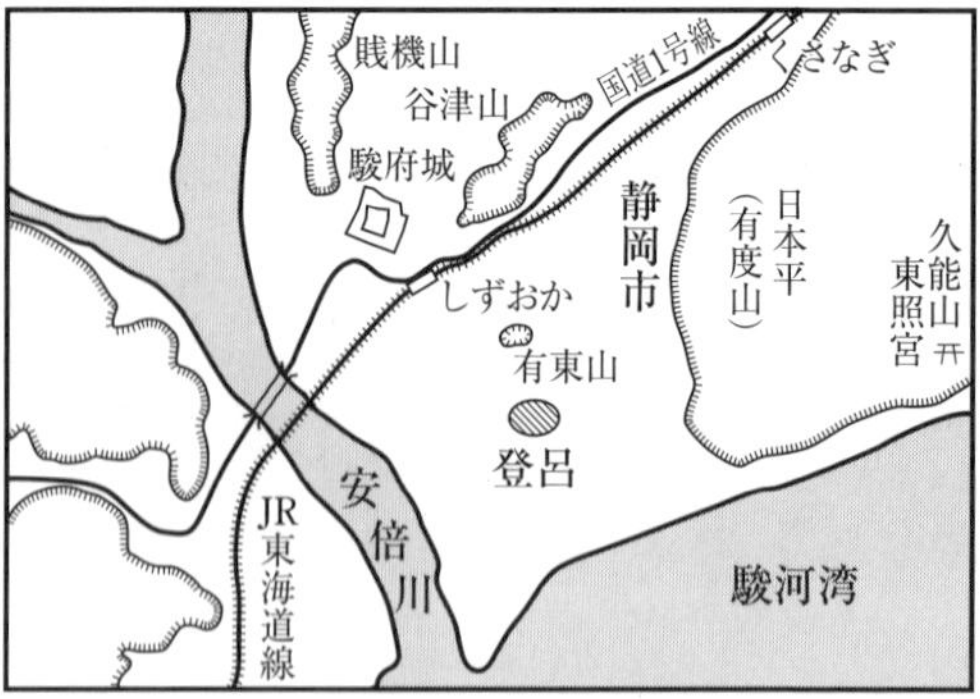

攻防戦に破れ、わが国が敗戦への道を転げ落ちはじめていた昭和一八年（一九四三）の夏のことで、場所は静岡県静岡市の登呂遺跡であった。そこは静岡市市街地の南部にあたり、国策として航空機増強のため、水田をつぶして住友金属株式会社が一〇万坪（約三三万六〇〇〇㎡）のプロペラ工場を、三菱重工業株式会社が二〇万坪（約六六万一二〇〇㎡）のエンジン工場を造成しはじめていた所であった。

毎日新聞社静岡支局で記者をしていた森豊は、同支局に一雙《そう》の丸木舟を担いでやってきた安西国民学校教員の安本博から、大遺跡が発掘されたことを知らされる。森記者は、安本に丸木舟を持たせ、写真を一枚撮影した。

森記者のところにはちょうどそのころ、京都大学考古学研究室が発掘した弥生時代の奈良県磯城《しき》郡田原本《たわらもと》町の唐古《からこ》遺跡（昭和一一～一二年＝一九三六～七年発掘）に関する報告書が送られてきていた。森記者の頭には、弥生時代の土器や木器の写真が浮かび、これは日本の古代文化解明に重要なものであろうと推察し、東京本社に「静岡市南郊に大遺跡発見」の第一報を送った。

登呂遺跡は昭和一八年（一九四三）に発掘作業がなされたが、その年のうちに中断した。そして戦後の同二二年に再開され、三年のちの二五年まで、泥と取り組む難作業を経ながら発掘調査が行われた。古代の一時期の水田が残ることは不可能だと思われていたが、ついに登呂遺跡から弥生式文化期の水田跡が世に出たのである。現存するものとしては、世界最古の水田発見例として、ひじょうな反響を学会に与えたものであった。

水田あぜ路には大量の杉板

発掘された古代の水田は東西二一〇メートル、南北三三〇メートル、およそ六万八二一〇平方メートル（二万八〇〇坪）の範囲におよび、そこに三三枚の田が営まれていたのであった。あぜ路は大小、長短の杭あるいは杉の矢板を並列させ、二列、あるいは三列、四列以上並行するものもあった。

あぜ路に使った杉の矢板について、森豊はその著『「登呂」の記録――古代の発掘にかける』（講談社、一九六九年）で次のように述べている。

わたしたちをもっとも驚かせたのは、そのあぜ路に使った矢板であった。当時、ノコギリがまだ発見されていなかったし、節のないよい木を選んで倒し、これにくさびを打ち込んで割り、それをちょうな状の利器で削って板をつくったものであろう。一枚の板を造るのにたいへんな労力と時間が必要である。その貴重な板をびっしり並べてあぜ路を作ったのである。二万坪におよぶその水田全面積に使われた板は何万枚に上ったものであろう。とても一家族や数人の仕事ではない。全村挙げて少しずつ築き、田を拡げていったものであろう。登呂から数百年ののち、皇極天皇が、草葺きではなく、板で屋根を葺いた宮殿をつくったとき、とくに飛鳥板葺宮《あすかいたぶきのみや》と名付けたほどである。その貴重な板を、まして皇室のような権力をもたない東国の農民たちが、ふんだんに使っていたのである。

文中の「ちょうな」とは、大工道具の一種で、平鑿《ひらのみ》を大きくしたような身に、直角に柄をつけた鍬《くわ》の形をした斧《おの》のことで、材木を斧で削ったあとを平らにするのに用いる。

発掘によって見つけだされた日本古代史上重要な水田遺構の杉木柵列は、昭和一八年（一九四三）の発掘中止以後、同二二年の再発掘にいたるまでの間に、抜かれ、自家用の塩つくり用薪等として燃やされ、大半はなくなってしまったのであった。

森豊は、登呂遺跡では、水田のあぜ路用として杉の矢板をふんだんに用いていたことを記しているが、これ以外にも杉が用いられていたことを、日本考古学協会編の『登呂　本編』（東京堂出版、一九七八年）は、次のように記している。

同書の第七章「木材」では、出土樹種は針葉樹一〇種、広葉樹三〇種とまとめられている。登呂遺跡のもっとも大きな特色をつくっているのは杉材である。使われている樹種のうちでは、杉が圧倒的に多く鑑定件数の八〇％を占めるが、この杉材の大部分は木器と、注意すべき加工の跡のある建築材料や構築材料であった。

登呂遺跡からの出土木材のほとんどは杉

同書はさらに、「広大な面積にわたって発掘されたおびただしい数の構築材料や建築材料、ことに割裂《かつれつ》製材したもの、たとえば柵の矢板類は、目にふれた限りまず杉材といってよい。住居跡には柵の矢板以外にも、建築材料の残存するものがあるが、ことごとく杉であった。これら全部をひっくるめて考えると、使用木材全体では杉が九五％を占めている。これらの杉は、著しく老齢の樹幹から製材したと思われるものを多く含んでいる。幹を縦割りする製材法で幅広板なら長さ七〇センチ、細長材なら割裂によって四メートル近くまで処理することができたといえよう。

スギの遺物が大量に出土した登呂・山木遺跡の位置

杉の板材は極めてうすいもので、倉庫の横木板として使われているものでは、幅は一二七ミリのもの、一二二ミリのもの、一三六ミリのものなどで、厚さは三センチ前後となっている。また倉庫の壁板として幅二二センチ、厚さ一センチのものもある。さらに薄いものに、扉か妻《つま》（注・建物の棟と直角となっている壁面のこと）の覆いのように考えられるもので、厚さ七ミリにすぎないものがある。どうやって作ったものであろうか。やはりクサビを打ちこんで、割っていったものなのだろうか。」と記す。

このように登呂遺跡では、使用されている数多くの樹種の木材のなかで、杉材が優位を占めていることは、この周辺の手近なところに材料を求めることができる杉の森林が存在していたことが示されている。

「登呂遺跡の西北隅を占める森林跡は、おそらく遺跡背後の沖積平野につづく原始林の最前線の一部であったのだろう」と同書は分析しており、その森林跡の樹木は、「スギ（五例）、イヌガヤ（三例）、シラカシ（四例）、クスノキ（一例）、エノキ（一例）であった」のである。これは遺跡内に残っていた森林跡の樹木であり、登呂遺跡から出土した遺物

登呂・山木遺跡に近い伊豆・天城山中にある太郎杉。両遺跡の周辺には、こんな大木のスギが林立していたのであろう。

のほんの一部にすぎないものであった。
遺跡で利用された樹種、流木片および果実、種子などから、同書は目ぼしい樹種をひろいだしている。それによると、
　この遺跡を特徴づけているスギのほかに、カヤ、イヌガヤ、ナギ、イヌマキ、マツ（アカマツあるいはクロマツ）、モミ、ツガ、ヒノキ、サワラ（以上が針葉樹）、シイ、アカガシ、シラカシ、アラカシ、イチイガシ、クスノキ、タブノキ、ホルトノキ、モチノキ、サカキ等（以上が常緑広葉樹）、オニグルミ、ヤマナラシ、ヤナギ類、クリ、エノキ、ケヤキ、ネムノキ、サイカチ、サクラ、マンサク、マユミ、トチノキ、タラノキ等（以上が落葉広葉樹）であった。
植物学者の前川文夫は登呂遺跡を中心とする当時の植生を、「常緑広葉樹林とはいっても、ナギ、イヌマキ、イヌガヤ等の針葉樹も混生し、空気の乾き気味のところにはカヤがまじり、また低地のやや湿気に富むところは杉が多かった。こうした形式の森

林は現在伊豆半島の暖地の社叢《しゃそう》や四国南部・九州等の原始林に見出しうるものであって、それから推せば現在よりわずかに暖かい気候条件であったといえる」と、『登呂　本編』のなかで分析している。

登呂遺跡で水田のあぜ路に大量の杉の割板をつかっているのは、割りやすい杉が近くから手にいれることができたからであろう。住居跡近くから杉の立木株が出土しているように、水田が営まれた安倍川河口部にできた自然堤防には、前川が分析したように、杉がたくさん生育していたのであろう。

杉材大量使用の伊豆山木遺跡

登呂遺跡の戦後の再調査が終了した昭和二五年（一九五〇）に発見された静岡県伊豆韮山町《にらやま》（現・伊豆の国市）の山木遺跡も、建築土木用の木材のほとんどが杉材であった。

山木遺跡の年代は、弥生時代後期から末期とされている。この遺跡でつかわれた杉材は、直径六〇センチ以上の大径の樹幹を用いており、矢板や倉庫用の板材は板目に沿って、つまり年輪に平行に、幅三〇～四〇センチ、厚さ三～四センチに割ったものであった。住居用の柱、桁《けた》なども、大径材を割ってえられた芯去《しんさ》りの長材でつくられていた。

山木遺跡は静岡県伊豆半島の中央部に山塊をつくっている天城山を源とし、北流する狩野川《かの》がつくった沖積平野の東辺の一部で、山裾にあたる韮山村（現・伊豆の国市韮山）大字山木で発見された。狩野川に沿って自然堤防がよく発達しており、その後背地は湿地となっている。山木遺跡のあるところは、この後背湿地であり、北にむかってゆるやかに地面がさがる水田地となっている。

山木遺跡の調査は昭和二五年に韮山村によって行われ、調査は後藤守一が主宰した。この調査は、調査区域は狭いものであったが、狩野川の分流とみられる深く細長いくぼ地を徹底的に発掘した。その結果、

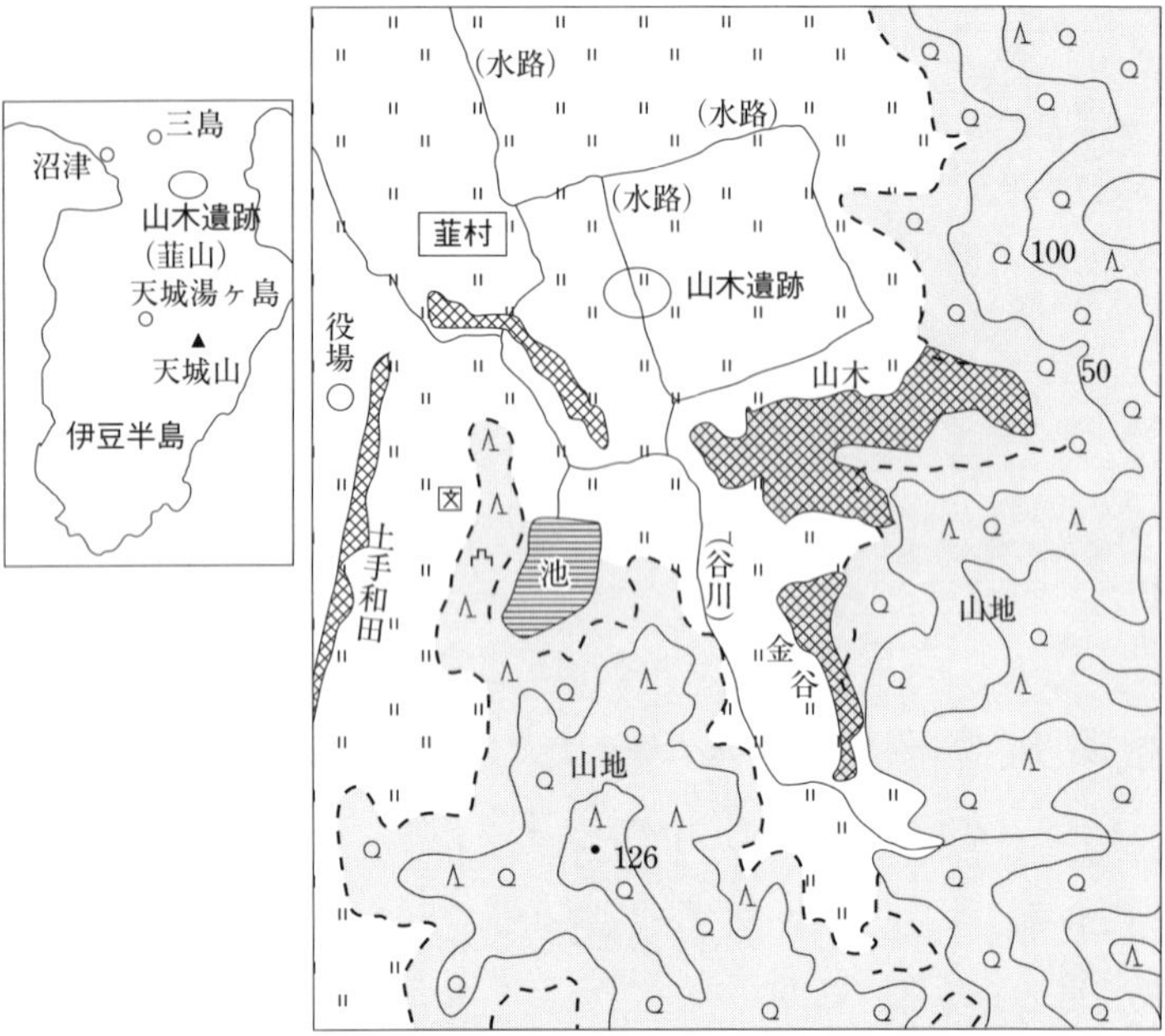

杉の遺物が大量に出土した山木遺跡周辺図（発掘当時の図）

そばにあった弥生時代の集落から、洪水の際に流れ込んだような形で、各種の木器、建築部材などがきわめて多量に発見された。

後藤は調査後に編んだ『伊豆・山木遺跡――弥生時代木製品の研究』（築地書館、一九六二年）のなかで「わずか三週間の発掘で登呂四カ年の調査によった出土数に比肩しうる多くの木製遺物を調査することができた」という。出土品は比較的原形をよく保存したものが多かったのである。このくぼ地から出土した遺物は、ほぼ一形式の土器を伴って出てきているので、すべて一時期のものとして取り扱うのが可能なものであった。

山木遺跡からの木材関係の出土品は、台帳に記載されたものだけで、第一次調査（春季）約八八〇点、第二次調査

（冬季）約五三〇点に及んでいるが、このほか無番号のものを合わせると実に二三五〇点というおびただしい数にのぼっている。これらは一つ一つ点検され、樹種が識別された。杉の大部分およびマキ、カヤ等の一部は肉眼鑑定で、他はすべて切片を作成し、その解剖学的性質にもとづいて樹種が決定されたのであった。

鑑定された樹種のうち、前掲書から針葉樹の樹種名とその利用面の大要をかかげ、広葉樹については樹種名のみかかげる。杉についてはその例数をカッコ書きした。

［針葉樹］

アカマツ　五例　板片、流木

モミ　四例　丸太

イヌガヤ　八例　丸木弓、木鉢、栓状木器、尖頭木器、加工小木片、丸棒

マキ　一五九例　丸太材、柵板、きぬた、雑木器、丸太

スギ　約二〇五四例　梯子（一七）、ねずみ返し（七）、突き上げ窓（二）、柱（五）、角材（一二一）、長板類（矢板、柵板など四三九）、礎板その他の方形板（三七）、板片（三五一）、畦畔用材（多くは柵板および角材　一五）、その他の構築材（九一）、田下駄（五四）、丸木舟（二三）、田舟（二二）、小形舟（一）、諸手槽（三）、容器類（鉢、皿、杯、舟形槽、高坏、片口等　三八）、しゃもじ型木器（二）、四脚膳形木器（一）、有孔デーブル形木器（一）、腰掛形木器（五）、くら形木器（二）、発火具未製品（一）、凸字形木器（六）、棒類（有頭棒、丸棒、角棒など　七五）、雑木器（五一）、その他（無番号の品、板片、角材、木器破片、流木破片など　八二一）

ヒノキ　　五例　丸柱、建築用材、板片、流木片

［広葉樹］

ヤナギ、クリ、アカガシ、アラカシ、マテバシイ、エノキ、ケヤキ、ヤマグワ、クスノキ、タブノキ、シロダモ、マンサク、サクラの一種、サカキ、グミの一種、エゴノキ、サンゴジュ、樹種不詳

ここに見られるように、杉材の出土量は圧倒的に多く、全出土材のおよそ八八％を占めている。丸柱類をのぞくほとんどすべての構築材、農耕具をのぞいて木器の大部分が杉材で賄われていることは、登呂遺跡と同じで、山木遺跡の大きな特徴となっている。伐採した杉丸太を割裂《かつれつ》製材したのち、比較的小形の刃物をつかって工作していることも、両遺跡に共通している。

山木遺跡出土の杉製品

杉材が用いられた木器や、建築土木用材を前掲の『伊豆・山木遺跡——弥生時代木製品の研究』の記述から紹介する。

生活関係の木製品は、皿、鉢、高坏、片口などの各種の容器類、杓子、匙などの食膳につかわれる道具、杵、桶などの台所用具、火きり臼などの灯火用具、腰掛けなどの屋内の器具があげられる。

容器類を量的にみると皿類がもっとも多く、片口・高坏・鉢などがこれに次いでいる。これらはすべて木をくりぬいて作られ、材としては杉がもっとも多く使われている。

杉製の長方形の皿は、長径五三センチ、短径二〇センチ、高さ四・五センチ、深さ四・〇センチ、平面形はほぼ長方形であるが、短辺側のふちの線および内底の線は、すみに沿ってゆるやかな円弧をもってつくられている。

杉製の把手つきの皿は、弥生時代の他の遺跡からの出土をみないが、山木遺跡では三例出ている。杉製の長方形の浅い大型の皿（二例）は、柾目《まさめ》のきわめて密な木目を表面に出しており、少なくとも直径一メートル以上もある大木から材をとったものであろう。

そのほか杉材で製作された容器類には、舟形の皿（一例）、長方形の鉢（一例）、楕円形の皿（一二例）、円形の皿（二例）、高坏、小型の片口、大型の片口（四例）などがある。また杉製の桶や蓋も出ている。杉材の腰掛けが出土しているが、登呂遺跡と同じように、木をくりぬいて足の部分まで共木にした形式のものと、ほぞを用いて台に差し込んだ形式のものと、二種のものがともに出土している。

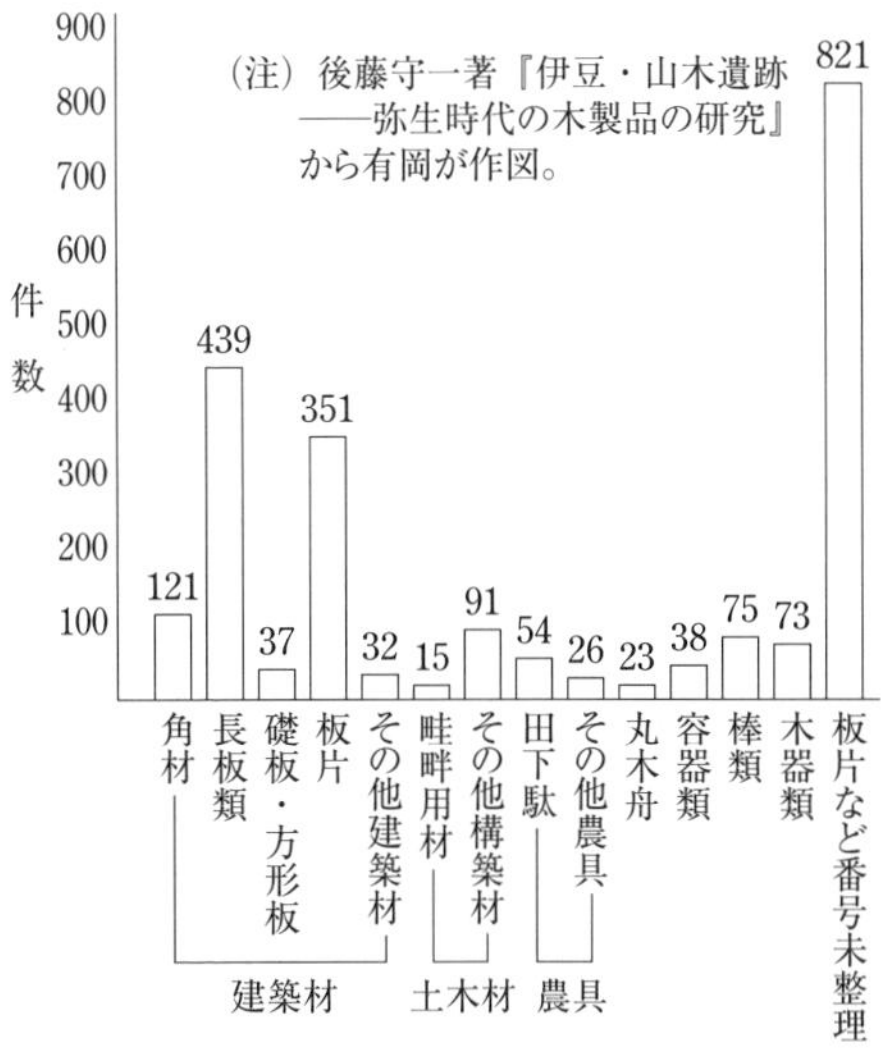

伊豆の山木遺跡から出土したスギ材の用途件数

弥生時代は水稲栽培がはじめられた時代であり、この山木遺跡からも、鋤《すき》、田下駄、大足、田舟、フォーク型木器、えぶり、槌等の木製の農具が多く発掘されている。

人間が田畑を耕す道具は、くわ（鍬）とすき（鋤）という二つの系統に大別される。前者は柄をふるって柄の先にある刃をつかって土をうちおこす道具で、後者は柄をにぎり台を足で踏んで土を掘り起こす道具で、別に踏みすきともよばれる。奈良県の唐古遺跡の例などをはじめ、弥生時代の土をたがやす道具はすきの系統が多い。なお山木遺跡から出土しているすきは、アラカシ製であった。

弥生時代の水稲は湿田で栽培されていたので、肥料の運搬、田植え、稲刈りなどの用事で田に入るには、足が泥の中に沈みこまないようにするため、田下駄とよばれる下駄をはいた。山木遺跡の田下駄は、長方形の杉板を縦長につかい、三つの緒穴を下駄のように開けた形式のものと、長方形の杉板を横につかってなかほどに低い台をつくり、その側面に四つの緒の穴をあけた形式のものとの二種がある。前者のものでは長さ五七・二センチ、幅二〇センチという大型のものから、長さ三三センチ、幅一三・八センチの小さなものまで九個出ている。後者のものは三例出ている。

また田下駄と同じような形態だが、苗代や田に青草や積肥《つみごえ》を埋め、あわせて田の泥をこまかに練るための代踏《しろふ》み用の下駄があり、こちらのほうは大足とよばれる。大足はオオアシとかオオワセの名で、もっともひろく呼ばれている。山木遺跡から出た大足は杉の板でつくられ、長さ八〇センチ、幅八・八センチという大きなものから、長さ四三・五センチ、幅八・五センチのものまであり、全部で四六点という量の多さであった。

運搬関係の用具では、人が担《にな》う大きな木槽《きぶね》が六例と、水に浮かべて人や物を運ぶ舟が三例出てきている。木槽はいずれも完全なものはないが、いずれも杉材を深くえぐりとり、底面を平らに削ったものである。長さ一三一センチ、幅四六センチ、高さ九センチというものが、もっとも大きなものであった。舟は三例とも杉製の丸木舟で、出て来たものは舟のへさきの部分の破片、舟べりは欠けているが船首も船尾もあるものや、神への奉賽のものとみられる長さ三〇センチ、幅六・二センチという極めて小形のものであった。

記紀が記述する杉

さて、七世紀末から八世紀初頭にかけて編纂されたという『日本書紀』の「神代上」には、素戔嗚尊《すさのおのみこと》の体から杉や檜が生まれたという説話がある。

素戔嗚尊が言われるのに、「韓郷《からくに》の島には金銀がある。もしわが子の治める国に、舟がなかったらよくないだろう」と。そこで髯《ひげ》を抜いて放つと杉の木になった。胸の毛を抜いて放つと檜になった。尻の毛は槇《まき》になった。眉の毛は樟《くすのき》になった。そしてその用途をきめられて、言われるのに、「杉と樟、この二つの木は舟を作るのによい。檜は宮をつくる木によい。槇は現世の国民の寝棺を造るのによい。そのため沢山の種子を皆播《ま》こう」と。（宇治谷孟『全現代語訳 日本書紀』講談社学術文庫、一九八八年）

素戔嗚尊は山に生育する杉とクスノキは舟の材料に、檜は宮殿建築に適していると言ったというのである。

『摂津国風土記逸文』もまた杉を舟材としていたことを記している。

摂津国能勢郡（現・大阪府能勢町）の美奴売山《みるめやま》に、美奴売《みるめ》ノ神がおられた。息長帯比売尊《おきながたらしひめのみこと》（神功皇后）が三韓征伐に行かれたとき、もろもろの神を川辺郡の神前松原《かむさきのまつばら》（現在の尼崎の河口付近）に集めて、幸あらんことをご祈願された。このとき美奴売《みるめ》ノ神も出席し、「私も守護しお助けしましょう」といい、教えていうに「私の住んでいる山に須義乃木（スギノキ）があるので、それを伐採し船をつくり、この船で行幸されるなら、きっと無事であらせられるでしょう」と言った。そこで天皇は神の教えのままに、美奴売山から杉の木を伐りだし、船を造らせた。この船はついに朝鮮半島の新羅《しらぎ》を征伐したのであった。なお、美奴売山とは、能勢町南西部で兵庫県境にあたる三草山（五六四メートル）のことである。

このように、素戔嗚尊が檜や杉の用途を告げた出雲国ばかりでなく、遠く離れた摂津国でも、杉は船をつくる材料としてすぐれていたことが認識されていたのであった。

『古事記』中つ巻の垂仁天皇の条《くだり》にある本牟智和気王《ほむちわけ》について述べた部分にも、つぎのように杉で丸木

『摂津国風土記逸文』に船材の杉を伐り出した美奴売山に比定される三草山の位置図。猪名川に流送されたことがわかる。

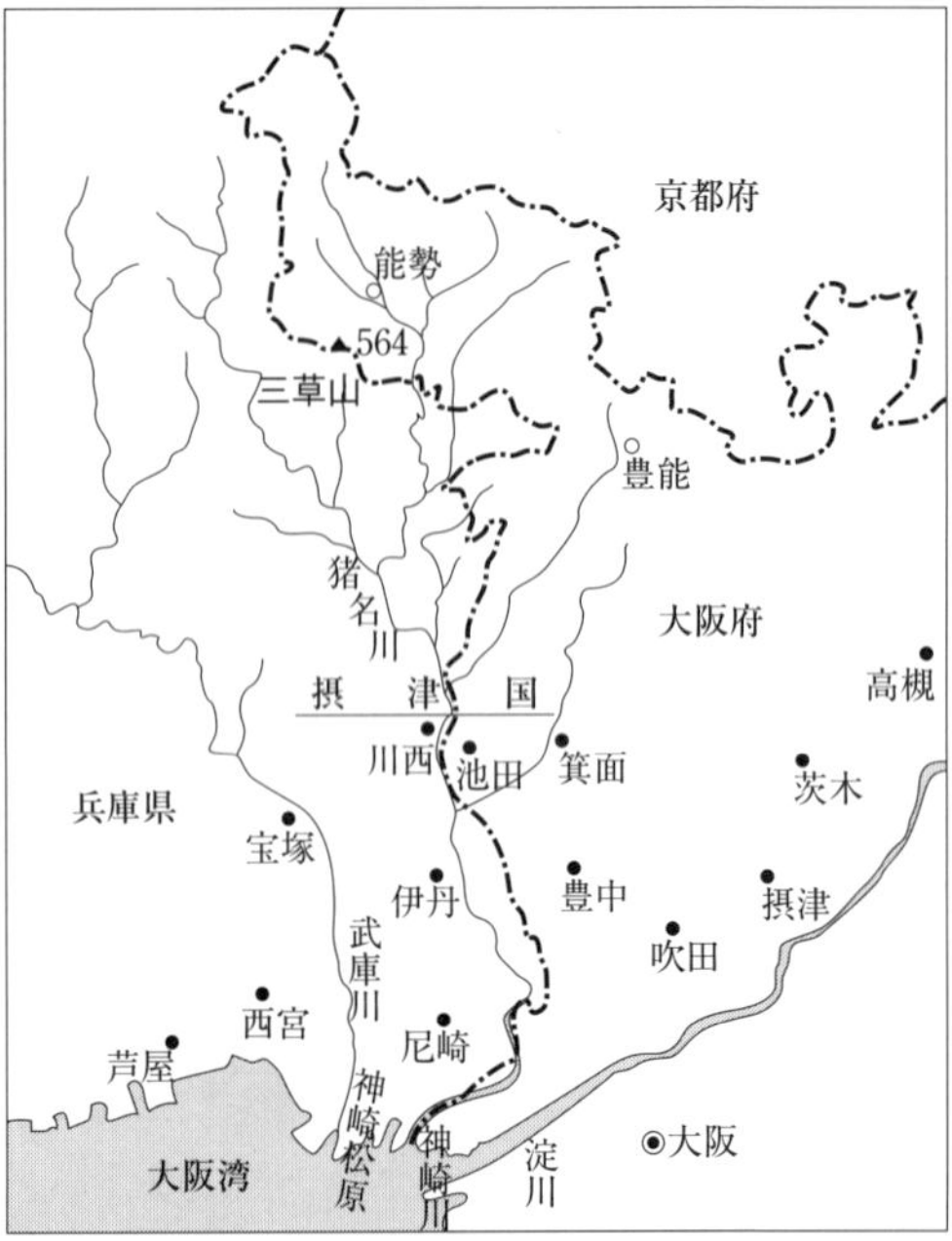

舟をつくったことが記されている。

故《かれ》、其の御子《みこ》を率《い》て遊びし状《さま》は、尾張の相津《あいづ》に在《あ》る二俣榲《ふたまたすぎ》を、二俣小舟《おぶね》に作りて、持ち上り来て、倭《やまと》の市師池《いちしのいけ》・軽池《かるのいけ》に浮《う》けて、其の御子を率て遊びき。

これによれば、尾張国（現・愛知県）の相津の地に生えていた、二股にわかれた杉の木を伐って、そのまま二股の丸木舟をつくったというのである。それを倭《やまと》まで持ちはこんできて、奈良県磯城郡の市師池や軽池に浮かべて遊んだというのだ。尾張国から大和国までどのようにして杉製の丸木舟をはこんだのかはわからないが、池に浮かべて遊んだというのだから、人が乗れるくらいに大きさだったことは確かである。

遺跡から出土した杉製品

伊東隆夫は『日本書紀』の素戔嗚尊の説話が事実であるかどうかを調べるため、島地謙

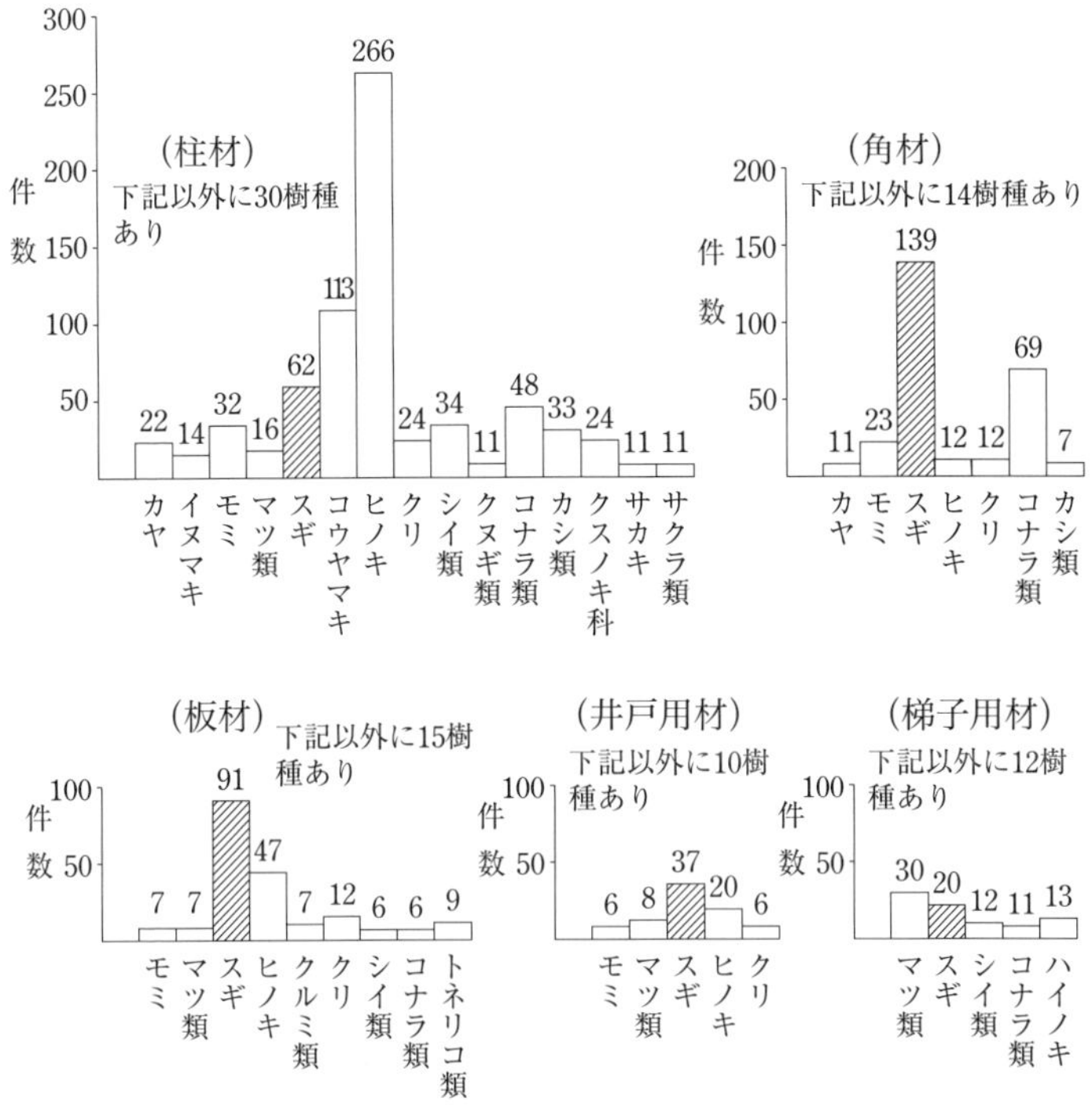

古代の杉材利用の特徴（島地謙・伊東隆夫編『日本の遺跡出土木製品総覧』雄山閣出版、1988年をもとに有岡作図）

と共同して編んだ『日本の遺跡出土木製品総覧』（雄山閣出版、一九八八年）のなかで「特に数量的にはっきりした答えを得ようと考え、平城京をはじめ藤原京および周辺遺跡、太宰府史跡、御子ヶ谷遺跡からそれぞれ一五〇点、一五点、六点、一〇〇点の柱材の資料を手に入れて樹種の同定をおこなって」きたと記す。そして檜は説話の示すとおり、柱材総点数八〇四点のうち二六六点（平城京跡一三二点など）が檜材であり、宮殿の柱材として高い頻度で使用されていたことがわかった。

一方、杉は柱材総点数八〇四点のうち六二点で、使用頻度は檜、コウヤマキ（高野槙）に次いで三番目の頻度となっていた。建築用角材では、総点数二九九点のうち杉は一三九点が使用されており、二位のコナラ類の六九点の約二倍となっている。しかしこのうち、前に触れた山木遺跡から出土したものが一二一点含まれている。丸太では総点数三二二点のうち杉は四点（第七位）、板材は総点数三二六点のうち杉は九一点（第一位）、井戸用材は総点数九四点のうち杉は三七点（第一位）、梯子用材は総点数一一五点のうち杉は二〇点（第二位）となっていて、特徴ある使用がされていたことがわかる。

『日本書紀』の素戔嗚尊の説話にある舟の材料としての杉はどうなのかを見ると、前掲書は、「丸木舟は一般に出土層準が不明であることが多いので、ここでは製作年代に触れず」として、樹種別の都道府県ごとの出土点数を掲げている。

それによると、出土した丸木舟のうち樹種名が報告されているものは一八〇点であり、つかわれた樹種は三〇種にのぼっている。樹種別の点数をみると、杉が四八点でもっとも多く、『日本書紀』の説話が正しいことが裏付けられることになった。そして杉丸木舟は、青森、山形、新潟、石川、福井、島根の各県という日本海側の六県からと、千葉、埼玉、神奈川、静岡の各県、大阪府という太平洋側の広い地域にまたがっており、地域的なひろがりは両方ともほぼ拮抗しているのである。

丸木舟の材料を針葉樹・広葉樹という区別方法でみると、針葉樹では一〇樹種の一一三点、広葉樹は二〇樹種の六七点となっていた。同書から針葉樹の丸木舟の樹種別の出土点数を掲げると、つぎのようになる。

カヤ　　三二点　千葉県二五点　埼玉県七点

モミ　　六点　千葉県二点　埼玉県一点　滋賀県一点　大阪府一点　山口県一点

トウヒ属　　一点　山梨県一点

二葉松類　一九点　青森県一点　茨城県九点　千葉県六点　埼玉県三点
ヒメコマツ　一点　千葉県一点
ツガ　二点　山梨県二点
スギ　四八点　青森県一点　山形県一点　新潟県三点　千葉県一点　神奈川県二点　静岡県三〇点　石川県二点　福井県二点　大阪府四点　島根県一点
コウヤマキ　一点　未詳一点
ヒノキ　一点　高知県一点
サワラ　一点　長野県一点
アスナロ　一点　岐阜県一点
計　一一三点

杉の丸木舟は一一府県から出土しており、なかでも静岡県から三〇点も出土しているのであるが、前に触れた山木遺跡の二五点と登呂遺跡の二点が大きく貢献している。

なお、広葉樹については省略したが、『日本書紀』の説話のとおり広葉樹製の丸木舟はクスノキが第一位で一五点出土しており、第二位はクリの一四点であった。五点のものはコナラ、ムクノキ、カツラの三樹種で、四点のものはケヤキであり、それ以外の樹種は三点以下の出土点数であった。

『日本書紀』巻第十の応神天皇の条では、「冬十月伊豆国に命じて船を造らせた。長さ十丈の船ができた。ためしに海に浮かべると、軽く浮かんで早く行くことは、走るようであった。その船を名付けて枯野といった」と記されている。船材の樹種は記されていないが、十丈（約三〇メートル）もの長さであるところから、杉の巨木でつくられた可能性が高い。現在でも秋田杉には樹高五〇メートルを超える立木があり、

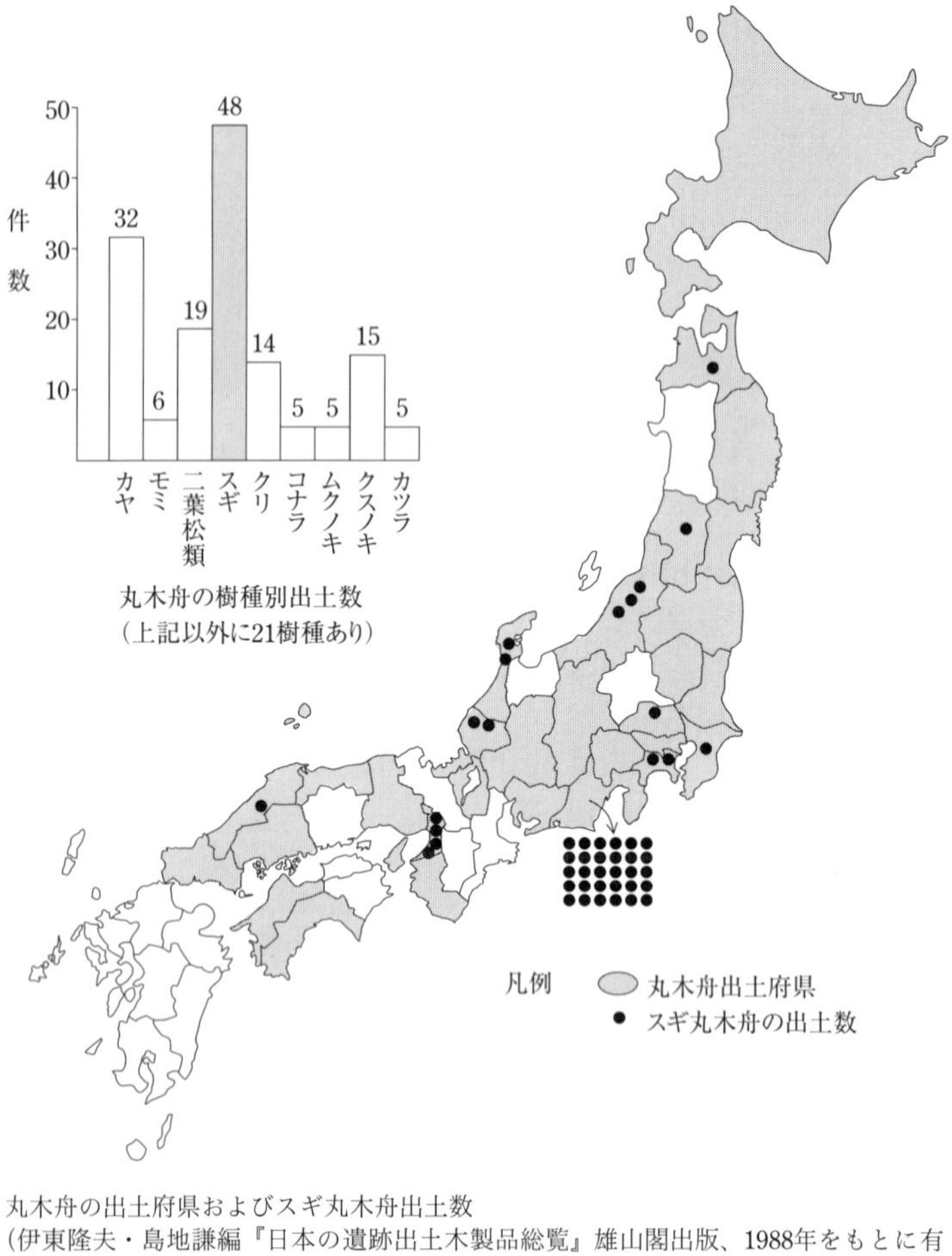

丸木舟の出土府県およびスギ丸木舟出土数
(伊東隆夫・島地謙編『日本の遺跡出土木製品総覧』雄山閣出版、1988年をもとに有岡作図)

根元から三〇メートルの長さで伐っても、その位置の直径は三〇センチはあっただろうと推定できる。

出雲大社で巨大杉柱を発掘

平成一二年（二〇〇〇）四月二六日、島根県出雲市大社町の出雲大社の境内で、同大社の神殿を支えていた巨大な杉の柱三本を組み合わせた直径二・七メートルの宇豆柱《うずばしら》の全貌が明らかになった。これは前年の九月一日からはじまった出雲大社境内地の発掘調査によるもので、調査は巨杉柱が発掘されたところの地下に祭礼準備室を設けるための事前調査として行われたものであった。

これまでも境内地での発掘調査がおこなわれていたが、このときほど本格的になされたものはなかった。まず江戸時代初期の境内遺構、ついで戦国期末葉、さらに室町時代・鎌倉時代へと境内遺構と建物跡が時代順に出土し、そののちに平安時代の注目すべき遺構がみつかったのであった。

宇豆柱の発掘後の七月一七日から追加調査がなされ、九月下旬に南東側柱と心《しん》の御柱《みはしら》が確認できたのである。いずれも杉の大材を三本抱き合わせた構造になっていた。一本ずつの柱材の直径は一二五〜一四〇センチであり、平成二〇年現在の本殿に用いられている柱と比較すると、断面積で五倍ちかい太さであった。三本が束ねられた柱で、直径は約三メートルにもなる。柱の下には礎石がなく、柱穴を掘って直に柱を立てた掘立柱の神殿だとわかった。柱の杉の年輪は非常に目が粗く、一つの年輪幅が一センチぐらいもあり、肥大成長（幹の太る成長、つまり年輪部分の成長のこと）のよい杉の木をつかっていた。

発掘された巨大な杉柱材の年代測定は、さまざまな方法で行われ、まず柱穴のうちから出土した土器から一二世紀後半から一三世紀にしぼられた。さらに年代をしぼりこむため、年輪や放射性炭素からの測定分析がおこなわれ、出土した柱は鎌倉時代の宝治二年（一二四八）に遷宮されたものである可能性がきわ

出雲市の島根県立古代出雲歴史博物館に収められた出雲大社境内出土の巨大な三本一束のスギの宇豆柱（2007年3月7日付『朝日新聞』夕刊）

めて高いという結論になったと、松尾充晶は「考古学からみた出雲大社とその歴史環境」（『古代出雲大社の祭儀と神殿』学生社、二〇〇五年）のなかで述べている。

出雲大社は鎌倉時代の宝治二年（一二四八）にも造営されていたが、これをさかのぼる二〇〇年ほどの間に五回も倒壊したという記録があり、平安時代を通じて高壮な本殿が建てられていたと考えられている。

平安時代初期の天禄元年（九七〇）に源為憲がまとめた『口遊《くちずさみ》』には、次のような記述がある。

雲太《うんた》、謂《いわゆる》　出雲国城築《きつき》明神神殿　在出雲郡
和二《わに》、謂　大和国東大寺大仏殿　在添上郡
京三《きょうさん》、謂　大極殿

雲太《うんた》とは、出雲国（別に雲州とよばれる）の城築《きつき》明神神殿がわが国でいちばん高い建物だという意味である。城築は杵築とも書き、現在の出雲大社のことである。和《わ》二《に》とは大和が二番目ということで、それは奈良の東大寺の大仏殿の建物である。京三《きょうさん》とは京《みやこ》の建物が三番目で、それは御所の紫宸殿《ししんでん》だというのである。

上田正昭は「杵築大社の原像とその信仰」（雑誌『東

アジアの古代文化』一〇六号、大和書房、二〇〇一年）のなかで、「社殿の高さ一六丈説については、これまで疑問視するむきが多かったが、このたびの出雲大社境内地の調査成果によって、その信憑性はよりたしかになった」という。むかしから出雲大社の社殿は、高さが一六丈、つまり四八・五メートルもあったとされており、そんなに空高くまでそびえ立つ神殿が実際にあったのかと、疑問視されていた。しかしこのたびの発掘調査で、三本の巨大な杉を組み合わせた直径約三メートルもの心の御柱の柱根が発掘されたところから、出雲大社に伝えられてきた高さが肯定されるようになったのである。

出雲地方の杉の生育地

しかし、その巨木の杉がどこで生育していたものなのかについての証拠はない。

上田は前掲の論文のなかで、「『杵築大社造営遷宮旧記注進』（北島家文書）の康治二年（一一四三）七月の記事によると、三前《みさき》（御埼）山から造営の材木三十五本を伐採したとある。『風土記』の神門《かんど》郡吉栗山《よしくりやま》のところに「所造天下大神《あめのしたつくるところのおおかみ》の宮材を造る山なり」とみえるのも参考となる」と、二か所の山を注目している。

その一つ御埼山（出雲郡杵築郷と宇賀郷境）は出雲大社に隣接している山で、『出雲国風土記』にはこの山の西の麓に「いわゆる天の下をお造りになった大神の社が鎮座している」と記されている山なのである。神門郡（出雲郡の南に隣接）吉栗山《よしくりやま》は郡役所から西南二八里のところにある山で、海岸部に近い山だったであろう。天平時代の一里は五三四・五メートルとされており、それから換算すると二八里は約一五キロとなる。意外と近いところから神殿の柱材を得ていたようで、当時の出雲国の山々には杉の大木が生育していたのであろう。

吉栗山は現在の出雲市佐田町一窪田の東方にある栗原山に比定されており、出雲大社の南部約一キロのところに河口をもつ神戸川の中流域にあたり、河口から溯ること一二・三キロくらいと考えられる標高の低い山で、現在の地図上では三角点は設けられていない程度の山である。『出雲国風土記』に記された距離から換算した数値と、さほど大きな開きはないことはおどろきである。この山から伐採した杉を、神戸川の流れを利用して大社まで運んだことは容易に想像できる。

ついでに『出雲国風土記』から出雲国九郡のうちで杉の生育している郡を抜き出してみると、杉の生育している山が明記されているところは、神門《かんど》郡の田俣山・長柄山・吉栗山、飯石《いいし》郡の掘坂山、大原郡の須我山の五か所であり、ほかに山名は明らかでないが郡全体として杉のある郡は意宇《おう》郡、仁多《にた》郡の二つであり、合計五郡であった。意外にも大社造営材を伐採したとされる御埼山には杉の生育が記されておらず、また出雲大社の鎮座する出雲郡全体にも杉の生育は記されていなかった。島根半島に属する島根郡、秋鹿《あいか》郡、楯縫《たてぬい》郡にも杉はみられない。なお出雲郡は島根半島の西端にあたっており、他の三郡とともに同半島に杉がなかったことがわかる。

出雲大社の神殿の巨大な杉柱材の供給地は、『出雲国風土記』の記述からみれば、前にふれたように神門郡吉栗山が第一候補としてあげられる。ついで出雲大社のあたりに河口部をもっていた斐《ひ》伊川流域の大原郡や仁多郡が候補地となる。

『出雲国風土記』は、斐伊川を出雲の大川としている。斐伊川の源は伯耆国（現・鳥取県）と出雲国との二つの国の境にある鳥上山《とりかみやま》から出て、孟春一月から季春三月までのあいだ、材木を組みちがえて編んだ船（筏）が河の中を下ったりさかのぼったりしている、と記している。この記述からみて、内陸部にあたる斐伊川流域で杉が伐採され、河の流れを利用して輸送されてきた可能性も高い。

鳥上山は『古事記　上つ巻』の須佐之男命《すさのおのみこと》の条において、「コケとヒノキとスギが生えている」とされているので、杉が伐採され、筏を組んで流れにまかせて運ばれていたことは確実である。

東大寺造営用杉材の調達

奈良の東大寺は聖武天皇の発願により、天平一五年（七四三）から造営がはじまり、天平勝宝五年（七五三）に大仏の開眼供養がおこなわれた。東大寺の造営用材として杉材も使われているので、『日本林制史資料　豊臣時代以前』（農林省編、朝陽会刊、一九三三年）から、抜き出してみよう。

榲榑《すぎくれ》	二九六材	天平宝字六年正月	高島山より買う
榲榑	二七三材	天平宝字六年二月	高島山より買う
榲榑	二〇五材	天平宝字六年二月	伊賀山より買う
榲榑	二〇五材	天平宝字六年正月	造甲賀山作所
榲榑	六〇〇材	天平宝字六年八月	
榲榑	六〇〇材	天平宝字六年九月	高島山より漕運す（小川津より宇治津まで三貫文、宇治津より泉津まで一貫八〇〇文）
榲榑	六八二材	天平宝字六年九月	高島山より勝屋買い漕ぐ
榲榑	四六材	天平宝字六年九月	大石山採
榲榑	六六八材	天平宝字六年閏一二月	
榲榑	四六材	天平宝字六年閏一二月	

このように、大量の杉材が必要とされていたのであった。榑《くれ》とは山出しの板材のことで、平安時代の規

格では長さ一二尺（三・六メートル）、幅六寸（一八センチ）、厚さ四寸（一二センチ）であった。山で伐採した杉材を、縦割りにし、板に加工していたのであった。東大寺の造営のために大量の材木を必要としていたので、一か所の山から供給することは不可能なので、伊賀国の伊賀山や甲賀山という木津川の上流部や、近江国の琵琶湖西岸の高島山（現・滋賀県高島市）から、伐り出されていた。そして木津川の川運で木津（現在の京都府木津川市木津）まで運ばれ、そこで陸揚げされ、峠越えで奈良まではこばれたのであった。杉材には見られなかったが、丹波国（京都府）山国地方から筏に組まれて運ばれるものもあった。

秋田県内の蝦夷対策用の柵と杉材

時代がさらに下って奈良・平安時代となると、杉材が多種類の林産資源とともに竪穴や城柵《じょうさく》・舟・農耕具などの生活分野に利用されるようになってきた。柵《さく》とは、古代に東北の辺境に設けられた城郭のことである。

和銅五年（七〇八）に現在の秋田県は出羽国となり、天平五年（七三三）に現在の山形県内にあった出羽柵が、秋田村高清水にうつり、律令体制に組み入れられることとなった。そして国家的規模で東北開拓の拠である柵城が築かれることとなり、秋田県内に属する文献上の柵城には、秋田城、雄勝城、由利柵、能代営（営とは軍隊のとまる所をいう）などがある。柵としては文献にはみられないが、発掘されたものに平安初期の弘仁年間（八一〇〜八一四）前後に設置された仙北郡仙北村の払田《ほった》柵がある。

払田柵の規模は抜群で、膨大な量の近隣の杉材を用いて造営されている。外柵の延長が約四キロもあり、それを長さおよそ四メートル、太さ約三〇センチ四方の角材で、その距離を隙間なく並べたうえに、北側には内柵も連ねてある。単純計算すると、外柵には直径四二センチ以上の杉材が約一万三三三〇本用いられたことになる。払田柵に用いられていた杉の柵木は、昭和五年（一九三〇）上田三平が発掘調査したときに出土したもので、秋田県仙北郡仙北村（現・仙北市）の払田資料館に所蔵されている。

出羽柵は高清水に移る以前は、山形県の最上川河口付近にあった。出羽柵が高清水に移ったのは天平五年（七三三）一二月で、「出羽柵を秋田村高清水岡に遷置し、又雄勝村に郡を建て民を居らしむ」（『続日本紀』巻第十二）。その擬定地とみられている酒田市本楯大字城輪の遺跡調査報告によると、一辺が約七二〇メートルのほぼ正方形の地域が、二〇〜二五センチ四方の杉の角材で、一二〜一五センチ間隔で並べられていた。いま仮に角材の大きさを平均二二センチ、間隔を一二センチとして単純計算すると、八四七〇本という数量になる。

払田柵も出羽柵も、それぞれ膨大な量の杉材が使われていた。

こうした膨大な杉材は、それぞれ現地の近くの山林から賄われたらしく、当時における豊富な杉林の繁茂を推測できると、『秋田県林業史』（秋田県編・発行、一九七三年）は分析している。

払田柵のばあい、柵木の底部には、適当な大きさの穴があいている。この穴に綱を通して、筏《いかだ》に組み川を利用して運搬したか、あるいは地上を馬に曳かせたものであろう。当時の道路事情や、労力、運搬技術から推測しても、

大量のスギ材が使われた奈良時代の柵・城跡

さらには膨大な量にのぼることからみても、地上をはるか遠方から馬に曳かせて運ぶという方法は、ほとんど考えられない。

柵のごく近くから運んだとすれば、払田柵の外柵にかこまれた二つの山の杉を伐採するか、あるいは川口川や丸子川などを利用した筏輸送がなされたものであろう。大量でしかも太い杉材を必要とした柵は、同じ大きさの杉材をたやすく手に入れることが可能であったから、つくられたと考えられる。

戦国時代、秋田氏が湊城を修築する際、新城や仁別からおもに杉材を運んでいる。秋田城を構築するばあいも、多分雄物川の支流の大平川や旭川を利用して近隣の山々から運んだものであろうと、『秋田県林業史』は推定している。

出羽柵は最上川、由利柵は子吉川の流域にあったが、これは蝦夷《えぞ》に対する防御の必要からばかりでなく、柵を造営する木材（杉材）の河川輸送の便も考えたものであった。筏輸送であっても、蝦夷対策の施設をつくることが目的であるところから、現地から蝦夷のいる内陸部へ深く入ることは不可能である。そんなところから、結局、柵近くに、豊富な杉林が繁茂している山があったればこそ、杉材をふんだんにつかった柵の造営が可能となったものである。

平安時代後期の建物跡とされている北秋田郡鷹巣町の胡桃館《くるみだて》遺跡は、杉材を利用した大規模なもので、三〇センチ四方の角材、厚さ五センチ、幅二〇センチくらいの板材をそれぞれ用い、建築様式も観音扉や板校倉《あぜくら》をとりいれ、技術も手斧《ちょうな》・大鋸《おが》を用いた跡が残っていると、『秋田県林業史』は記す。

第三章　近世の領主と杉

一　藩主による杉の伐採制限

山野の樹木伐採を領主が制限

江戸時代の幕藩体制の時代においては、用材となる樹木は、それぞその藩にとって重要な資源であった。藩財政上の収入源としてはもちろんであるが、藩という機構を運営していくうえでの城や武士たちの住居、あるいは藩内の産業を繁栄させるための土木用などとして、その価値は図り知れないものがあった。

近世における山林はその植生を大別すると、泊まりがけで作業しなければならない遠方の奥山を除いて、一日行程で仕事ができるいわゆる里山は、草山と樹木山という二種類のものであった。現在の私たちが目にするような、樹木が生い茂った里山を想像すると、当時のことが理解できなくなる。わが国の里山で、現在ほど樹木が繁茂している時代は、水田稲作が渡来してきて、人々が各地に定住してこのかた、まったくなかったといっても過言ではない。

江戸時代の大名や小名などは、幕府からそれぞれの領主の意思による経営が任されている領有地が決められていた。江戸時代においては、領地、組織、構成員を総称して「藩」といった。政治の中心地の地名

山城国相楽郡神童子村の山々は、一部に樹木があるものの、ほとんどは草山となっていた。近世の里山は全国的にもほぼこのような状態であった。(『都名所図会　巻之五』近畿大学中央図書館蔵)

でよばれた各藩は、そこからの収入によって、財政を維持していかなければならなかった。そのため、各藩においては、農作物を生産できる田畑などの検地をおこない、生産量の目安をたてた。その収穫量や収入の目安のことを高《たか》といい、高は村ごとに定められた。その高にたいして、一定の率を定めて百姓に税を義務づけたのである。

　一方の百姓は、領主への税の貢納分を賄い、さらには自家用の食料生産のためにも、田畑の地力を維持していくことが必要であった。自給肥料として山野の生草や灌木類の茎葉は重要な地位をもっていた。また、農耕地を耕すための牛馬の飼料の草も必要であった。百姓たちは農業をいとなんでいくため、田畑の肥料とする草、牛馬の飼料の草を刈り取るために、膨大な広さの山野を必要としていた。

　同時に、生活していくための住居用の木材や、食物の調理、採暖用の薪も必要であり、これらの樹木の生育地である山地もあった。だが、百姓たちの連綿とつづくはげしい伐採や刈取りなどのため、生育する樹木は貧弱なものが多かった。

また、それぞれの藩においては、川運による木材の運搬が便利なところの山地では、山林樹木は乱伐され、いろいろな弊害が生じていた。

そんなところから、藩によって事情は異なるが、藩用として用いられる樹木の種類をさだめ、百姓たちの利用を制限してきた。何種類かに決めた樹種は、もっぱら藩の独占的利用となっていた。

本書は杉を主題として調べているのであるが、杉のみを分離して取り上げることは不可能なので、領主が領民に許可なく伐採することを禁じた樹種について見ていく。それは制木（金沢藩・盛岡藩など）、御留木（高知藩・仙台藩など）、御用木（萩藩）などとよばれていた。

金沢藩の七木の制

金沢（現・石川県金沢市）を主邑としていた金沢藩（加賀藩ともいう）では、江戸時代のごく初期にあたる元和二年（一六一六）七月二日、能登国（現・石川県）の諸郷に七木の制をひいたのである。

山々の杉、檜木、松、栂、栗、うるしの木、けや木

此の七木、下々百姓伐りとり売買することを禁ず

これが「七木の制」のはじまりで、その後の金沢藩の林制は、七木の制といわれ、樹種は、スギ、ヒノキ、マツ、ツガ、クリ、ウルシ、ケヤキであった。杉、檜、松、栂《つが》はすぐれた建築用材であり、栗《くり》は果実が食用とされた。欅《けやき》は道具類の材料であり、漆《うるし》から採取される樹液（ウルシとよばれる）は金沢藩の重要な産物である加賀漆器や輪島塗りの塗料となった。

七木の制は金沢藩の藩有林に生育している樹木の保護を目的としたのではなく、百姓持林についての規

定であった。金沢藩の領民である百姓は、自分が持っている山野にこの七種の樹木が生育していても、自分が勝手に処分することは出来なかったのである。

同じ金沢藩に属するのであるが、越中国（現・富山県）では七木の制が定められたのは能登に遅れること四十数年のちの万治三年（一六六〇）であった。七木の制とはいいながら、必ずしも七種類の樹木が定められていたわけではなく、越中国の西部で加賀国と接している砺波郡では、次の五木をもって七木とされていた。これはそれぞれの地方において、もっとも重要とされている樹種を選び定められたからであった。

覚

一　杉、桐、樫、槻、松、五木

一　檜、栗　右五木に相添七木と唱申候

右如斯覚相尋申候　以上

享保二年十月三十日　　砺波郡

砺波郡ではスギ、キリ、カシ、ケヤキ、マツという五種類の木は、百姓が勝手に伐採して売買することを禁じられていたのだが、やはり七木とするために、檜と栗をこの五種類に加えて七木と唱えることとしていたのである。桐《きり》は、箪笥《たんす》や武具入れの箱、あるいは漆器や金沢名物の九谷焼の焼物を入れる箱の材料として珍重されていた。

そして五木に添えられる栗については、享保一〇年（一七二五）に藩の改作奉行から砺波郡の七木の問い合わせがあったとき、郡方は「右、砺波郡の七木にお尋ねにつき、書き上げ申し候、このうち栗の木、正徳四年より雑木と同じ事に、百姓の勝手次第に伐りとり申し候よう、仰せ付けられ候」（「享保十年御用

金沢藩が領民の自由な伐採を制限した「七木の制」に入れられたクリ。クリは果実が食料となるためだ。

留書」『福光町史　上巻』福光町史編纂委員会編、福光町発行、一九七一年）と回答している。

ここに雑木とみえるのであるが、雑木という種類の樹木はないが、コナラ、リョウブ、カエデ、カシ、ブナ、カシワ、ミズナラ、コブシなどの広葉樹は、もっぱら炭や薪という用途に用いられていたので、それぞれの樹種を特定してよぶ必要はなかった。一括して雑多な用途に使われる樹木類という意味で、雑木とされ、ゾウキあるいはザツギ、ザツモクなどと呼ばれたのである。しかしながら、大木となって、特定の用途に用いられる場合には、カシ（樫）、ケヤキ（欅）、カツラ（桂）、トチ（栃）、クリ（栗）などと、その樹木名でよんだのである。

砺波郡が栗について藩役所からの問い合わせに対し、正徳四年（一七一四）から他の雑木と同様に、百姓が藩の許可を得ることなく、伐採できることを回答したのであった。砺波郡下の里山には、木材となるべきような大木の栗は、もはや存在していなかったことが示されているといえよう。

幕末の慶応三年（一八六七）には、松、杉、欅（あるいは槻）、樫、檜、梅、唐竹という七種に改められるなど、七木の制とはいいながら、時代によって若干の変化もあった。梅の木は山林の樹木でなく里の樹木なので、伐採を禁止されること自体がすこしおかしいのであるが、加賀藩主の前田氏は梅を家紋にしているので、いたずらに伐採しないようにと、禁止したものであろうか。

これら七種類の大木を伐採しようとする場合は、藩役所に願いでて、極印《ごくいん》を打ってもらわなければならなかった。極印は、藩役所が許可したことの証拠として樹木の根株に打つ印影のことである。この印影がなければ、すなわち盗伐ということになる。

七木の盗伐者への罰則

七木の盗伐がわかると村折檻《せっかん》として藩から村がきびしい咎《とが》めを受けることになり、はなはだしい場合には村役人の処罰はもちろん、一村罰法として「一作過怠免」に課せられた。「過怠免《かたいめん》」は森林犯罪者に罰則として、罪科《ざいか》に応じた本数の苗木を、犯人または犯罪者を出した村に植付けさせる仕置きの方法であった。加賀藩では、盗伐の行われた村方つまり木を盗まれた側の村と、盗み伐りした盗伐者の居村の両方に罰則が課されたのである。

両方の村が盗伐の犯行を知らず、届け出をしなかった場合は、一作一分の増税が申しつけられた。一作一分の増税とは、一作つまり一年分の稲の収穫に対して一分（つまり一〇パーセント）の税を上乗せするという処置であった。村方から犯罪を訴え出た場合には、過怠免は一作五厘に半減されたが、犯人を捕まえて藩役所に差し出すと両者の過怠免はゆるされ、犯人だけを処分するという規定であった。犯人は禁牢《きんろう》とされ、牢獄に閉じこめられた。

また、越中国（富山県）新川郡道坂村において杉の盗伐にたいして偽証を頼まれ、これを承諾した者が禁牢を宝暦七年（一七五七）五月に申し付けられた事例がある。

［御刑法抜書］

八ケ月禁牢之上御宥免

新川郡道坂村百姓　源右衛門

右の者宝暦七年同村肝煎助七義杉隠伐仕候義之れ有り、相知り候はば源右衛門義四ケ年以前相願い買い置き候杉之れ有るその杉と相答える可間、左様相心得呉れと助七に頼まれ候趣承知致し置き候處追って助七その段申し顕《あらわし》候事（『日本林制史資料　金沢藩』）

これは道坂村源右衛門が、同村の肝煎《きもいり》である助七のおこなった杉立木の隠伐《かくしぎり》つまり盗伐を知った。そこで助七から「これは四ケ年前に願い出て伐採したものを買っていたものであると返答するので、そのように心得ておいて欲しい」趣を頼まれ、日ごろ世話になっている肝煎なので承知していた。ところが、助七の取り調べによって盗伐の偽証が発覚したというのが文書の内容である。原文が尻切れのような感じがするが、資料のままに記した。肝煎とは、名主や庄屋《しょうや》の別の呼び方であり、村役人としての役目があった。

このように、金沢藩の山方の制度は、厳重であった。

山方のみでなく、「垣根七木・畑畦《はたあぜ》七木」といわれる制度もあり、これは百姓の屋敷や畑の畔《あぜ》に生育するこれら七種類の樹木のことをさしており、百姓持林と同様の取りあつかいをうけたのである。

砺波平野には、「かいにょう」と呼ばれる杉を主体とした屋敷林があるが、これにそっくりこの規定が適用された。金沢藩は砺波平野では、平野に用材として重宝される杉の生育する「山」を領有していたのである。杉の屋敷林については、別に述べる。自分の屋敷内にある林であっても、そこに生育している七木を伐採するときは、許可を得たのちにおこない、伐採後は新たに七木の苗を伐採跡地に植えなければならなかった。

なお、金沢藩は加賀・能登・越中の三カ国を領有していたが、その七木の定めは国によって種類が異なっていた。

七木之定

松・杉・槻・樫・桐・唐竹《からだけ》　加州之定

松・杉・槻・樫・桐・檜　越中之定

松・杉・槻・樫・桐・栂・栗　能登之定

加賀国でも越中国でも、寛文三年（一六六三）あたりから六木が藩の御用以外は伐採禁止となっており、領民たちは一般的に「七木」という名称をつかっていた。

加賀藩の定めからみても、まず松が挙げられ、それについで杉となっており、杉は重要な樹木と位置づけられていたことがわかる。

領民は金沢領内から杉材持出し禁止

金沢藩では、小物成《こものなり》をいろんな雑品から取り立てていたが、そのなかに杉に関わるものがある。小物成とは、江戸時代の税の一種で、田畑から上納する年貢（物成または本途《ほんと》物成）以外の雑税の総称である。

文久三年（一八六三）四月の「別小物成百歩壱など御口銭取立候名目書上申帳」（『日本林制史資料　金沢藩』）の宮腰出口口銭之口々に、品物の名前が書き上げられている。

なお、宮腰出口以外には、宮腰入口、金沢町出口、魚津出口の分があるので、これらを併せてみると、切昆布、箒《ほうき》、附木《つけぎ》、こも、木綿、下駄、簞笥《たんす》、たばこ、笠などの生活用品や数珠《じゅず》といったものなど一二六品目があげられ、その中に杉板、杉、杉の小角杉丸太、杉柱、杉小羽板、杉皮、杉角という八品目が入っている。附木とは、杉や檜の薄い木ぎれの一方の端にイオウ（硫黄）を塗りつけたもので、火を他の物にうつすことに用いられた。

金沢藩内では、これら杉の加工品が流通していたことが示されている。そして番所を出るとき、および入ってくるときには、それぞれ値の一〇〇分の一、つまり一%を口銭《くちせん》として税を納めなければならなかったのである。現在の消費税五%に比べると少ないが、当時の現金稼ぎのすくなかった人びとにとっては、相当に重い税率だといっていいだろう。

江戸時代は、藩が現在でいうところの一つの国となっていたので、藩自体が他の藩と交易する場合は別として、領民は藩の許可のある者以外は他の藩の領民と商売することはできなかった。そのことを「津出しの禁止」といっていた。金沢藩の「他国出し相成らず品」として、「松、杉、樫、槻、桐、檜、栗」の七木が入っている。

金沢藩がこの七木からどの程度の税（運上）を得ていたのかについては、明治になってから民部省が調べた元治元年（一八六四）から明治元年（一八六八）までの五カ年を平均した旧領地租税録をみると、加賀国分三五五貫文、能登国分は不明、越中国分は三〇一貫文であった。なお運上とは江戸時代の雑税の一つで、商・工・漁猟・運送などの営業者に課されたもので、いわば営業税である。加賀国の不定雑税の総額は九万六二一九貫四七二文だから、他国へ持ち出した七木の運上は〇・四%にすぎなかった。

和歌山藩の御留木

「木の国」と紀州の「紀」をかけていわれた和歌山藩は、有数の木材生産藩であったが、ここでも御留《おとめ》木《ぎ》を制定して、領民の利用を制限していた。

元禄一〇年（一六九七）二月の口熊野「六郡奉行中へ申渡ス」という文書（『日本林制史資料　和歌山藩』

農林省編、朝陽会刊、一九三二年）には、「口熊野在々御留山并六木之内御留木も之れ有り候」とあるが、実際の樹種はなにを指しているのか不明であった。それが資料として明らかになるのは、正徳五年（一七一五）ごろまとめられたとみられる「紀州領内地方之記」という記録である。

竹木

一　紀州・勢州在々山々空地ハ百姓自由ニ柴草伐取申候。松・杉・檜・槻・楠・栢・此六木ハ御留木ニ之れ有り候

一　両熊野ハ楠・栢・槻三木ハ御留木。松・杉・檜ハ八十年以前御免にて、百姓自由ニ伐取候

和歌山藩は、紀伊国全域と伊勢国の一部を領有していたので、紀州・勢州の村々という言い方をしている。はじめの条項では、この二つの国では山や空き地になっているところでは、柴も草も、百姓が自由に採取・伐採できることに定められていたが、マツ、スギ、ヒノキ、ケヤキ、クス、カヤという六種の樹木は、御留木として許可なく伐採することは禁じられていた。

ところが、両熊野つまり紀伊国のうち、西牟婁《むろ》郡、東牟婁郡（以上は現・和歌山県分）、南牟婁郡、北牟婁郡（以上の二郡は現・三重県分）とよばれる熊野地方では楠、榧（栢）、欅（槻）は御留木であるけれども、松、杉、檜は八〇年前以前（およそ一六三五年＝寛永一二年ごろ）に御免となっていて、百姓が自由に伐採・利用できることになっていた。

当時の和歌山藩の山林の状況は、同記録に、

一　紀州分は惣躰山多く松木能く生い立て候、その外の諸木能く生い立て候へ共、段々伐り遣り惣躰あせ候。

一　勢州分里方・山方とも松木ハ所々ニ生い立て候へ共、紀州ニ引き合せ候へハ少く候、山中方山々

和歌山藩の御留木として百姓が勝手に伐採できなかった松。和歌山では松の造林を奨励した。

　諸木段々伐り取りあせ候」

と記されている。

「惣躰《そうたい》あせ候」とは、全体的に山の木が少ないという意味である。「あせ」は褪《あ》せるのことで、色が薄くなるという意味であり、山々に樹木がわずかに生えているのみの状態を指している。

「木の国」といわれた和歌山藩領の紀州も、伊勢国の南部も、山々にはわずかな木がちょぼちょぼっと生えているというありさまであった。このように分析されているわりには、和歌山藩は松の育成には力を入れているが、杉の植林の奨励などはほとんどなく、伐採を禁止するという消極的な保護策で対応されていた。

　藩政時代がおわり明治になってからのものであるが、「楠槻樫松杉檜員数并村譯持主仕出帳」(『日本林制史資料　和歌山藩』)という帳面には、牟婁郡古野組におけるかつて御留木であった六木の五尺廻り(直径五〇センチ)以上の立木の数が書き上げられている。

牟婁郡古野組の村は、姫村、鶴川村、一雨村、中村、大柳村、山手村、相瀬村、立合村、洞尾村、蔵土村、立合川村、長洞尾村、高瀬村、中崎村、古田村、宇津木村、里野村、楠村、樫山村、山手川《（ママ）》、下田原浦、田浦、古野浦、高川原村、樫野浦、池野山村、川口村、西向村、神野川村、月の瀬、池野口村という三一ケ村であった。

その集計は、

松	一二六本	楠	五〇本
樫	三本	杉	七六本
檜	六本	栢	なし

という結果になった。

牟婁郡古野組では六木とはいいながら榧《かや》を欠き、直径五〇センチ以上の大木は、五種類の樹木だけであり、総本数も二六一本であった。そのうちもっとも本数の多かったのは松で、ついで杉、三番目が楠という順になっていた。

秋田藩は一〇種の樹木を御留木に

優良な杉材を生産できる大面積の山林を領土北部に領有していた秋田藩も、領主佐竹氏の初期に大量に伐採したため、寛文・延宝期（一六六一～一六八二）には、留山《とめやま》と札山《ふだやま》の制に本格的に取り組んだ。留山というのは、杉を中心に有用な樹木を藩が独占的に利用していくために、特定の山林を指定し、伐採を禁止することであった。

そして具体的にその基準が示された。『秋田県林業史　上巻』（秋田県編・発行、一九七三年）には、延宝六年（一六七八）七月二七日付けの「御留山において雑木に而も材木ニ為取間敷并薪伐候規定之事」という文書で、つぎのように記されている。

覚

一　御立山ニて先年よりご法度に仰せ付けられ候杉・檜・桐之木は申すに及ばずに、雑木にても材木に伐りとり申す間敷こと（以下略）

ここでは、スギ、ヒノキ、キリという三種の樹木が具体的にのぼっているが、同年五月一九日に現大館市域の長木沢の経営を担当する能代奉行に出した秋田藩の通達では、「先年ご法度に仰せ付けられ候木（杉、檜、桐のこと）は申すに及ばず、栗、桂、赤檜・雑木にても伐取り申さずように」と、具体的に六種の樹木の伐採の禁止が示されている。

こうした留木はしだいに強化され、享保七年（一七二二）には、「松・杉・檜・栗・赤檜・朴・槻・桂・桐、近来栃の木も御留木に仰せわたらせ、都合拾品に候」と、マツ、スギ、ヒノキ、クリ、ヒバ、ホオノキ、ケヤキ、カツラ、キリ、トチノキという一〇種の樹木が留木とされたのであった。ヒバは檜同様に建築用材として使われ、桂《かつら》は板材に、栃《とち》はその果実が食料として重要であり材は板としても利用された。

留木を盗伐した場合の処罰については、これより先の寛文八年（一六六八）二月二日に出された通達によれば、その村全体の責任として、高一〇〇石につき銀一〇〇匁の罰金と、盗伐した材木は藩用木材の集散地となっている能代に納めることとされていた。また犯人を見つけた御山守には、一件について銀四三匁の褒美を与えることが規定されていた。秋田藩の留山の管理はこのように厳しく行われていたが、百姓の方では盗伐や火災により処罰されるのを避けるため、常時長百姓（庄屋などの村役人のこと）が留山を見てまわり、その防止に当たったのである。

元禄一五年（一七〇二）七月には、山林の杉、檜だけでなく、領民の屋敷地に植えられたものについての定めとしての「覚」が藩役所から指示されている。それによれば、屋敷内に生えている杉や檜を、その屋敷主が所用のために伐採する場合は、まず年貢を納めることが必要であった。そのうえで、藩役人が吟味し、植えられたものであると判断すれば、屋敷主に下されるというのであった。自分が自分の地所に植え、育てた杉・檜でありながらも、伐採するときにはいちいち届け出て、藩役人の吟味を経て、さらにそのうえに年貢も添えなければならなかったのである。

秋田藩は寛政一二年（一八〇〇）になると、保護すべき御留木としてスギ、ヒノキのほかに、ケヤキ（欅）、カツラ、ツキ（槻）、キリ、クリ、マツ、ホオノキ、クワノキ、コウジ（柑子）、ウルシ、チャノキを加えている。

近世の秋田藩においては、杉や檜などの青木は藩が占有し、許可なく伐採や利用することはできなかったが、それ以外の雑木は百姓たちの自家用の薪、稲杭《いねぐい》、鍬台《くわのだい》などの資材、渡世用としての木炭原木や薪などを利用することはできたのである。つまり秋田杉の産地である能代川上流域では、百姓たちは平山、留山を区別なく青木を保護する義務を負うかわりに、薪や草刈り入会の運上（税）は免除されていた。

高知藩の御留木は一六種

四国の杉の産地となっていた高知藩では、寛文四年（一六六四）三月に御留木の種類を藩の役所から御山奉行あてに通達している（『日本林制史資料　高知藩』農林省編、朝陽会刊、一九三三年）。

諸木之定

一杉　一檜（皮共）　一槻（皮共）　一かや　一槙（皮共）　一楠

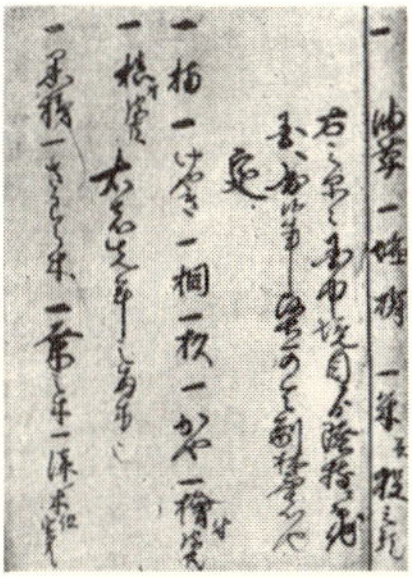

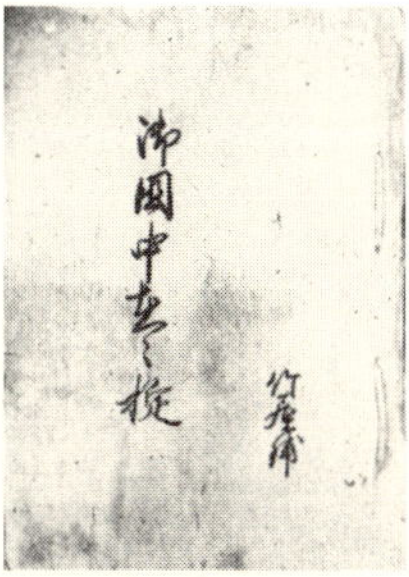

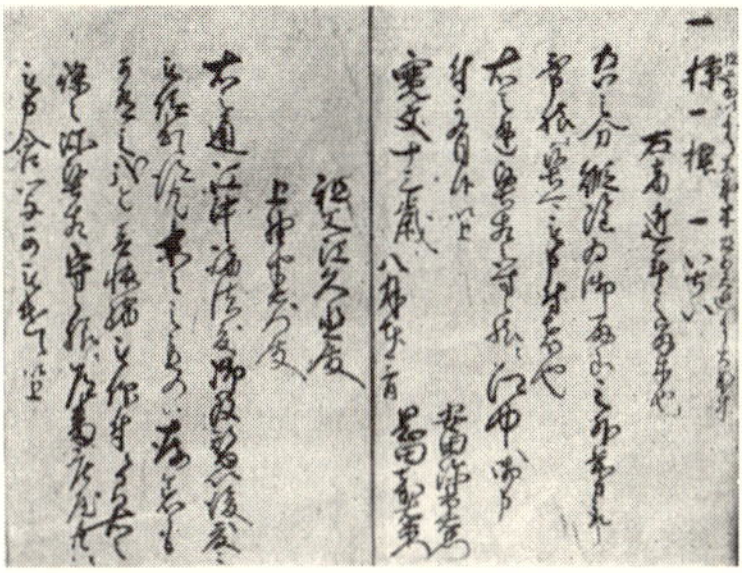

高知藩の「御国中在々掟」にみられる藩の留木の数々。杉は楠、欅、桐の次に「杦」と記されている。「杦」は杉の俗字である。(『日本林制資料　高松藩』農林省編、朝陽会刊、1933年)

右は先年よりの御留め木也
一黒柿　一さはら木　一桑　一漆木　一椋（五尺回り以上）　一樫（五尺回り以上）
一いちい（五尺回り以上）　一えんじゅ
一いちょうの木　一とちの木
右は近年御留木

このように、高知藩では、御留木としてスギ・ヒノキをはじめとして、ケヤキ、マキ（コウヤマキのこと）、クス、クロガキ（黒柿）、サワラ（椹）、クワ（桑）、ウルシ（漆）、ムクノキ（椋）、カシ（樫）、イチイ（一位）、エンジュ（槐）、イチョウ（銀杏）、トチノキ（栃）という一六種の樹木が定められていた。

同様の定めが、寛文一三年（一六七三）八月にも、元禄三年（一六九〇）三月にも念押しして定められている。

ただし、宮、堂、寺を建立するときは留木であっても、自分の植えた木は、相応に遣《や》る

高知藩が御留木としたヒノキ。ヒノキ皮は屋根葺きの材料となるが、皮のはぎとりも禁止された。

ことができるとしている。百姓たちの田地にかかる掛樋《かけどい》、井《い》流《ながれ》（農業用水の施設）、道橋、渡し舟などの道具は、留木類であっても、郡奉行衆が吟味したうえで遣ることとなっていた。

　また、桶木《おけぎ》、枌木《そぎき》が明山《あきやま》（藩の留山のほかはすべて明山といい、御留木以外の木は伐採・利用できた）にない所は、たとえ留山の内であっても、桶木は杉、槙、檜の小木、枌木は浦々へ遣る船道具をとる樅《もみ》、栂《つが》の末木《すえき》（樹木の梢近くの材木がとれない部分）を遣ることにし、それがない場合は相応の立木を遣るというのである。

　このばあいの「遣る」という言葉は、身分が同等以下の者に、物を与えるという意味であり、藩の武士と、領民の百姓という身分差別が見られるのであるが、留木という、藩が特権的に使用する樹種であっても、恩恵的ではあるものの領民の生活に支障がおよばないような配慮はされていた。

御留木盗伐者には厳罰

そして、定めに背いた者への罰則は、御留山内で御留木を伐採したものは、もちろん伐採した樹木はとりあげ、籠舎《ろうしゃ》（牢屋にいれること）とする。その日数は、伐採木の大小や多少によって決める。ただし、人品《ひとがら》（品性のこと）によっては過銀《かぎん》（罰金）を徴収する。御留山以外で御用木を伐採した場合は、三尺廻り（直径一尺＝三〇センチ）以下の木では一本につき夫役五人あて使役として召し使う。大木の場合は籠舎になす、という罰則がついていた。

罰則について、御留山ではないが同じ性格をもっている御立藪《おたてやぶ》（藩用の竹林）で竹を盗伐した者の処罰が、寛文一二年（一六七二）八月に記録されている。

それは東小野村影に住む百姓惣兵衛という者が、村郷の御立藪において一昨年竹を盗み伐りしたので、過役をおおせ付けられ、ようやくご赦免になっていたところである。またこのたび、前と同じ所で竹を盗み伐りしているところを山番の者が見つけ、召し捕ってきた。原田弥平次が吟味をし、まず籠舎を申し付けた、というのである。竹林に生えている竹を伐採しただけで、牢屋に入れられるという厳しさであった。

また、山盗人が極刑をもって処罰された事例が、『日本林制史資料　高知藩』の貞享二年（一六八五）一二月一六日の文書に記録されている。文書の前の部分が省略されているので、山盗人がどこで、なんという樹木を盗み伐りしたのかは不明であるのは、残念である。内容は、「ぞうし山盗人孫惣義、ところにおいて、磔《はりつけ》に仰せ付けられ、残る者ども、（身体の）形を欠き、御国ならびに所追放申し付けるべく旨仰せだされる由」とある。

担当した役人は、安喜郡（現・安芸郡）下役楠目與介、借米方野口太介跡中谷弥左衛門、山方下役北川又八、同役永山五郎兵衛の四人であった。奈野川之内ぞうし山盗人たちの受けた刑罰は、極月一九日に死刑とされた孫惣、片耳切他国へ追放された甚兵衛（孫惣の手伝）、奈野川を追放された者は十次郎・次郎介・甚介の四名、所《ところ》において夫役として召し使われた利兵衛・作右衛門・外介の三名であった。この山盗人たちの処罰は、磔刑から夫役までの四段階があるが、それぞれの犯人が行った行為の軽重をはかってのものであろう。

寛文三年（一六六三）に出された高知藩の山林犯罪に対する刑罰には、牢屋に入れることが最も厳しい刑罰であったが、貞享二年（一六八五）に犯行のあった「ぞうし山盗人」は死刑とされている。

この二〇年余りの間に、高知藩内においては、相当重大な山林犯罪が横行していたのであろう。布令がなされないまま、実質的に藩内部での規定によって、彼らは処罰されたと考えられる。

それかあらぬか、この事件発生の五年後の元禄三年（一六九〇）、藩主から高知藩の諸法令の改正が仰せだされ、担当者たちが評議した結果、同年三月に藩経営の要ともいうべき四四項目におよぶ「大定目」（『日本林制史資料　高知藩』）が布令されたのである。そのなかの七番の項目に五五カ条の「山林大要定」があり、留木定、山手背法者支配などが定められている。

山盗人の刑罰は「山林大要定」の第四二条に、「留山の内にて諸木を盗伐した者は、軽重によって、牢舎、追放、過銀、夫役申し付けるべく、もちろんその仕方により重科となすべき事」とされている。

「ぞうし山盗人」が山林の樹木を盗伐しただけで、磔《はりつけ》刑という重い刑罰を受けなければならなかった理由は、良質の杉を伐採したのではなかったかと、私は推察した。というのは、担当役人の一人が安芸郡の役人であるからだ。土佐国は江戸時代以前の長宗我部氏の時代から、杉材を太閤秀吉や朝廷に献上してきており、木材国の土佐であっても、杉は他の樹種以上にきわめて重要だと考えられていたからである。さらに広い土佐国でも、杉の生育地は東部の安芸郡下に偏在していたことも、杉盗伐であったことの推察理由の一つである。

そんな厳しい罰則を設けていても、良木の産地として土佐国北川郷は知られていたところから、他国から悪質な者が盗伐にやってきた。高知藩ではその対策として、宝暦五年（一七五五）二月、盗伐者を威嚇するための鉄砲を山番人に一挺備え付けている。

また高知藩では川筋に「御用のときには公儀へ差し上げる」との条件で、杉や松を自主的に百姓が植えた場合は、枯れ枝などは、植えた者の自由処分にまかされていた。

一　野市へ掛り候井筋之大堤ニ杉・松植え申すべく候間、先々右之堤ニ木植合候ハ、御預ケ成れ木御用之筋は公儀へ差上申すべく、枯枝等は植候所八右衛門と申す者勝手に候様に願候由、（中略）願之通り申付られ候様ニと相談の上、三四郎・木八・八左衛門へ源次郎・甚右衛門申し聞かされ候事

川土手が大水の時に決壊しないようになど、防災を目的として自主的に百姓が植えた杉や松でも、この二つの樹種は高知藩の留木とされており、幹は藩用として差し出すことになり、植え主は枯れ枝のみ自由にできるというのである。

福岡藩の御制禁の樹木は六種

九州の福岡藩（現・福岡県）では、宝暦一〇年（一七六〇）正月の「御山御法令」によってスギ、ヒノキ、モミ、クス、ケヤキ、イスノキという六種が御制禁の樹木とされていた（『日本林制史資料　福岡藩』農林省編、朝陽会刊、一九三三年）。

また福岡藩では、百姓の屋敷内に生育している樹木であっても、屋敷主が伐採を願い出ても、みだりに許可してはならないという法令が、同年に編纂されたと思われる『旧福岡藩山方記録』のなかに含まれて

福岡藩では百姓の屋敷内にあるカシでも、用材となる見込みのある樹は伐採の申請があってもみだりに許可しなかった。藩用とする考えのためである。

いる。

> 百姓四壁の内御用に相立て候松・杉・楠・樫の類、願い出候ても、みだりに相渡さず候。その外の木たりとも上木はみだりに相渡さず候。御用に相立てず分は詮議の上相渡し候。枝葉が作《さく》の障《さわ》りに相成り候分は申し出次第山奉行届けをうけ伐除を申し付ける事。

四《し》壁《へき》とは、四方のかべのことであり、いわゆる屋敷の周囲にめぐらせた垣をいう。江戸時代、検地の際には、屋敷の周囲に一定の余地をあたえて、ここの部分は竿入れ（検地）しないことがあった。ここでは、その屋敷の周囲にある余地に生育している松、杉、楠、樫《かし》類は、屋敷主から願い出があっても思慮もなく屋敷主に渡さないこととされていた。そして、それ以外の樹木であっても、材木となるような良質の樹木も同様の取りあつかいをするというものであった。

つまり、自分の屋敷に接して生えている樹木であっても、松、杉、楠、樫類は、福岡藩の藩用とする樹木であると、考えていたのである。藩用とならない形質不良の樹木であっても、役人たちが論議検討したうえで、屋敷主に渡すというのであった。

そして明和四年（一七六七）二月には、百姓の屋敷四壁に雑木や柴《しば》などが生えて、用材となるべき樹木が少ない場合は、百姓たちは銘々で楠、杉、檜、漆《うるし》、桐《きり》、シュロなどの用木に植え替えるようにと、郡奉行から受け持ちの百姓たちへ申し付けられたのであった。

屋敷の四壁に生育している杉、松、檜などの用木を、家の修繕などに使うため伐採を願い出た事例は、前にふれた『日本林制資料　福岡藩』では見つけられなかったのであるが、藩有の杉山に求めたものがあった。

早良郡椎原村百姓八次恐れながら御願い申し上げる口上の覚

一　私儀居屋取り繕いたく存じたて候に付き、杉、松、所持仕さず候に付き、恐れながら頼には存じ上げ奉り候えども、杉山御山の内にて悪木払いを以てお渡し仰せ付けくだされ候よう偏に願い上げ候。以上。

一　杉柱木　拾五本
一　同板木　五本
一　松梁　五本
〆

天保七年正月　椎原村　八次

早良・志摩・怡土

御山方御役所

このように、住居の修繕用の材木を調達するためには、前もって必要な用材を見積り、それを御山方役所に願い出なければならなかったのである。藩有御山の杉山のなかで、藩用とならない悪木の払い下げを願い出たのである。

福岡藩の山林犯罪に関わる罰則は、高知藩のような厳しい刑罰は伴っていなかった。

藩の定めた山法に背いて、藩の御山に無断で入りこみ作業しているところを山番に見つけられたときは、鉈《なた》、鎌、手斧《ておの》類は没収し、それぞれの道具の柄に持ち主の名を記し、山奉行所へ一旦納める。その後民生担当の郡役所へ回され、そこから科代《とがだい》が申し付けられた。科代は、鎌では松と杉を三〇〇本あての植え付けであり、鉈及び手斧では松と杉を六〇〇本あて植え付けることであった。領民を大切にし、科代でもって山林の育成を図るという、藩の度量の深さが見られるのである。

広島藩の御用木

現在の広島県東部の備後国をのぞく安芸国のほとんどを領有していた広島藩は、マツ、スギ、ヒノキ、クリ、モミ、トチ、ケヤキ、クスの八種の樹木を御用木としており、享保一一年（一七二六）から八木堅御法度となっていた（『日本林制史資料　広島藩』農林省編、朝陽会刊、一九三三年）。

そして天明五年（一七八五）から寛政四年（一七九二）の間に、御山方御用木は松、栗、樅《もみ》、檜《ひのき》、杉、欅《けやき》、栃《とち》、栂《つが》、槐《えんじゅ》、楠、桑《くわ》、弓木《ゆみき》の一二種に増加していた。なお、弓木とは、弓をつくる材料となる木という意味であり、小高木に成長する真弓《まゆみ》のことである。さらに、桐と樫も御用木同然のことだとしているので、都合一四種という多きを数えるのである。そして「松のほかは、すべて色木と唱え候よし」とされ

広島藩が御禁制としていたクスノキ。防虫効果のある板材として珍重され、また樟脳として薬になった。

ている。色木の意味は不明である。

そして「広島藩地方雑記」（『日本林制史資料　広島藩』）の覚、享保三年（一七一八）四月の条には、「百姓の銘々の腰林の雑木の分は、願いに及ばず勝手次第に伐り申すべく候」とあるが、但し書きがあって、「御用木の分は、願い申し出るべく候」となっている。つまり百姓持ちの山である腰林（耕作地に接した中腹以下の山のため、こういう）においては、松、栗、樅、檜、杉などは、山役所に願いを提出したうえでなければ、伐採できなかった。

さらに享保一八年（一七三三）一二月に御山方から出された「郡中村々相触候法度書」の第四条には、御建山・御留山は申すにおよばず御用木は「野山、腰林にても御用木は無断伐採は申さず」と無許可の伐採は禁止されている。しかしながら次の第五条で、

御用木の品、松、樅、杉、檜、槻、栂、楠、弓木は、御用に召し上げられ候節は相応に代銀を下され、持ち主勝手にも相なるべく候。右の御用木の品々は、たとえば村方の道、橋、樋《とい》の材木、または家作りの入用でも、無断で伐り申さず、願い出て、免許をうけ、伐採いたすべ

く候

と、百姓の持ち山で御用木を藩が必要とした場合は、応分の代価を支払うという決まりとなっていた。また村用として必要な場合でも、願い出て許しがあれば伐採はできるとしており、やや規制がゆるやかになっている。

盛岡藩の伐採禁止樹木は六種

盛岡藩（現・岩手県）では、寛保二年（一七四二）正月に、諸士つまり藩の武士たちの屋敷前などにあるマツ、スギ、ヒノキそのほかでも、大木を伐採することは堅く無用のことと考える。たとえ屋敷内の樹木であっても、目立つほどの大木は伐採しないこと、枝などを伐り払うことは勝手次第である。近年は庭先の大木を伐採するので、城下は古びた樹木はなく、もっての外のことだと領主が考えられている。第一、風を防ぎ、火事の類焼を防ぐことにもなるものだと、藩は言うのであった。そして屋敷内には杉などを植えるようにせよと、藩主から仰せ出されたと通達を伝える。

そして寛政一二年（一八〇〇）一二月には、杉、松、栗、欅《けやき》、桂《かつら》、センノキの六木の伐採は禁止するとされた。

寛政一三年二月五日に享和との改元があって、三月、雫石通りの藩の御山のところどころに、檜、杉、栗の木が、都合一七〇本切り捨ててあったのがみつかった。御山奉行の山巡りに先だって、いろいろと調査したが、加害者がみつからなった。そこでこの御山の山守を担当している御山守、御山肝入に油断があった科《とが》で役職をとりあげ、過料一貫文づづ差し出させたというのである。

寛延二年（一七四九）一〇月二八日の「仰せ出され左の通り」という法令では、諸山には樹木を立て林とするため、諸林ならびに檜、杉皮をみだりに切り取りしないよう、かねがねお停止を仰せ出されていた。拠無《よんどころな》く入用のときは、願い出て、その内容を吟味のうえ品物によっては、払い下げされてきたというのである。

杉や檜の立木の伐採ではなく、立木の皮を剝ぎ取るという行為は、禁止されてきたというのだ。伐採されなくても、樹皮を剝がされれば、当然その樹木は枯れるので、伐採と同等の行為にあたる。だから、この行為は禁止されたのである。これまで見てきた他の藩では、檜や杉立木の皮を剝ぐという行為への禁止は見られなかったのであるが、盛岡藩ではよほどこの行為が行われていたのであろう。

盛岡藩の領民のこの行為はなくても、他藩の領民が盛岡藩の領民といつわって、樹皮を剝ぎ取る者もあった。同法令では、他藩の領民だと偽って、御領内の立木の樹皮を盗みとり、商売をおこなっていることを吟味せずにいた場合、後日それが判明したときは、売人も買人も共に糾明のうえ、きっと処罰を仰せつけられるというのであった。

文化三年（一八〇六）八月七日の藩から諸御山奉行あてに出された「御家披仰出」によれば、「百姓の家作に近年杉・檜等相用い候様相い聞こえ候。これらは畢竟御山奉行無念の事に候。みる迄の家作は御用捨し一先ず差し置き候、以来右様の儀之れ有り候は、急度御沙汰に及ばれる可く候」とある。江戸時代も終わりごろになれば、百姓たちの間には杉や檜で家の普請をする者が出てきたことがまずある。藩の特権的利用を行ってきた杉や檜で、武士の下につくべき百姓が家を造ることはけしからんとの意識が藩の上層部にあった。それだからこれ以降、杉や檜で家を造る者があれば、必ず主君からの指図があるだろう、という趣旨である。この主君からの指図とは、懲罰を意味していると考えてよい。

盛岡藩は地理的条件からか、杉が藩内の山林には少なかったものとみえ、伐採制限にかかわる文書は少ない。むしろ杉の植林を奨励しているものが多い。

仙台藩の伐採禁止樹木

仙台藩（現・宮城県）の天和二年（一六八二）一一月一〇日付けの「山林例規」の第二二条によると、所々の山林において竹木を伐採するは、我らども（役人）書き付けをもって印判を渡すよう申されている。もっとも、所々の御代官衆は印判を見とどけ、村の肝煎、山守所へ添え書きをつけてやり、竹木を伐りとったならば御山守が立ち会い、竹木の数量を改められるよう申しつけられている、と百姓たちが山林で竹木を伐採するときの手続きを定めている。

同例規の二四条にはマツ、スギ、ヒノキ、モミ（樅）、カヤ（榧）、ケヤキ（槻）、カツラ（桂）、キリ（桐）は、村むらの百姓の居久根《いぐね》の内であっても、猥《みだ》りに伐りとらないよう申し付けられている。もしまた、その身で建物作りなど、よんどころない用について申請したい旨申し出たときは、郡司衆が吟味のうえ、我ら共書き付けをもって御印判をしたうえで、伐るよう申されるべきことと、役人の許可を得てから伐採するようにと定められている。居久根とは、宮城県から岩手県にかけて広がっている屋敷林のことで、わが家の住居のまわりにある樹木でも、松、杉など八種のものは自分勝手に伐採し、利用することはできなかった。

元文三年（一七三八）三月の御奉行衆が連署しているお達しでは、御林ならびに神社、仏閣、野山、居久根地付などの青木、御留木を盗伐したときの過料が定められている。

一　一尺以上三尺まで　　一本代　　二貫文
　ただし、一尺下は雑木に準じ歩荷代一貫　一駄代二貫文の積もりをもって過料を召し上げられる。右の余は右割合を以て召し上げられべき事。

一　三尺以上四尺まで　一本代　四貫文
一　四尺以上五尺まで　一本代　六貫文
一　五尺以上六尺まで　一本代　一〇貫文

右（のものより）廻り上は一尺増す（ごとに）代四貫文あての割増を以て、過料を召し上げられ候事

右盗伐木を召し上げられるべき用木に致し候か、払い候はば直付けを以て代金を召し開けられるべく。盗み物と存じ買い取り候はば買人方よりも盗人同然に過料代とも召し上げられるべく候。

このお達しでは盗伐の罪が該当する場所は、藩有の御林（山）、社寺がもつ林、百姓たちがもつ野山と屋敷林（居久根地）なのであり、結論からいえばすべての山野ということになる。仙台藩領内のすべての山野で、青木つまり常緑の針葉樹（松、杉、檜、樅など）と、御留木となっている松、杉、檜、樅、榧《かや》、槻《つき》、桂《かつら》、桐《きり》を盗伐した場合の過料が定められたのである。

盗伐木の大きさによって、過料の額が決められたもので、ここでは幹廻りで定められている。樹木の太さは直径で表されるので、現在のセンチの単位で直径をみると、おおよそ一〇〜三〇センチ、三〇〜四〇センチ、四〇〜五〇センチ、五〇〜六〇センチとなる。直径六〇センチ以上の場合には、直径一〇センチ増えるごとに過料が割増となることが示されている。

過料は銭で、最も小さな直径一〇センチ未満の杉の場合だと、一文銭で一〇〇〇枚もの数のものを差し出さなければならなかった。現金収入の機会のほとんどない当時の百姓にとっては、この過料は莫大なものであった。破産するほどの罰金を課すことで、盗伐を抑止しようと仙台藩では考えていたことが示されている。

仙台藩内の材木の値段

仙台藩における木材の値段はどうであったのか、藩が直接売り払う材木の値段が延享二年（一七四五）三月二日付け「青木・雑木・柴等迄本當直附覚」（『日本林制度史資料　仙台藩』農林省編、朝陽会刊、一九三二年）で示されている。樹種は杉、松、栗、雑木の四種類であるが、杉に関わる分のみ抜粋する。それぞれの樹種別の値段は、おおむね杉を一〇〇とすると、松では八〇、栗では一一〇、雑木では九〇となり、杉の値段にこの数値を掛け、一〇文単位で四捨五入しているようである。

青木・雑木・柴等迄本當直附覚
但延享二年御定也

一　長七尺　木廻り五寸より九寸まで　一本　杉　六文
一　長一丈　木廻り一尺より一尺四寸まで　一本　杉　一五文
一　長二間　木廻り一尺五寸より九寸まで　一本　杉　三五文
一　長二間　木廻り二尺より四寸まで　一本　杉　七〇文
一　長二間　木廻り二尺五寸より九寸まで　一本　杉一四〇文
一　長三間　木廻り三尺より四寸まで　一本　杉二八〇文
一　長三間　木廻り三尺五寸より四寸まで　一本　杉三七〇文
一　長三間　木廻り四尺より四寸まで　一本　杉四九〇文
一　長三間　木廻り四尺五寸より九寸まで　一本　杉六四〇文
一　長三間　木廻り五尺より四寸まで　一本　杉八四〇文
一　長二間　三寸角　一本　杉　六〇文

一　長二間　四寸角　　一本　杉一二〇文

一　長二間　五寸角　　一本　杉一九〇文

一　長二間　六寸角　　一本　杉三八〇文

一　長三間　七寸角　　一本　杉四八〇文

（以下略）

これから前に触れた盗伐したときの過料をみると、仮に木廻り一尺、樹高一〇間の杉一本を盗伐したとすると、過料は一貫文（一〇〇〇文）である。この杉立木から採れる丸太は長二間で、木廻り二尺より四寸までのもの三本で、残りの梢は材木とならないと考えられるので、この丸太の値段は七〇文×三本で、二一〇文となる。過料は盗伐した杉から採れる丸太の約四・八倍の計算となる。

販売価格のおよそ五倍もの過料を支払うことになるので、誰も手を出すことはないであろうと、藩の役人は考えたにちがいない。

仙台藩では、寺院の修理用の材木は与えていた。元禄一五年（一七〇二）四月の記録によると、篦岳《へらだけ》観音の伽藍《がらん》は信徒たちが毎年自力で修復していたが、自分の林は伐り尽くして、修復造営にも成りかねることになり、用材を藩役所に申請してきた。ところが遠田郡は藩の御林が少ないところで、当時でさえ御用材木を伐り尽くしていたので、この願いを取り上げることは難しかった。そうはいいながら、信徒たちは自分で修復するというので、種々の吟味のうえ、一山の御林から修繕用材とする旨の願いが出たときは、御普請上廻へ立ち会い見分のうえ、一山御林から伐り出すように許可の印判を出すというのであった。

翌元禄一六年には、松と杉は、三尺回り以上の立木となれば、たとえ神木とするものであっても、下しおかれることはないとの定めが設けられた。

松・杉三尺廻り以上、神木たりとも下され間敷御定の事

先年より松・杉共に三尺廻り以上ハ下されず候所、近年段々三尺廻り以上下し置かれるに付、舟材木等払底に成り候間、向後ハ兼ねての如く、三尺廻り以上の松・杉御神木等に候共、下され間敷候間其心得首尾之れ有るべく候、以上

これによると、もともとは杉・松の三尺廻り、つまり直径にして一尺（約三〇センチ）以上の立木は領民にたいしては払い下げしないとされていたのであったが、若干手心を加えられて与えられていた。ところが近年になって、舟にするべき用材が不足してきたので、たとえ神木とするといっても下げ渡すことはないようにと、改めて定められたのである。

この定めから読みとれるのは、仙台藩では神木とされたものは、社寺所有とされ、社寺が伐採する場合には藩の許可を得ることなく行われたことである。それだから、社寺にある神木だといっても、これまでの仕来りではなく、たとえ神木であっても下げ渡すことはしないと、藩が方針変更をしたことが示されている。

萩藩の七種の御用木

会津藩（現・福島県会津地方）では、はやくも江戸時代初期の慶安二年（一六四九）二月に、「漆木《うるし》、桑《くわ》、明檜《あすひ》（あすなろ、つまりヒバのこと）、杉、槻《つき》、松、黐《もち》木以上、第七木と称し、下知なく伐るべからず」として、藩の許可なく伐採することを禁止している。

米沢藩（現・山形県米沢地方）では慶長一二年（一六〇七）四月に、「中津川の内、大館山の杉、判なくして切り取るべからず。もし違背のものあれば、召し捕り注進」するようにと、高札で公示されたのであ

会津藩・山口藩など多くの藩が御用木としているケヤキ。良質の建築材である。

る。江戸時代もごく初期のころであり、スギのみが許可を得ない伐採を禁止している。よほど杉は藩としては、重要な資材となっていたのであろう。

萩藩（江戸期の終りごろは山口藩ともいわれた）は「槻《つき》、杉、檜、椋《むく》、楠《くす》、桐《きり》、樫《かし》、この類御用木」と七種の樹木を御用木とし、容易に伐採することを許していなかった。

明和三年（一七六六）の御書付にあるように、家来の拝領屋敷、立銀山などにおいて、自道（いわゆる私道）、屋敷の修理補修や取り繕い、立山の修理補修のためには抜伐《ぬきぎり》（間伐のこと）で用いてきた。かつ百姓立銀山において売り払い等するときは、枯木、折木、虫入り、根引き類の採用は免じられ、五木の分は容易には差し免ぜられずにいた。しかしながら七木のうち杉については、当時から御立山にだんだんと植え付けを仰せられ、給領山、百姓立銀山等へも余分に植え付けられたように聞こえている。以来御用の節における差し支えもないので、杉に限り、今後は諸山とも願い出があれば松と同様に、伐採し用いることを差し許される。もっとも、百姓の立銀山については、御代官の詮議のうえで伐採を許可されるが、この先藩の御用に差し支えることがあれば、その時点で許可は差し止められる。

このように、萩藩においては、藩の七種ある御用木のうち、杉は一応許可制としていたが、杉の造林地が多くなり、たくさんの材が供給できる目安がついたので、願い出があれば伐採を許可するというものであった。

二　秋田藩の財政と秋田杉

幕府、秋田杉材を国役とする

世に秋田杉とよばれる良質の杉材をうみだす豊かな森林を、秋田藩は領有していた。

秋田杉とは、現在の秋田県内において生産される天然性の杉のことをいう。

近世つまり江戸時代では、現在の秋田県のほとんどは佐竹氏を領主とする秋田藩が領有していたが、ほかにも由利郡の矢島・本荘・亀田の諸領や天領（徳川幕府領）があり、北部には盛岡藩領の鹿角《かづの》地方があった。本項は秋田藩領の財政と秋田杉の関係について述べるが、秋田県が編集発行した『秋田県林業史上巻』（一九七三年）に負うところが多い。

秋田藩は慶長七年（一六〇二）五月に佐竹義宣が、関東の常陸国から転封されてきたことから始まる。佐竹氏は、関東での五〇万石から厳しい自然条件の北国二〇万石にうつることを余儀なくされたが、藩の建設に取り組んでも、木材に関してはまたとない有利な条件に恵まれていた。佐竹氏以前の秋田氏によって豊富な山林資源、ことに優良な杉材が伐り出され、すでに開設されていた北国海運のルートによって、

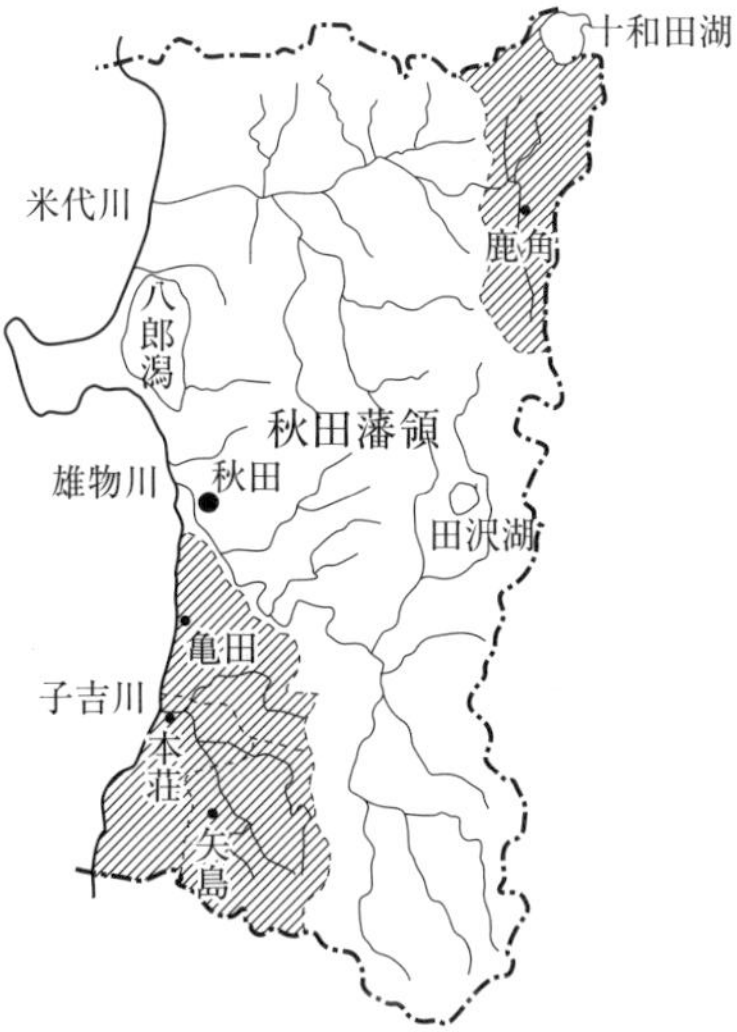

秋田藩領概念図　米代川流域は秋田杉の宝庫であり、幕府から目をつけられていた。現・秋田県域には秋田藩以外に亀田・本庄・矢島・盛岡（鹿角）藩領があった。

天下の台所の大坂まで運ばれていたからである。

また佐竹氏の秋田藩は、雄勝地方の院内銀山、北部阿仁地方の阿仁鉱山など有望な鉱山を開発したが、これに必要な坑木も十分に供給できるだけの森林資源をもっていた。ただ本書の主題である杉とは、ほとんど関わりはないので省略する。

佐竹氏は秋田で二〇万石の領土を得たが、徳川幕府はそれに見合うだけの常備軍を備えることと、その石高に応じた幕府の普請などの国役《くにやく》を仰せ付けた。国役とは江戸時代に幕府が国・藩などにかぎって河川改修などの課役やその経費などを賦課したもので、金銀山運上や軍役《ぐんえき》板の賦課などもその一例である。軍役は武士が主君に対して負う軍事上の負担のことである。

軍役板（秋田藩の場合は杉板）は、前の時代にも秋田氏らが文禄二年（一五九三）に豊臣秀吉から課せられていたが、佐竹氏も徳川幕府から同じように課せられた。元和六年（一六二〇）には、軍役板一万枚を越前国敦賀（現・福井県敦賀市の敦賀港）に回漕することを命じられたことなどがその例である。

国役板の一割が海に流失

秋田藩初期の家老として藩財政の中枢にあった梅津政景に『梅津政景日記』がある。彼は慶長から元和にかけて院内銀山奉行、惣山奉行、勘定奉行を歴任し、寛永七年（一六三〇）には家老に昇進した人物である。同日記の中に、徳川幕府から課された負担の一つの軍役板についての記事がある。

同日記の元和二年（一六一六）六月二一日の条《くだり》に「水谷善右衛門、慶拾六ノ天下板の未進十七ニ持、敦賀へ罷上候《あげおわり》」とある。この文は慶長一六年（一六一一）に秋田藩から、幕府に軍役板を収めたことを示している。

その後佐竹義宣は、橋板三〇〇間、太閤板四〇〇〇枚用意するよう命じられた。太閤板とは、秀吉用の特別規格のもので一間の長さを七尺（二一〇センチ）としていた。同年一二月一二日、橋板は取りあつかいが困難なので中止することにし、かわりに太閤板五〇〇〇枚を命じられた。翌元和六年（一六二〇）三月一七日、正式に幕府から上納の内意が伝えられた。幕府の内命は、七尺を一間とするのは長すぎるので京間（六尺五寸＝一九五センチ）一間の長さとして一万枚を上納せよとのことであった。

義宣は同年三月一八日付けの書状で、長さは京間の一間、厚さ五寸（一五センチ）、幅一尺八寸（五四センチ）の板を「夏山にても採らしむべし」として、敦賀への回漕を命じたのであった。軍役板の敦賀への運送は、六月に入って本格的にはじまった。六月三〇日、第一船八艘が三八〇〇枚を積んで敦賀に着いた。このときは、風波で八〇〇枚が流失したが、八月一四日にはおおかた敦賀に着船したと記されている。一二月八日には、一万枚のうち九〇〇〇枚を納め、敦賀の米宿打它《うちたせ》宗貞・糸屋善五郎・高島屋長丞の請負の

幕府の国役とされた秋田杉材は船で敦賀へ、敦賀から陸路で琵琶湖へ、湖上は船で大津へ、大津から再び陸路を京へ運ばれた。

かたちで、幕府側の担当者松平忠直の家臣から板一万枚の代の切手（物を受けとりまたは預かった証拠の切符のこと）を受けとった。残り一〇〇〇枚は風波によって流失してしまったので、明春納めることを約束した。翌七年六月に越中与五郎の船に積み、八月二三日に到着し、引き渡している。このとき秋田藩が軍役として板を上納するために要した運賃は、合計で銀三四貫（一二九・五キロ）という巨額にのぼった。

優良な杉材を産する秋田藩内でも、当時は上質の板一万枚を取り揃えるためには、四割から五割くらいも余分に、伐採木を玉切りし、板に割る必要があった。

『梅津政景日記』には、この後軍役板についての記述は見当たらないと『秋田県林業史』はいう。そして元和八年（一六二二）四月に、細川忠利（熊本藩）に舟板四枚、上《じょう》の舟板一〇枚、上《じょう》の太閤板二〇枚を贈っている。また寛永元年（一六二四）には毛利秀就（萩藩）に長さ一六尋《ひろ》（二四メートル）、本口《もとくち》四尺五寸（一三六センチ）の舟板数十枚を、同九年には前田利常（金沢藩）に長さ一丈五尺（四・五五メートル）の板五

○○枚をそれぞれ贈っている。

慶長年間の秋田杉販売高

秋田藩が元和二年（一六一六）二月一三日に、慶長一六年（一六一一）から一八年にかけて野代（能代）で売却した材木の数量及びその代銀を取りまとめている（『秋田県林業史』）のでここに掲げる。これらの材の樹種名は記されていないが、すべて秋田杉材とみて差し支えないであろう。

慶長年間の能代材木払

羽板	八三一棚	（三二〇棚	ナミ銭	五〇七貫）
		（一一三棚	ナミ銭	一六五貫一〇〇文）
帆柱	六本	（六本	ナミ銭	一〇三〇貫）
川船面木	四艘	（四艘	ナミ銭	三四五文）
打切	七〇本	（四本	ナミ銭	一一貫文）
		（二九本	ナミ銭	六〇貫文）
杉角木	三一八本	（二八五本	ナミ銭	七〇貫五〇〇文）
小丸木舟	二艘	（一艘	ナミ銭	一三貫文）
船板	六枚	（六枚	ナミ銭	一七六貫一三〇文）
丈木	二万九九九八丁	（五六一六丁	判金	三枚）
		（	銀	六三匁六分）
		（一万七〇九六丁	判金	六枚）

		（	銀	二貫一二一匁二分）
		（六〇九九丁	ナミ銭	一五八五貫七二五文）
船張	四〇本	（四〇本	ナミ銭	二〇九貫文）
桁腰	二本	（二本	ナミ銭	六五貫文）
猿形板	五枚	（五枚	ナミ銭	三五貫文）
合計			判金	九枚
			銀	二貫一八四匁六分
			ナミ銭	四五七五貫一五五文

この表で（　）内に記したものは、前に掲げた数量のうちで、銭かねが支払われた分を示している。なおこの表は、払分のうち価格が明示されているものが、集計されている。なかでも丈木は二万九九九八丁、羽板八三一棚とあり、杉材が大量に生産されたことが示されている。

なお丈木は、丁《ちょう》あるいは挺《ちょう》とも記されており、丁・挺は本数を示す記号とされているところから、規格化された板材ではなく、伐採木を切断した丸太および丸太を二つ割、四つ割などに割ったものであったと考えられる。

秋田杉で投資額四倍の収益の藩

秋田藩では、その初期に鉱山が盛んに開発され、それにつれて精錬などのための薪炭材の需要が多くあった。また一方、久保田城や城下町建設に伴う建築用材や小羽《こば》（屋根葺き用に割った短い薄い板のこと）の需要、さらに市民生活における薪炭の消費などの需要があった。このような木材の需要に対応するため、秋田藩が山林経営としてとった政策の一つに木本米《きもとまい》という制度があった。

木本米《きもとまい》というのは、藩が木材を伐採し搬出する山子《やまこ》（山林労働者のこと）に、その手当として米・銀・銭を支払うという方法であった。そして木本米と材木払代銀との差額が、藩の収入となったのである。『梅津政景日記』の記事によって、能代における木本米と材木の販売高を比較してみると、つぎのようになる。

年代	木本米	材木の払
元和九年（一六二三）	米四八五五石六斗五勺六才 極印銀五三貫四一一匁六分六厘二毛	上銀二四二貫七六五匁一厘 但、野代目 外に年々の古木の払代 上銀一一貫三三匁八分
寛永元年（一六二四）	米六四二八石三斗二合 極印銀九六貫四二四匁五分三厘	上銀三一二貫七五五匁五厘四毛 但、野代目
寛永四年（一六二七）	米三一八〇石三斗八升	上銀二一五貫八五二匁二分 極印銀一貫八〇〇匁一分
寛永九年（一六三二）	米四三四二石八斗六升七合七勺	上銀二二七貫六一七匁六分六厘 外に年々の古木の払代 上銀二一貫二六〇匁六分七厘

（注）この表の木本米の欄に記した極印銀とは、米の代銀を極印銀に換算したものである。これからいえば、米一石は銀一一匁（約四一グラム）の値であったことになる。

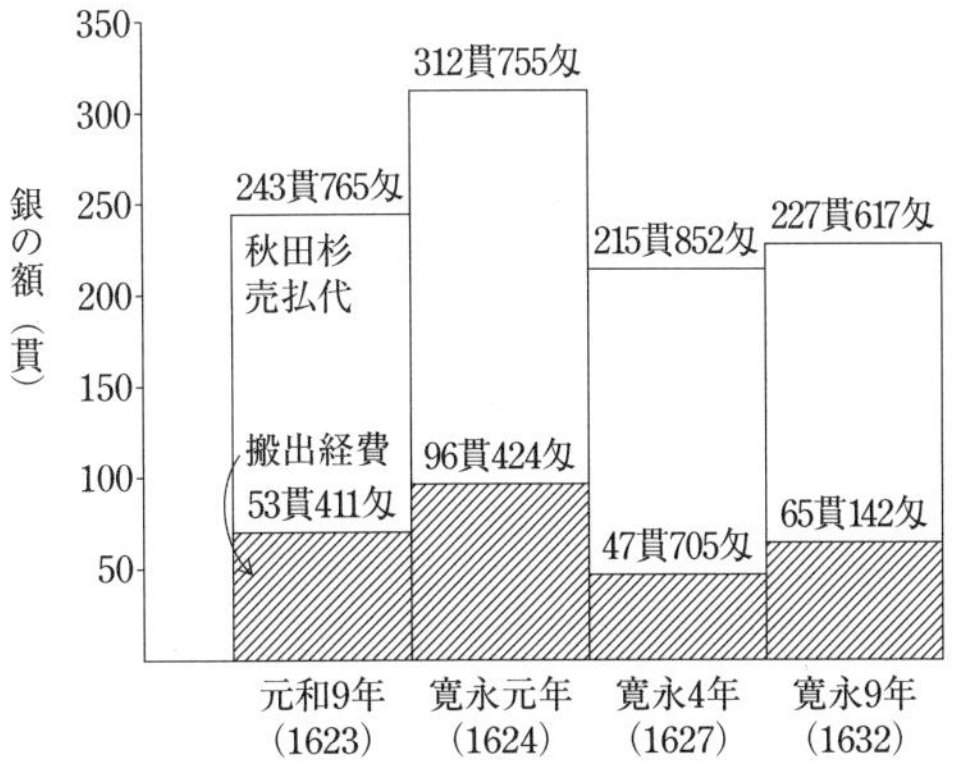

江戸初期の秋田杉の能代における売払代銀と搬出経費（木本米）の比較。膨大な収益が秋田藩にもたらされた。（白地部分が利益となる額）

この表をみると、元和九年（一六二三）に野代御材木奉行が山子《やまこ》（山林労務者）に山林の杉立木を伐採させ、丸太をつくり、野代（能代）まで運送した手当として支払った米は四八五五石六斗余であった。それを計算しやすいように換算した『秋田県林業史』によると、極印銀では五三貫四一一匁余（約二〇〇キロ）となった。一方、この年に野代（能代）で売り払った材木の金額は上銀で、二四二貫七六五匁余（約九〇八五キロ）となっていた。材木の払い額から、木本米額を差し引いた額・銀一八九貫三五三匁三分五厘（約七一〇キロ）が藩の収益となったのである。

つまり秋田藩は元和九年（一六二三）、山林伐採等に投資した額の四・五四倍という収入を得たのであった。寛永元年（一六二四）では、投資額に対する収入比率は三・二四倍となっている。このように投資効率のよい仕事であったため、秋田藩としては木本米の制度による山林経営を積極的におしすすめていた。

しかしながら、山林の杉立木は一度伐採されると、次に伐採が可能になるためには、およそ一〇〇年～二五〇年以上という長年月が必要である。そのため杉材を毎年野代に輸送するためには、奥山へ奥山へと入って行かざるを得ないことになる。奥山へ入るにつれて伐採経費は掛かり増しとなり、藩と経費増額を要求する山子との食い違いが生ずるようになり、山林経営上に大きな問題が展開するようになるのである。

能代材木奉行の管理・管轄地域

秋田藩は野代川（米代川）上流域の野代御丈木山とよばれる広大な山林に生育している秋田杉を藩直営で伐採し、それを川運で河口の野代（能代）まで運び、販売して藩の勘定へと繰り入れていた。これらの材木山は野代御材木奉行が管掌しており、野代において販売された内容は「野城御材木払算用」として毎年取りまとめられていた。

『梅津政景日記』には、岩川（山本郡琴丘町上岩川・同郡山本町下岩川）御材木山を管掌している岩川御材木奉行、小（男）鹿御材木山を管掌している船越御材木奉行などの職名がみられる。

野代御材木奉行は佐竹氏秋田藩の初期において、野代川流域という広大な地域の山林を管理するうえでもっとも重要な役人であり、のちの野代（能代）奉行の先駆けをなすものであった。

能代奉行という職名があらわれるのは延宝四年（一六七六）からであるが、職務内容はすでに元和・寛永期（一六一五～四四）に一応整備されていたようである。その職務をまとめるとつぎのようになる。

①米代川流域の北比内・南比内・大阿仁・小阿仁・檜山の各郷の支配
②保太木・小羽等秋田杉の材木生産
③大肝煎・御山守の支配
④山林調査と保護
⑤鶴形番所・能代港の支配……木材・米などの移出の管理
後に述べる長木沢の秋田杉の立木調査も、能代奉行の職務の一つとなっていた。

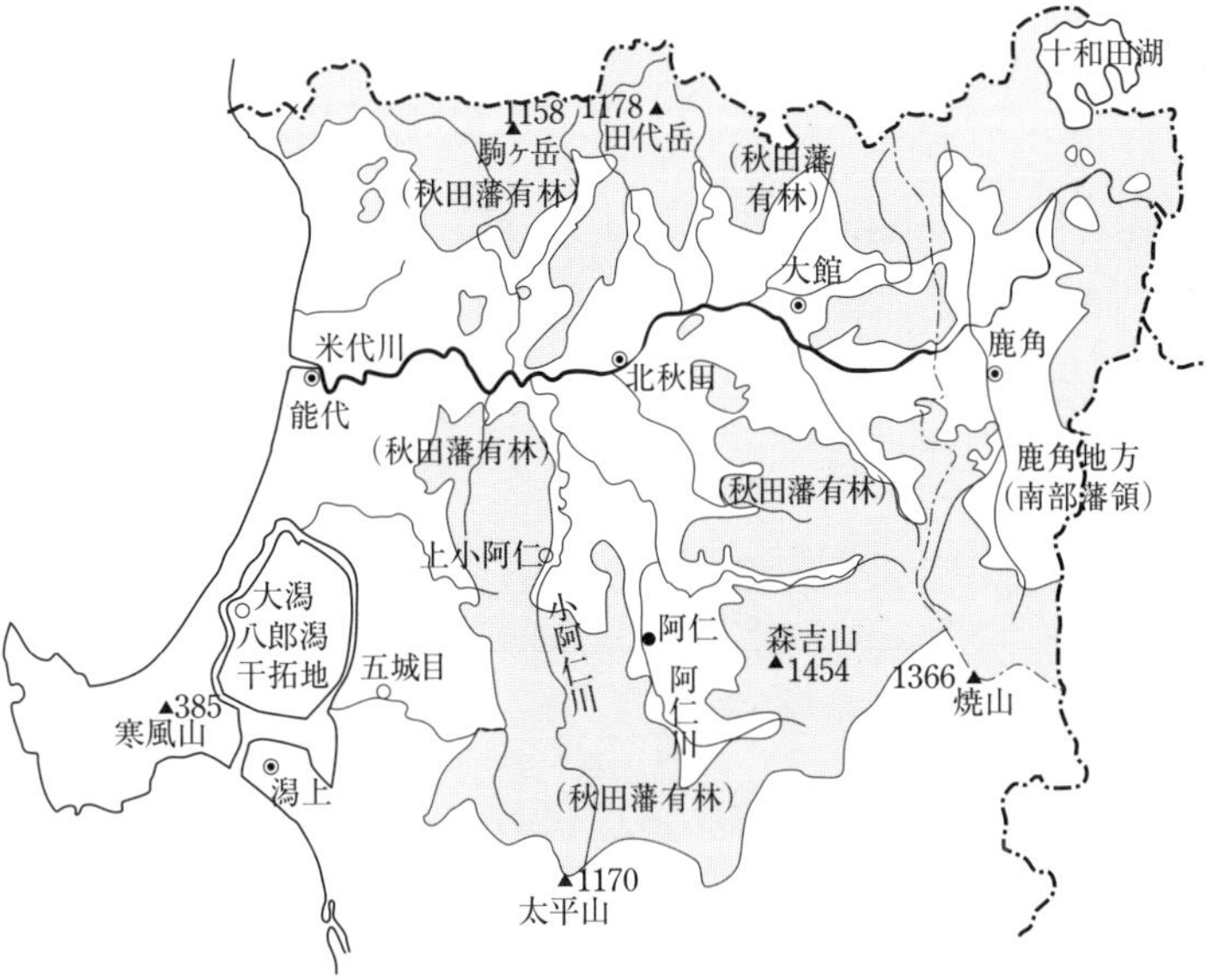

米代川流域の秋田藩領山林の概要図

秋田藩で藩の支配を強化する目的で職制の整備が企てられてくるのは、寛文（一六六一～七三）・延宝（一六七三～八一）期になってからである。その改革の背後には、その時期になって藩財政の危機が顕在化してきたので、対策を講ずる必要があったためである。また同時に藩主権力の確立を図るねらいもあった。山林支配の体制もこのときに整備されていくのだが、それは山林収益が藩財政の中で大きな比重を占めていたためであった。いわば秋田からは遠隔地の大坂においても、秋田杉とその名を知られた材木の価値であった。

寛文・延宝期の山林状態を『秋田県史　資料』近世編上にある「先御代々御財用向御指繰次第覚」にその間の事情がすこし記されているので、意訳する。

能代においての出銀、先年は一か年二四○～二五○貫目銀の受け払いに候由、先御代寛文五年以来山方の杢之助勤めの節より段々銀高になり、当御代延宝四・五年之ころ津軽御詳所相済み、長木沢御手に入り候以後、同六年より山方助右衛門勤めになり、一か年一〇〇〇貫目に及び候出銀之由、長木沢より保太木一〇万梃当て出之（以下略）

これによれば、寛文のころまでは、年間に銀二四〇〜二五〇貫（約九三七キロ）程度の杉材の売上があった。延宝六年（一六七八）ごろには、寛文のころのおよそ四倍もの年間一〇〇〇貫（三七五〇キロ）にものぼったというのである。これには南部藩と初期のころから続いていた鹿角《かづの》地方の境界紛争が、延宝五年（一六七七）に幕府の裁決によって解決しており、これによって長木沢が秋田藩領として確認されたことによるものが大きかった。

藩領第一の秋田杉産地

長木沢とは鹿角境および青森県境にひろがる沢の名前で、ここを源流として流れる川が長木川である。この長木川流域一帯を近世の秋田では、長木沢とよんでいた。南流する大川目沢《おおかわめさわ》川、支根刈沢《しねかりさわ》川、北流する深沢川など多くの支流をあわせ、大館盆地北部を西流してその北西部で米代川に注いでいる。

長木沢は山中七里四方に八〇八沢があるといわれ、軽井沢、西ノ又、東ノ又、小坪台、尻合一通り、寺沢一通り、皆倉沢、青倉沢、留瀧水上より、小滝沢、きっ滝より下、支根刈沢など一五もの地域に分かれていた。秋田藩領第一の天然杉の産地であった。

長木沢には、のちの天和三年（一六八三）の調査であるが、周囲七尺（二一〇センチ＝直径六七センチ）以上の秋田杉の大木が一四万三八〇〇本もあり、そのほかに杉の立枯したものが六七七本、杉の寝木が四二五本、杉の風倒木が一九本あり、赤檜立木（ヒバのことか）が四〇五本もあった。この地域の広さはどのくらいなのかはわからないが、秋田杉などの資源が豊富な地域であった。

そしてこの地域には、杉の周囲が七尺以上から二丈（六〇〇センチ＝直径一九一センチ）もの大木で、船の帆柱として利用できるような、幹が太くて真っすぐな大木が四万七八七〇本も生育していたのであった。

延宝五年（一六七七）には、長木川流域を含め、秋田藩から京・大坂方面へと移出された木材量は年間保太木一〇万丁に達し、その得用は銀一〇〇〇貫（三七五〇キロ）にも及んでいた。そのうちに長木沢における延宝五年から貞享四年（一六八七）の一一カ年の秋田杉の伐採量と製品の量を、『大館市史』でみると、つぎのようになる。


延宝五年〜貞享四年の長木沢の秋田杉の伐採量（『大館市史』より変形）

年	秋田杉の伐採本数	実際に官用材に使用された本数	伐採後キズのため払下げされた本数	
延宝五年	二六四五本	二五二八本	一一八本	
同　六年	三〇三八本	二七八四本	二三二本	
同　七年	三二〇三本	三〇一八本	一八五本	
同　八年	三六八九本	三五三八本	一五一本	
天和元年	二三四八本	二一九七本	一五一本	
同　二年	一七六六本	一五九二本	一六九本	数量不一致
同　三年	二〇三九本	一八六三本	一七六本	
貞享元年	三七九九本	三五二〇本	二七九本	
同　二年	四一六九本	三九〇一本	二六七本	

同　三年	六八八四本	六一〇一本	七七三本	
同　四年	一七八二本	一四六八本	三〇〇本	数量不一致
合計	三五三六二本	三二五一〇本	二八〇一本	

次に、このように伐採された秋田杉から作られた製品の種類と数量、一一年分の合計で掲げる。

保太木	六一万二五〇〇丁	平物	六七六二本
面木	四五艘	帆柱	一四五本
桁木	二七三本	船板	二五二一枚
艫太	一〇艘	柾木完料板	五六枚

長木沢から伐り出された秋田杉の藩の利益は、『梅津政景日記』によると元和九年（一六二三）には木材一石《こく》（一〇立方尺＝〇・二七八立方メートル）について銀一一匁（四一グラム）で伐り出し、能代での売り払い代銀は四九匁九分九厘（約一八七グラム）であった。寛永元年（一六二四）には、木材一石を銀一五匁（約五六グラム）で伐り出し、能代では四八匁六分五厘二毛（約一八二グラム）で売り払いがなされている。伐り出された木材の石数《こくすう》は不明だが、単位当たりでみると、伐出経費の四・五倍〜三・二倍の価格で販売できており、秋田藩の収益の大きさがわかる。

能代へ杉輸送一番乗りの褒美銀二〇匁

延宝六年（一六七八）に長木沢から本格的に秋田杉が伐り出されることになったとき、秋田藩の渋江と梅津の両家老から、同所の保太木を筏《いかだ》組みして、能代へ早く到着させるため、「当年より長木沢保太木、

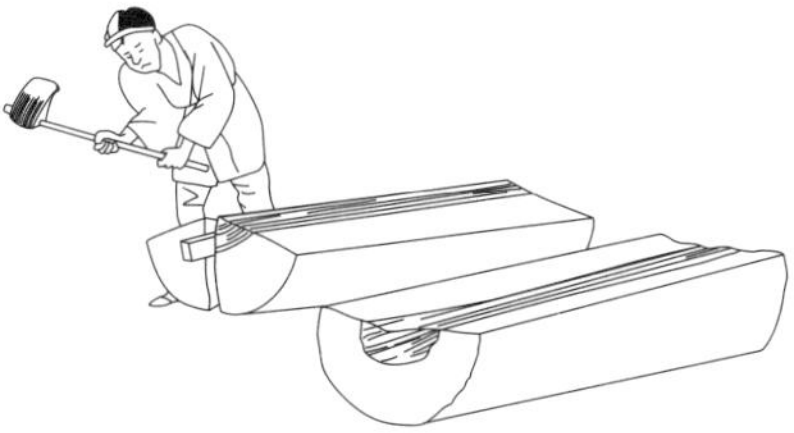

秋田杉の寸甫割りの図（『秋田杣子造材之図』を模写）長さ7尺（2.1メートル）の丸太を6つ割とか7つ割にしたものを寸甫といった。寸甫の約3倍の大きさのものを保太木といった。

野代早く乗下げ候山子には、一番より五番まで御褒美銀、毎年下され候こと」と、到着順の一番から五番まで褒美に銀を与えるという通達をだしている。

それは保太木一〇〇〇丁につき、一番は銀二〇匁（七五グラム）、二番は銀一八匁（約六八グラム）、三番は銀一五匁（約五六グラム）、四番は銀一二匁（四五グラム）、五番は銀一〇匁（三七・五グラム）というものであった。なお筏の乗り下げに対する褒賞は、寛文一三年（一六七三）に檜山郷の小掛山から能代までのものについて、一番から五番までの筏乗の山子に極印銀京目一五匁（約六五グラム）～五匁（約一八グラム）を与えることが定められていた。

これ以外にも、作業奨励のために割増しで与える木本米を保太木一〇〇〇丁につき五石《こく》を、藩から出すことにしており、長木沢に生育している秋田杉に対する藩の期待には大きなものがあった。

当時の低い技術では、秋田杉のような大木の伐採、倒したものを丸太に玉切る造材、そして丸太を運び出す運材も、それぞれ非常な困難がともなった。保太木、帆柱、板などは冬杣《ふゆそま》といって、雪のある冬季に伐採・造材し、雪解けを待って運送した。現在のように、伐採しながら、玉切りや、材の運送は、とうていできなかったのである。それだから、春の雪解けとともに材を筏に組んで、川を下っていくのだから、扱う人によって仕事の早い遅いが生じていた。

小羽《こば》は夏杣《なつそま》といって、夏季に山中で製造した。冬杣も夏杣もともに、奥山に泊まりこんでの仕事となった。作業するものは、すべて百姓たちであった。

百姓たちは能代奉行所から、村々に割り当てられた材木や小羽を山林から伐り出すため、村役（村人が負担しなければならない夫役）として冬杣や夏杣での仕事をしていたのである。この仕事は百姓にとっては迷惑なものであった。百姓にとっては、まず重要な納税の基礎となる米作りのための、除草や水廻りの管理、田んぼの畦にしげる雑草の刈り取りなどの作業があった。そのうえ伐採や玉切りなどの林業労働は、特殊な技術が必要で、誰でもできるわけではないため、山子は村内だけで間に合わせることができず、他の村から雇ってこなければならなかった。とくに小羽の製造は、特殊な技術が必要なので、方々に頼んで山子を集め、ようやく割り当てられた数量を上納するようなありさまだった。

材木や小羽を伐り出すことに対しては、藩から労賃として百姓に木本米とよばれる米が給付された。この木本米は、一定の基準があった。もっとも古い基準例では、寛文六年（一六六六）のもので、保太木一〇〇〇丁につき上々位二七石、中位二五石、下位二三石とある。もちろん時代により材種により、一定していない。

また年々、伐採箇所が奥山へと移動していくためと、百姓たちの不満処理のために、難所あるいは遠山での木本米を増額したり、あるいは上質の保太木を出した山子には褒美として銀を与えるなど、藩は材木の確保に努めたのである。

伐り尽くされる秋田杉と山林対策

寛文・延宝期（一六六一〜八一）に林務にかかわる組織が整備されたのは、森林資源が枯渇していく傾向に対するものであった。「先御代々御財用向御指繰次第覚」の延宝四年（一六七六）八月一六日の条《くだり》には、

野代御払材木求め候ものなく、その上仁鮒小掛山も伐り尽くし、山子ども殊の外困窮致し候由、申され候

とある。能代で藩が売りさばいている材木には商人が買い求めるような良質の材木はなく、そのうえ仁《に》鮒《ぶな》（現・能代市二ツ井町仁鮒）の小掛山も伐り尽くしてしまい、山林で杉立木の伐採や材木の搬出に従事する農民たちはことのほか困窮をきたしている、というのであった。この時期における杉の材木の質が劣っている事情をつたえるとともに、米代川下流域の良質な秋田杉を産出してきた杉山は伐りつくして、杉立木の伐採地が奥山へと移行してきたことを物語っている。

なお寛文九年（一六六九）に、船越で木本米が二割増加されたり、同一三年には藩の北部でその年の山掛かり（伐採搬出の必要経費）が、木本米に四割を積み増したもので取り扱われるなど、二〇〜四〇パーセントもの掛かり増しとなっており、奥山となって伐採搬出が困難さを増してきていたのであった。

秋田藩では新田開発の進行をはかり、さらに農業生産を維持していくためには、水源涵養《かんよう》林や水害防止の川除《かわのぞき》柳林の育成につとめる必要があった。こうした事態に即して、藩側が本格的に取り組んだのは、留山と札山の制であった。

留山《とめやま》というのは、杉を中心とした有用樹種を、藩が独占して利用するために、特定の山林を指定して、伐採を禁止することであった。留山の起源については、慶安年中（一六四八〜五二）にすでに設定されていたことが文書に見られるが、寛文・延宝期（一六六一〜八一）に入ってからは、具体的にその基準が示されることになった。

御留山において雑木に而も材木に為取間敷定并に薪伐採候規定之事

一　御立山に而先年より御法度ニ被仰付候杉・檜・桐の木は申すに及ばず、雑木にても材木に剪取申

す間敷く候

一　御立山にて雑木薪計り剪取り候儀は、其の村々之手寄野代に於いて吟味次第御公儀へ其の趣を相達し剪取るべくこと

一　御立山にてその村に依って薪剪申し候へども、商売の儀は無用に申し付けるべく事

右の通り両比内・両阿仁・檜山郷支配の役人ども申し渡らせるべく候　以上

延宝六年午七月廿七日

渋江宇右衛門

梅津半右衛門

山方助右衛門殿

田代新右衛門殿

この通達は、能代奉行から出されたもので、簡単に整理すると次の三点になる。

①杉・檜・桐および雑木でも、用材となるべき木の伐採は禁止する。

②雑木を薪に伐るときには、能代奉行へと届け出ること。

③立山で伐採した薪は、売買してはいけない。

杉など樹木六種を伐採禁止

延宝六年（一六七八）五月一九日、長木沢の山林経営についての通達では、次のように六種類の樹木の伐採を禁止している。

御立山にて先年ご法度に仰せつけられ候木は申すに及ばず、栗、桂、赤檜、雑木にても材木に伐り取

トチノキの花　秋田藩での留木は享保7年（1722）から10種となった。トチノキもその中の一つ。トチの実は食料として重要視された。

りもうさずよう、申し渡らせる可

このようにあって、先に伐採を禁止された杉、檜、桐とともに、栗、桂、赤檜の三種が加わり、あわせて六種もの木が伐採を禁止されたのであった。

こうした留木はしだいに強化されていき、享保年間（一七一六〜三六）には、一〇種類もの樹木が指定されるようになった。享保七年（一七二二）一一月の「先年より御留木定の事」によると、その種類はつぎのとおりである。

一　松・杉・檜・栗・赤檜（注・ヒバのこと）
一　朴《ほお》・槻《つき》・桂《かつら》・桐・栃《とち》の木

藩では留山の基準を明らかにしていくとともに、その設定の範囲を広げていった。能代奉行の支配下では、宝永年間（一七〇四〜一一）の留山の数は実に七八カ所にも上っている。留山の管理は、能代奉行の配下である現地の山林経営の実務担当者の御山守と、その上司の大肝煎がおこなっていた。管理上でとくに問題であったのは、農民の入会《いりあい》、盗伐《とうばつ》、野火の防止などであった。

留山といえども山林内に立ち入りを禁止すると、薪炭や採草など農民の生活に支障をおよぼすので、薪炭や小羽、また入会などの利用は、むしろ条件をつけて認めている場合が多かった。

留山を指定するにあたって、下枝や下草の採取をしてはいけないとしていながらも、農民の生活を維持していくためには、全面的な入山禁止は実際にはできなかったのである。地域によって多少の差異はあるが、留山は藩にとっては有用樹種を「御留木」に指定し、それらの樹種の伐採を禁止することで山林を保護していくことに、ねらいがあった。

そのため、杉や檜などの有用樹種を盗伐した場合の規定がある。寛文八年（一六六八）二月二日の「御留山において青木盗み取り候もの之過料、一郷へ仰付けられ候事」という文書によれば、杉や檜の盗伐があったときは、その村全体の責任として、高《たか》一〇〇石《こく》につき、銀一〇〇匁《もんめ》（三七五グラム）の罰金と、盗伐した材木を能代に納めること、また犯人をみつけた御山守は一件について銀四三匁（約一五〇グラム）の褒美を与えると、定められていたのである。なお高《たか》とは、公租の基準となるその村での収穫量のことで、ふつう米で何石《なんごく》というように決められていた。

杉の減少で藩財政寄与率も激減

秋田杉の主たる生産地であった能代川上流地方の森林資源は、伐採につぐ伐採によって、枯渇が深刻となり、享保二年（一七一七）以降はもはや放置することができなくなってきた。同年以降の状態は、保太木生産が逐次減少していき、明和五年（一七六八）の三〇〇〇挺《ちょう》を最後として、以後は保太木よりも小さな「寸甫《すんぽ》」の生産に止めなければならなくなった。

当時の能代川上流域では、杉の大径木が元禄期以前から相当に減少しており、同じように保太木を生産

享保3年（1718）の秋田藩の収入予算

収入項目		銀額（貫）
小物成・夫役代納銀	蔵入地御役銀等	208
	高掛人足代納	730
	酒役銀・宝箒役銀	170
	十分一役銀・山川野役銀等	85
	諍馬代銀	250
	生蝋2,000斤払代	130
出入役銀	沖口出入役銀	250
	沖口出米15万石役銀	450
木山収益	能代材木代・材木用運上	800
	仁別山出・小羽材木代	100
阿仁銅山上納銀		1,050
大坂廻米16,000石代銀		1,358
収納銀計		5,591

（注1）上記以外の収入には、蔵入地年貢米39,000石があるが、銀額不明なので省略した。
（注2）秋田県編発行『秋田県林業史 上巻』1973による。

秋田杉が秋田藩財政に寄与している部分は「木山収益」の銀900貫であり、藩全体の収納銀の16%であった。

するにしても、延宝八年以降は、当初は顧みられなかった寝木（傾いている木）や末木《すえき》（幹のうちの上部で梢に近いところ）をも活用して、能代へと送る木材量を確保していたのであった。

正徳年代（一七一一～一六）に林制の改革がおこなわれたが、それによっても山林資源、ことに杉資源の枯渇をくい止めることはできなかった。山林荒廃の最も大きな原因は、藩の財政窮乏のため、銀を稼ぐことができる杉立木の伐採の強行であった。

秋田藩では、元禄・宝永期（一六八八～一七一二）には一時藩の財政事情は好転をみせていたが、正徳期（一七一一～一六）に入ってふたたび悪化の様相を呈しはじめ、享保期（一七一六〜三六）にいたってますますその度合いが強くなっていた。『秋田県林業史』によれば、享保三年（一七一八）の『御領内出物並御入用積書』は収納銀の合計を五五九一貫（約二万九二八キロ）とし、支出銀の合計を一万六七〇三貫（約六万二六三六キロ）として、実に収入の三倍近くの額をあげ、大幅な赤字予算を組まなければならない藩財政困窮の状況を示している。収納銀のうちに木山収益は九〇〇貫（三三七五キロ）で、収納銀合計の一六パーセントを占めていた。

しかしながら、同じ表の支出見積もりでは、能代の木本入米が五〇〇〇石計上されており、銀に換算すれば（米三斗入り＝四宝銀三・四五匁として）約五七五貫（約二一五六キロ）となる。したがって、木材関係の純益は、九〇〇貫からこれを差し引いた分の三二五貫（約一二一八キロ）となる。実質的な藩財政への貢献度は、全収入の約六パーセントにすぎなかった。

その原因としては、次の三つのことが考えられた（『秋田県林業史』）。

第一は、木材が米価同様に下値を示していること。

第二は、年来の伐採による木材不足からくる深山からの伐採・運材経費の増大である。

第三は、藩内の銅鉱山から産出する銅の下積みとして売り出す木材も、収支がようやく償う状況で、山林収入としては期待できなかったことである。

藩では、享保年代（一七一六〜三六）以降能代の木材問屋の商人から、木材を抵当として前借をすることがはじまった。ことに寛保三年（一七四三）から寛延二年（一七四九）までの七年間に七回、合計銀六八五貫（約二五六九キロ）の前借がなされている。

秋田藩は正徳年代（一七一一〜一六）に、留山によって青木（杉・檜など）の伐採を禁止し、札山によって新林の育成を図り、植林をも奨励してきたが、資源の欠乏はいよいよ激しく、植林の進行も微々たるも

秋田杉の天然林だが、人工林と見まちがうほど立木がそろっている。こんな杉林の伐採・搬出を秋田藩は文化２年(1805)から藩直営で行うことにした。

のであった。宝暦年代（一七五一～六四）にも改革を行ったが、以然として実効はあがらなかった。

改革で杉材生産は藩直営に移行

寛政七年（一七九五）、郡奉行を設けて農民支配の徹底化をはかろうとした。寛政の改革である。このとき山林支配も、郡奉行の支配下となった。後になってこの郡奉行の山林支配のときに、山林が荒廃したと批判されることとなった。寛政期の林政は、郡ごとに郡奉行が勝手に農民救済のために青木（杉などの立木）を解放したり、御山守を廃止して山林の監守を地元村に任せるなど、藩の山林をどうするかについて統一した永続性のある考えに欠けていたというのである。

ここから文化二年（一八〇五）の林政改革がはじまる。この年の九月、「被仰渡（大旨）」が発せられた。藩はこれまでの郡奉行による山林支配を廃止し、あらたに財用奉行（のちに勘定奉行）支配木山方に移した。杣取《そまとり》は材木・小羽とも従来の村方請負をやめ、直杣《ちょくそま》つまり藩の直営にしたのである。

山林資源の保全とその開発をはかるためであったが、村々の百姓たちの生活に基づく山林への権利の主張（のちに述べるように徒伐《とばつ》という一種の違法行為）により、領主の山と郷の山という山林区分が動揺しはじめ、領主権と対抗するまでなっていた。こうした事態に対応する意味ももっていた。改革の内容は、大きく四つに分けられる。

第一は、山林台帳や絵図が整備された。山林台帳の整備は、単に台帳が整備されたことにとどまらず、寛政、文化にかけてくずれかけていた山林に対する領主権を再編・強化するものであった。そして寛政年間に郡奉行によって、一度は解放した山林を再び御留山に編入する原則が貫かれた。

第二は、植林を奨励し、種苗養成の経費は藩の負担とした。採草地内も植林の対象とした。植林する場合、従来は五公五民（伐採時の収入の五割を藩、のこり五割を植林した者で分け合う）であった分収率を、植立青木の七割を植立人に、三割を官収にすることに改めた。植林の奨励については、植林したのちには立木販売収入の十分の七（七〇％）を植林者に与えようとするものであり、植林できるほどの余裕をもつ一部の有力な百姓にとっては大きな刺激だったようである。

『秋田県林業史』は『山林盛衰之大凡考』を引き、「文政二年より同六年までの五ケ年中」の杉の植林総計を、二五〇万九一八三本と数えている。そのうち枯れたり、折れたりして、成木しなかったものは、実に一〇分の八（八〇％）であると計算している。つまり秋田藩では、杉の植林は成功しなかったのである。

第三は、直杣（藩の直営伐採）制を採用した。さらに御材木場を設置して木材の専売制をしき、徒伐《とばつ》製品を流通過程から締め出そうとした。この施策は御材木場などを設置することであったが、これは藩が設置した用材の専売機関であった。

『日本林制史資料　秋田藩』によると、文化五年（一八〇八）から文政七年（一八二四）の間に設置された専売機関にはつぎのようなものがある。

御材木場四カ所（角館町、横手町、久保田町、大館町）

御払所三カ所（檜山町、湯沢町、十二所）

杉皮買立所二カ所（五十目村、横手町）

杉皮払所（久保田町）

杉皮払座二カ所（土崎港、雄勝郡横堀）

材木・小羽御払所（大館町、十二所）

御材木場などの設置は、供給の便をはかるよりも、藩の専売機関とすることで、徒伐による製品を取締まることを目的としたものであった。これによる徒伐の取締りの効果は大きかったようで、以前にくらべ一〇分の一に減少したという。

第四は、林政機関を整備拡張し、徒伐の禁止、山林監守の体制を強化したこと。

秋田藩山林の荒廃状況とその原因

『秋田県林業史』からの孫引きだが、文化期（一八〇四〜一八）までの間の青木の荒廃状況を、文化文政期に木山方吟味役であった景林賀藤清右衛門がその著『山林盛衰之大凡考』において、藩内の山林の衰微のありさまを六郡ならびに能代川、上木川にわけて具体的に記述したのち、次のように結論づけているので読み下しする。

今をもって考え候えば、宝暦一一年（巳年）の御改正より、文化二五年の御改正までの四五年の間、青木は一〇のうち九を尽くし、雑木は一〇のうち七を尽くすとも申すべく候宝暦（一七五一〜六四）から文化年代までの間に、杉などの材木資源は九〇パーセントを伐り尽くし、薪炭原料や鉱山杭木などの雑木も七〇パーセントを伐り尽くしたというのであった。

なぜこれほどまでに山林の杉などの樹木が伐り尽くされたのか、やや細かに記されている。それによれば、秋田郡仁別村の手沢、務沢、北平では一七〇貫目までの運上で平野屋久兵衛へ下げられ、船板柱、帆柱、保太《ほた》、寸甫《すんぽ》が山から出されていた。その翌年には長小羽《ながこば》四〇〇万枚が差し出され、明和三年（一七六六）まで小羽の杣《そま》の沢割り（杣の個人ごとの担当区域を沢を単位として割当てること）が行われていた。そのころから享和元年（一八〇一）までの三六年の間、数度小羽や材木が差し出された。なお徒《と》も多く山に入っていたので、文化年代の御改正のころは、総山一円が伐り尽くしとなったのである。

仙北郡荒川山ならびに川辺郡船岡山は杉の立木はいたって多く、船岡山などは宝暦五年（一七五五）にはここから産出する材木は沖払いの代で銀一三七貫目ほどと、藩では見積もられていた。安永（一七七二〜八二）のころまで運上（営業税のこと）をもって民間に下げられていた。そののち小羽、材木を数度にわたって杣入《そまいれ》、つまり伐採・搬出がおこなわれた。徒《と》も多分に入っていたため、御改正のときに、調査したところ杉はほとんどなくて、雑木の歩合が多くなっていた。

雄勝郡役内湯之台、波沢では、宝暦年中（一七五一〜六四）に安間正兵衛が調査したときには、杉の立木で周囲が四尺（直径四〇センチ）から一尺（直径一〇センチ）までのものが一万本余であった。そののち伐採・搬出がされたことは記録にはないが、村居つまり集落からの近場にあたるため、間断なく徒《と》が杉の伐採をおこなって、文化年代の御改正のときの廻山の際には、稲掛杭《いねかけぐい》程度（直径にすれば五〜六センチ）の杉立木さえ稀にしか見ることができなくなっていた。

このほかにも、能代川上山のほか下筋の青木山、秋田郡井内・馬場目山、山本郡岩川山・上下岩川山は、おびただしく杉立木が生育しているところだが、徒《と》も多く入り、かつまた近年まで小羽や材木の伐採・搬出がおこなわれ、伐り尽くしとなった、というのである。

このように、それぞれ杉立木の生育が良いところでは、用材ならびに小羽作成のための杉立木の伐採がさかんにおこなわれた。つまり藩による乱伐と、同時に徒伐《とばつ》がしきりと行われていたことが示されている。

日常化していた徒伐

徒伐《とばつ》という行為は百姓たちが、領主があらかじめ定めた手続きを踏まずに、立木を伐採することであり、それは厳しい処罰の対象とされていた。屋根葺きにもちいるために杉立木の皮を剝《は》ぐことを皮剝《かわはぎ》というが、それも徒伐と同様に厳しく処罰される行為であった。

文化二年（一八〇五）の秋田藩の林制改正当時には、徒伐が日常化していたことを『秋田県林業史』は沖田面支郷中茂村の事例を資料をもって挙げているので引用する。ここで御改正以前というのは、文化二年（一八〇五）以前という意味である。

御改正以前御山守廻跡直に徒到候ものに御座候。沖田面支郷山茂村などは、御直山中に有之村居に御座候得共、御改正以前迄は、青木徒を以て半渡世致候処之由に御座候

林制改正以前は、御山守が杉山を巡回しおわると、たちまちに徒《と》がやってきて、伐採をはじめた。このように、山茂村は藩直営の山の中にある村で、本来は藩の仕事によって生活しなければならないのだが、青木つまり杉を主体とする立木を徒伐することによって生活をたてていたというのである。

そして徒伐の盛行は、村の百姓が自家の需要を満たすためだけではなく、材木を販売することが目的ともなっていたことを、次の資料が示している。

小阿仁山を始め、上・下岩川・馬場目・新城、井内、右の山々は徒伐が絶えず、御苦柄生候も、畢竟、五拾目村と申、木品商売致候市場有之、極印有無に不係売買いたし来……野火焼と申も、畢竟、右徒伐跡隠候より生候も間々有之……

この資料では、五拾目（五城目）村の近村で徒伐が盛んに行われるのは、五拾目村の市場に売り出すためであり、ときには野火焼も徒伐を隠蔽することを図ってのことである、というのだ。そして『秋田県林業史』はそのころの五拾目村では、桶屋九戸二八人のうち二戸一六人が徒伐の材木で桶製作材料をもっぱら賄っており、桶屋の中で徒伐の小羽を作るもの九人、その雇い人二八人、徒伐故売をなすもの六戸あったと、記している。徒伐製品が公然と、恒常的に市場に出回り、地域の人々の生活の一部ともなっていたのであった。

大規模な徒伐として記録に残っているものに、次のようなものがある（『秋田県林業史』）。

文化　六年（一八〇九）　下岩川村郷山谷地沢で、杉一五〇〇本、同皮剝五六〇〇本

文化一二年（一八一五）　下岩川村で、杉の小径木一七〇〇本と徒伐による製炭、一〇三本の皮剝

文化一四年（一八一七）　南秋田郡、中津又山で三尺周り以下の杉一九一本徒伐

文政一〇年（一八二七）　同郡、馬場目村で杉およびヒバ三三三五本の徒伐

このように、一〇〇〇本以上にもおよぶ大規模な杉立木の徒伐ができたのは、村人が数人徒党を組んで行うものではなく、村方が申し合わせてのものであった。それについては『日本林制史資料　秋田藩』の文化五年（一八〇八）一一月の「文化年中木山方御改正之砌、山林取立之儀申上候大旨」の三項目に、「馬場目村にて申し承け候、十年計り以前の由、村方申合わせを以て、御直山より小杉を稲掛杭に数千本伐取り候由」とある。

また文化一三年（一八一六）には、元来は林政機関の末端として、山林の監守が仕事であるはずの御山守が、村をあげての徒伐に、自ら先頭になってとりかかっていると記した文書も残されている。

このように公然と、集団化し、日常化して百姓の生活の一部となってしまっている徒伐は、藩としては単純に盗みとして処罰できなくなっていた。文化七年、木山方吟味役小野崎又兵衛は、徒伐を厳しく取り締まっては、かえって村々の支持を失い、山林保護が難しくなるであろうとの趣旨の伺いを、上司に差し出している。

藩の徒伐防止対策

当時の秋田藩と村々の百姓の徒伐《とばつ》をめぐる関係は、徒《と》といい徒伐・皮剥というのは、近代から現代における法律上の窃盗《せっとう》の概念では律し切れないものがあった。徒伐は、単なる盗伐ではなく、山林に対する百姓たちの生活権の主張と評価できると、『秋田県林業史』は分析している。江戸後期にあたる文化（一八〇四〜一八）のころには、木山方役人でも、百姓の山林に対する生活権は無視できないことを、上申させるまでになっていた。

前に述べたように、秋田藩が木材市場を統制し、徒伐を防ぐために領内の枢要の地に御材木場・御払所といった専売機関を設けたのは文化年間のことであった。専売機関を領内の要の地に設けることは、財源としての杉等の森林資源を守ろうとする藩側にとっては、最上の妙案であったが、地元の農民にとっては大きな打撃であった。というのは、それまで思いのままに山から杉などの樹木を伐り出して売り払っていたものが、藩の御材木場を通さなければ売買ができなくなったからである。

たとえば仙北郡の角館《かくのだて》には文化五年（一八〇八）に木山方役所の専売機関である御材木場が設けられた

のであるが、その結果、角館の市場には林産物の供給が途絶え、高価となって町民の不満が高まったのである。それまでは仙北郡、前・奥北浦地方では徒伐、皮剝がさかんに行われ、檜や杉皮で松明《たいまつ》や火縄、あるいは箸、盤木をつくり販売していた。また仙北郡の田沢村や下檜内村の農民たちは公山（藩の山）と渡世山（領民の稼ぎ山）との区別を知らず、「誰是咎メ候者も無之」と自由に山から木を伐りだし、家木、桶、樽に使い、売り出していたので、それらの稼ぎが藩の専売制によって不可能になったからであった。

藩としては徒伐を防止することには、成功したのであったが、思いのままに木を伐採し売り払って稼いできた地元農民には大きな打撃となり、不満が高まったのである。もともと村につづいた山林から必要な材木、木羽を採りだして需要にあてたり販売することは、長年の生活の現実に基礎をおく慣行であった。藩のほうもまた、その事実に寛容であった。

そしてついに天保五年（一八三四）二月、仙北郡、前、奥北浦四三カ村農民による木山方廃止の要求を含む大きな一揆となった。この一揆は、秋田藩の藩政中・後期の最大規模のものであった。

百姓家の杉・檜造りは停止

江戸時代初期の秋田藩の林業は、藩にとっての収入源の一つとして経営がすすめられてきた。寛文・延宝期（一六六一〜八一）には林務組織を整備し、留山や札山により山林経営の進展を図ろうとしていた。一方、山林の利用には、建築用材、薪炭材、農業用材などの需要も多くあり、こうした民間需要にたいしても藩はなんらかに施策を講ずる必要があった。

とくに藩士や町人の需要の多かった久保田の城下周辺の山林について寛文四年（一六六四）に十歩一《じゅうぶいち》役所を設けて、山林利用に対する税の徴収をはじめた。十歩一役所とは、江戸時代に領主が港口・境目番所・鉱山入口番所などで税を徴収することを目的としたものである。税は十歩一銀といわれ、通過する商品の価格の一〇分の一をとるのが普通であった。仁別山では薪採取のために藩士が鉈《なた》を使用することが認められたが、これには薪以外の用木の伐採は禁止されている。

寛文九年（一六六九）九月八日にいたり、十カ条におよぶ「城木廻の木山条目」が出された。「小阿仁山にて諸材木取候儀に付き仰渡らせられ候次第の事」という題名の文書で、杉に関わる部分を意訳して抜き出すと次のとおりである。

①小阿仁山では薄小羽以外諸用木の伐採を停止する。薄小羽は久保田で売買してもよい。
②仁別山、岩川山、馬場野目山、中津又山では杉、檜の伐採は禁止する。
③羽板の採取は停止する。
④仁別山から丈木、垂木、木厚小羽は採取してよい。久保田で売買も自由にできる。
⑤今より以後百姓の屋作りに杉、檜は停止のこと。郷廻り衆をもって調査をする。申請があった場合は調べたうえで許可する。ただし、小羽、垂木については今回は許可する。

このような内容であったが、もっとも注目すべきは⑤の百姓の家造りでの、杉や檜材を使用することの禁止である。秋田杉という良材を生産する地方に生活しながら、百姓はその良材を利用して住居を建築することはできなくなったのである。こうして杉の良材のほとんどは、藩の財政に寄与するために組み入れられたのであった。

三　幕府へ杉材を献上した高知藩

土佐国では山林が一番の産業

山野に生育している樹木は、現在でもそうであるが、近世においては重要な資源であった。ことに多方面に用途をもつ杉や檜は、特定の場所をのぞき、純林とよばれるように杉、檜だけが集団的に生育することはなかった。

個人の所有権というものが認められていなかった近世では、恩恵的に領民に山野を利用させてはいたが、領民が利用する山野でも杉や檜あるいは松・欅《けやき》など特定の樹木で、ある一定以上の大きな立木については、領主は帳面に記載し、領民の自由な伐採や利用を行わせなかった。

まず、山林をもって国内第一の産業としていた土佐国（現・高知県）のうち、山内氏が支配する領域での状況からみていこう。土佐国は山内氏が支配していた。西部には領主の親族が立藩し、中村に拠点を置く中村藩や土佐新田藩があったが、小さな藩であった。

高知藩の領土は現在の高知県域と一致し、北は四国山脈がわだかまり、南は太平洋に臨み、東西に長い地域を構成している。山が多く、温暖多雨のため樹木の繁茂に適しており、杉や檜が多く生育してるが、なかでも魚梁瀬《やなせ》の千本山の杉は有名である。

『高知県の歴史』は次のように、近世の林業について総括している。

高知県の山林面積は五十九万町歩を越え、県下全面積のほとんど八割を占めている。山岳の形状や自然の気候、風土と相俟って檜、杉、松、樅、ツガなどあらゆる樹種がここに成育し、林業県として

高知県東部の馬路村魚梁瀬の杉天然林（四国森林管理局提供）　気温、降水量、地質に恵まれた土佐国は樹木の繁茂する土地柄であった。平野の少ない土地では山林が重要な資源であり、それをもとにした産業が栄えた。

の地位は全国的に認められているが、今日の林業が藩政期の保護と統制とに原因していることを忘れてはならない。

　土佐の木材は六百年から七百年の昔すでに中央に知られ、近世になってからは盛んに京都や大坂方面の需要に応じた。白髪《しらが》山の檜や魚梁瀬《やなせ》や野根の杉の良材であったことはその当時から有名で、大阪の白髪橋は白髪山の檜材取引場であったために命名されたのだと伝えられている。京都朝廷や江戸幕府への普請用としてもしばしば献進せられ、またこれを大坂の市場に売却して藩財政の危局を救ったこともあった。したがって為政者はその濫伐《らんばつ》によって資源の枯渇することをおそれ、長宗我部氏も百箇条掟書のうちに伐材の制令を設け、山内氏も林制の完備に努力した。

　なお、濫伐とは乱伐ともいい、山や林の樹木をなんら規制されることなくむやみに伐ることである。一人だけの乱伐であればさほどのことはないが、一つの集落の人たちや、あるいは村全体がまとまって行うこととなると、その影響は甚大なものがあった。為政者たちは、それを恐れたのであった。

　土佐藩の石高《こくだか》は、俗に二四万石と称せられている。

　これは長宗我部《ちょうそかべ》氏時代の検地高二〇万二六〇〇石と、山内氏が入国したのちに検地して得た四万五七〇〇石との本田地高の合計である。高《たか》は、その土地から穫れる収穫物の数量を示したもので、ふつうは米の収穫量であらわされた。しかし土佐藩は、水田で収穫される米のほかに、豊富な蓄積をもつ広大な山林を領有していたため、林産物つまり木材は土佐藩第一の富であり、財政の源であった。

土佐藩が山林をもって国内第一の産業としていたことは、元禄三年（一六九〇）三月の「山林大要定」の第三条に明記されているところであった。読み下し文にする。

当国の材木山の義は、土地の幸をもって公儀の御用を達し、古来より断絶なく物成《ものなり》方同然に毎年収納を命じられ、および国中の諸人の要用に達し、郷中の者産業第一と為すの条、国用において重んじらるべき所也

この定《さだめ》では材木山といって、木材生産を目的として経営をおこなっている山林があることをまず述べている。いわゆる御林、御山、御立山などと呼ばれている高知藩の藩有林である。そこからの土地の幸《さち》とは、土地の産物であり、ここでは材木のことをいっている。

土佐藩の公儀への材木献上

土佐藩の「山林大要定」では材木をもって、公儀《こうぎ》、つまり公《おおやけ》の所要にもちいるとしているが、これは現在でいうところの公用とか公共用という意味ではなく、近世での公儀とは朝廷とか幕府のことをさしており、小さくは藩の役所の意味でも用いられた。庶民の用途については、意識にもおかれなかった。

それかあらぬか、農林省編纂の『日本林制史資料　高知藩』（農林省編、朝陽会刊、一九三三年）によれば、土佐藩（高知藩）は江戸時代初期から、幕府または朝廷にいろんな種類の材木を献上しているので、それの一端を次に掲げる。

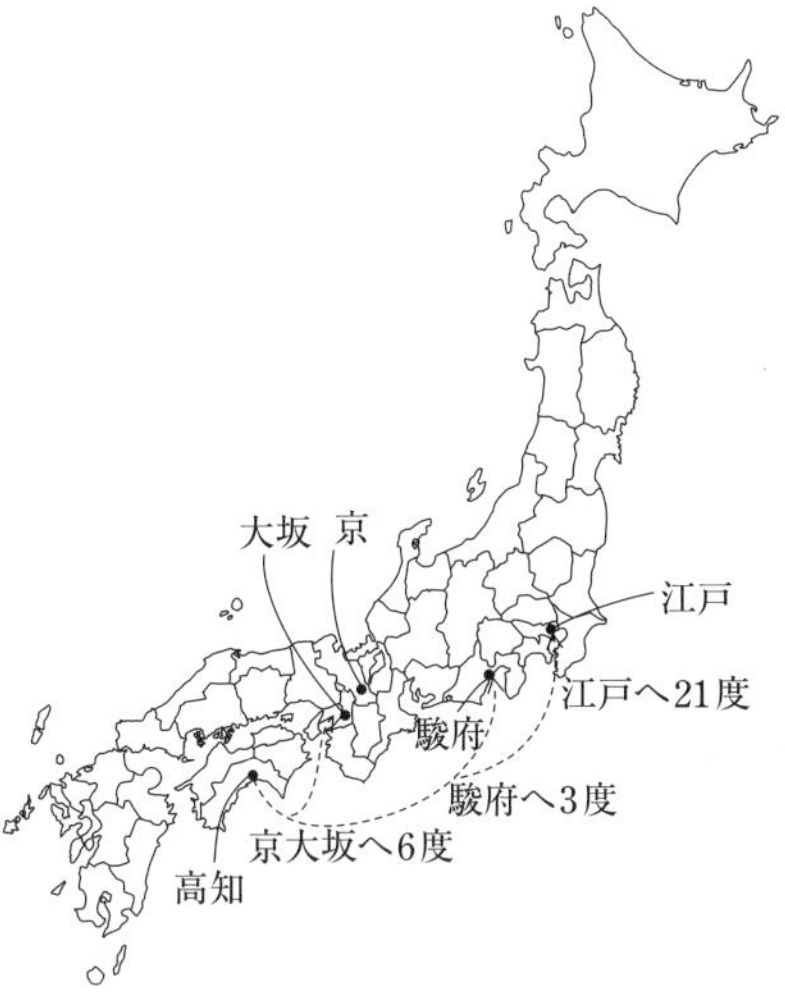

高知藩は幕府へ慶長12年（1607）から万治元年（1658）までの52年間に30回もの木材献上を行っている。船積みのため、時に流失することもあった。

慶長一二年（一六〇七）	駿府城焼失につき、権現様（家康）御用材一万丁献上
同　一三年（一六〇八）	同前、材木一二〇〇本、檜柱二〇〇本
同年	豊臣秀頼公へ京都大仏殿造営用材を献上、数量不明
同　一八年（一六一三）	家康に杉柾五〇〇挺を献上
元和二年（一六一六）	将軍代替わりに付材木献上、杉志ゝ料五〇〇挺など
同　五年（一六一九）	幕府普請材木献上、木数一〇一〇本
同　九年（一六二三）	幕府普請材木献上、木数三〇〇〇本也
同年	江戸幕府作事用材を送る、数量不明

同年	大坂・二条両城普請用材、木数三〇〇〇〇本也
寛永二年（一六二五）	幕府御役材木（木数約六万五八〇〇本）
同　三年（一六二六）	幕府に材木並びに国馬献上、数量不明
同年	前将軍風呂屋材木献上、栢の木（角木七七本、板五二間）
	杉志ゝ料（杉三〇枚、檜二〇枚）
同年	寅年御役材木献上、木数二万七九九三本
	二条之御城作事御役木、木数二一四〇本
	大坂城本丸作事御役木、木数三万五六〇七本
同　四年（一六二七）	院御所御作事材木献上（木数二万五〇六八本）
同　五年（一六二八）	幕府普請材木献上（木数五五〇本）
同　六年（一六二九）	御役材木（木数六万五八二六本）
同　八年（一六三一）	幕府献上材木（木数五〇〇本）
同　九年（一六三二）	杉御船板献上（一〇枚）
同　一〇年（一六三三）	献上材木（木数三〇〇本）
同　一三年（一六三六）	御役御材木（木数六万六四四〇本）
同　一四年（一六三七）	江戸本丸作事杉戸板献上　杉雨戸板五分板一〇〇〇間
同　一六年（一六三九）	江戸二の丸作事用材献上（一五〇〇枚）
同年	江戸本丸作事用材（木数五万六三四六本）
慶安二年（一六四九）	江戸城西之御丸作事（檜平物四五挺、杉雨戸板一〇〇枚）

同　三年（一六五〇）　江戸城西の丸作事用材献上（二五一〇枚）
同　四年（一六五一）　三代将軍家光の霊屋用材献上（木数八一九〇本）
承応二年（一六五三）　禁裏御作事用材献上（木数三万三一二〇本）
明暦三年（一六五七）　江戸城本丸用材、国中尽山になり杉檜なし、有り合わせの材木（疵あり）
　　　　木数六〇〇〇本（内檜三〇〇〇本、杉三〇〇〇本）
万治元年（一六五八）　去年の正月江戸大火御城炎上につき幕府御役木（木数八万九一七三本）

以上が土佐藩が江戸時代初期において幕府および朝廷に献木した状況であり、いちいち受け取り状が残されている。その一端を、意訳して紹介する。

元和五己未来年御普請につき、御材木差し上げられ、御国より船にて運送のところ、遠江の天竜川下の相良沖にて御船一三艘破損、（但し御献上御目録御材木高の内也）、浦々へ御材木上がり候に付き、浦々へ御改めに遣され、駿河中納言頼宣卿（同年頼宣卿は紀伊国を御拝領され、以後大納言にご昇進）御領分につき、御家老安藤帯刀殿、水野出雲守殿へ御書を以て、四月二〇日仰せ遣わせられ、同年公儀御普請について、御材木並びに角石御献上。即ち御役人衆より御手形到来。

　　　請取申す御材木の事
一　木数　一〇一〇本
　右是は進上の御材木請取申すところ実正也、仍て件の如し。
　　元和五年未八月二日
　　　　　　　　横地所左衛門
　　　　　　　　松下　孫十郎
　　　　　　　　大久保勘三郎

松平土佐守殿御内
小澤吉丞殿

土佐から幕府へ献上する材木を一三艘もの船にのせて、江戸へと運ぶ途中の天竜川河口の沖合あたりで、船が破損し、材木が海に流されてしまった。その材木は浦々へ流れ寄るので、ところの領主に改めてもらい、無事に献上することができたというのである。筏《いかだ》に組むことなく、船積みで運んでいたので、大波で船が破損することが、よくあったようである。

このように、危険を冒してまで土佐藩主は、幕府に国の産物である木材の献上を行っていたのである。

多量材木連続献上の背景

藩主というよりも家臣をふくむ土佐藩全体の存続のため、献上木を運ぶ船の無事を伊勢神宮をはじめ神々に祈ることが行われていた。少し時代が下るが、万治元年（一六五八）（明暦四年七月に改元があって万治となる）の「野中記事」には、「今度役目の材木船、一艘も恙無《つつがな》く着岸される儀は、われわれ心にかけ、伊勢へ代参など申し付け、神楽をあげ候ゆえ」と記されている。

献上された材木は、慶長一二年（一六〇七）から万治元年（一六五八）までの五二年間に、本数が分かるものだけでも、四七万五〇五七本（別に板材一万四一四五枚）という膨大な量であった。

土佐藩が江戸の徳川幕府にこれほどの材木を献上した理由は、江戸幕府の政策にあった。中央集権的封建制度の創始者である徳川氏は、将軍として列侯に対すると同時に、自己の直轄領においては領主でもあった。直轄領をもったのは、他の列侯とは隔絶した財政的権力をもつことにより、列侯を統御し、政治的地位を確保して、中央政府としての存在を強調しようとしたためである。

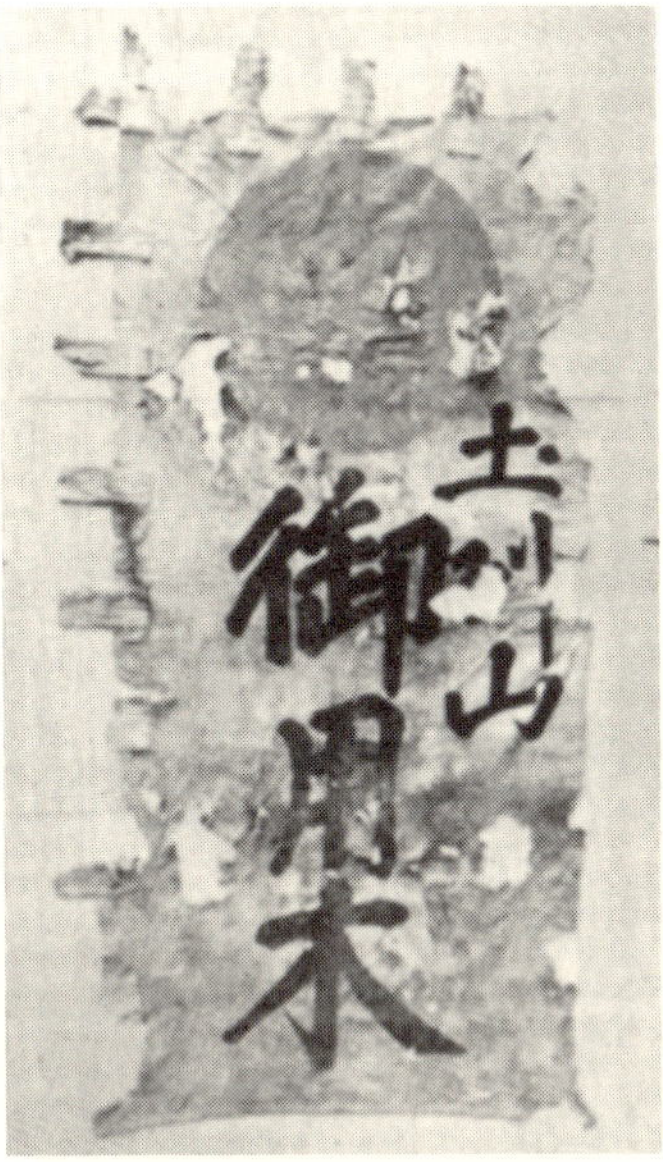

川下りのときに筏の上に立てる幕府御用木の旗（農林省編『日本林制史資料　高知藩』朝陽会発行、1933年刊）

天領《てんりょう》と称せられる幕府領は、四五カ国におよび、政治的ならびに産物の生産や通商のための重要な土地はことごとく幕府の所有とした。幕府の石高は四〇〇万石（初期）もしくは八〇〇万石（幕末）と称されて、諸侯の上に絶大な勢力をもつにいたっていた。これほどの石高の領地をもつ大名はなく、領地からあがる収穫量（租税）でも、大名たちを圧倒していた。

さらにそのうえ幕府は、参勤交代制度、婚姻政策、大名領地の配置、建築土木事業のお手伝い等、諸侯を制御する政策をつくしてきたので、徳川氏の権勢の増大と反比例して諸侯勢力は萎縮し、徳川氏の思うツボにはまっていったのである。

先祖の勲功によって得られた領土・領国を安泰させたいため、改易やお家取り潰しとならないためにも、諸侯は幕府の横暴にたいしても、がまんして物を献上したり、押しつけられた御役を果たすことに汲々としていた。そして直接徳川将軍からの書面はないが、徳川将軍家の仕事を行っている老中たちから謝意のある書面が得られれば、ほっと一安心していた。

次の書面は、三代将軍家光の治世の寛永三年（一六二六）に材木とともに、土佐国に産する馬を献上したとき、老中酒井雅楽頭《うたのかみ》から得られたもので、細かいことは不詳とされている。

土佐国の領主山内家から献上されてきたおびただしい材木と馬を見た御上《おかみ》（家光のこと）は、「ご機嫌の御事に御座候て、一段の仕合共御心安く思召されるべく候」という前置きがされている。

一書啓上致し候、昨日の材木の目録並びに土佐馬の儀、披露致し候のところ、大形成らざる御機嫌思召され重畳。御念を入れられ候通り、拙者方より相意を得、申し入れる可き旨、上意に御座候。心事は面謁に期し、詳かには能わざり候。恐惶謹言。

正月十五日

酒井雅楽頭忠世

松平土佐守様（山内忠義のこと）

土佐藩二代目領主の山内忠義が、なにごとかの願いをもって、幕府に材木と馬を贈ったものであり、これに対して将軍家光はご機嫌がよろしく、その旨を老中酒井雅楽頭から連絡するようにとの意であったと、書状をもって伝えられたのである。

土佐藩はもともと外様《とざま》大名であり、徳川幕府の諸政策の餌食《えじき》となって、単独に、あるいは他の藩とともに毎年、大建築の用材献上およびお手伝いとして課役させられていた。外様大名とは、江戸幕府の徳川氏の家門やその本来の家来ではなく、主として関ヶ原の合戦以降に臣従した諸大名のことをいう。

前の表（一六七頁）でみるように、土佐藩の山内氏は慶長一二年（一六〇七）の駿府城普請につづき大坂城、二条城、江戸城、禁裏《きんり》その他の大建築や大土木工事の際には莫大な御用材木の献上、徴収ならびに御手伝いを強制され、その数量は累年増加するのみであった。

土佐国は古来全国のうちでも木材資源の豊かなこと第一と注目されていたこと、南方は海に面して海運に適していること、さらには徳川氏の直轄領である大坂および京都を控えていること等によって、大建築や土木工事等がおこなわれるごとに、その用材供給源にあてられたと考えられている。

しかも当時は、禁裏や城郭などの火災がすこぶる頻々として起こっていたため、使用木材と夫役《ぶやく》（人夫役の意味で、支配者が強制的に課する労役のこと）とは、何度も重ねて申し付けられたことであろう。

相次ぐ過伐で用材不足す

林業を主産業の一つとしてきた土佐藩においても、献上木をはじめ相次ぐ木材の需要増加のため、二代藩主忠義の代の明暦三年（一六五七）のころには、すでに用材は不足をきたしはじめていた。明暦三年におこった江戸の大火後の材木献上に際しては次のような文書がある。

なお明暦の大火とは、明暦三年正月一八〜二〇日の三日間、江戸の町を焼き尽くした大火のことである。本郷丸山町の本妙寺で施餓鬼《せがき》供養で焼いた振袖《ふりそで》が風で空中に舞いあがり、大火の原因となったといわれ、俗に振袖火事と称された。江戸城本丸をはじめ焼失町数四〇〇町、死者一〇万人という数にのぼり、江戸の市街地の大部分を焼き払った大火事のことである。

明暦三丁酉正月、江戸大火事御城御本丸炎上、之に依って御国元に有り合せ之材木差上げられたき旨御目録を以て之を仰せ上げらる。是此の時分御国、尽山《つきやま》に成り、杉・檜は之無く、御公儀より御注文出候ては、御好みの木品差上げられる儀には成る間敷き趣を仰せ込められ、御目録指上げられる也
進上　有り合わせ材木目録

わり木たゝ木ふし有
一　檜角　一三八〇本　長三間より二間まで　七寸角より六寸角まで
わり木ふしなしふし有
一　檜平物　二〇枚　長四間より二間まで　幅一尺九寸より一尺まで　厚さ八寸より五寸まで
ふしなしふし有
一　檜志ゝ料　一六〇〇枚　長七尺より六尺五寸まで　幅一尺七寸より一尺二寸まで　厚さ七寸より四寸まで
ふしなしふし有
一　杉志ゝ料　二九七五枚　長七尺　幅一尺四寸より一尺二寸まで　厚さ四寸より三寸五分まで
ふしなし
一　杉障子板　二五枚　長八尺　幅三尺三寸より三尺二寸まで　厚さ二寸五分合　木数　六〇〇〇枚　疵有共　内　三〇〇〇檜　三〇〇〇杉

明暦三年二月一二日　　松平対馬守（山内忠豊）

松平伊豆守様
阿部豊後守様

このように、杉や檜の良材は底をついて、ありあわせの節や疵のある材をかき集めて、献上せざるをえなかったことが、記されている。

前に記した献上材木から、伐採された山林の広さを考えてみよう。献上材木からは樹種も、太さや長さも全くわからないが、献上されるということからして、相当立派な材木であっただろうことは想像できる。つまり一本の立木のうち、伐採され、丸太とされたとき根元にあたる部分のいわゆる本木《もとき》であったであろう。この部分が最も太くて、節がない材がとれるためである。

土佐国の杉生育地と生育状況

どんな状態で杉や檜が生育していたのかは不明だが、現在の杉人工林の「土佐地方スギ林林分収穫予想表（地位二等）」でみると、八〇年生で胸高直径四三センチ、高さ二五メートルの杉が、一ヘクタール当たりの生育本数は四二〇本、一〇〇年生では胸高直径四九センチ、樹高二七メートル、一ヘクタール当たりの生育本数は三四四本となっている。

慶長一二年（一六〇七）から万治元年（一六五八）までの五二年間に献上された材木の本数は、四七万五〇五七本（別に板材一万四一四五枚）であった。単純に献上された材木が一〇〇年生のものだったとして計算すると、一三八〇ヘクタールとなる。

献上木がすべて杉というのではないので、仮に杉と、檜と、マツ（松）やツガ（栂）などが混じったもので、杉の割合は三分の一であったとすれば、杉の生育する山林は四六〇ヘクタールとなる。

これは杉だけが生育している純林での計算であり、まだ人工造林地が広がっていない当時の天然林では、杉の混交率は三〇％程度であろう。さらに杉生立木の全部が献上木にはならないから、歩留まりを六〇％と見積もる。これから計算すると、およそ二五五〇ヘクタール余という広大な山林に生育する杉が伐採されたことになる。これは土佐藩が幕府や朝廷に献上したものの一部であり、これ以外にも藩財政のために販売されたものも多数にのぼっていると推定できるから、おびただしい山林に伐採の手が入ったことであろう。

土佐国（高知県）における杉天然林は、藤村重任の著書『四国杉天然生林の過去及現在』（高知営林局、一九七一年）からの孫引きであるが、田中波慈女によると、「四国縦走山脈以南においては馬路《うまじ》、魚梁瀬《やなせ》方面を中心として集団しており、それよりわずかに散在する地点を綴連《てつれん》（点を結びながら連ねていくこと）すれば本山事業区より、大正、中村事業区を経て宿毛事業区北端に及ぶ鞭《むち》状の尾をひいて分布」しているという。

ここでは事業区という記述をしているが、これは昭和四〇年代における営林署の管轄区域をいう。これを現在の行政区域になおすと、杉天然林のほとんどは東部の安芸郡であり、これに北部の愛媛・徳島県境の山間部となる吾川、土佐、香我美の三郡がわずかにだが杉の生育地となっているということになる。

また、杉林としての分布をみると、広範囲に杉林としてのまとまりがあったところは、土佐藩の藩有林（現在の国有林）では高知県東部の安芸郡魚梁瀬地方を中心として存在する山となる。しかしこれには天然林の中に混交する樹種のうち、杉の生育本数率が一％以上のものが含まれていたのである。

江戸時代の土佐藩有林で杉林とみられる山林約一万八六五〇ヘクタールのうち、献上材木として二五五〇ヘクタール（全体の約一四％）が伐採されれば、搬出の良好な場所における杉も檜も尽きてくるのは当然であろう。

財政破綻で藩有杉山を業者へ

献上という行為は領主から幕府将軍あるいは朝廷へのいわば寄付行為であり、いかに膨大な木材量であろうとも、木材代はもちろん木材運搬にかかる費用はすべて土佐藩主が負担するものであった。ことに重くて長大な木材を運ぶのであるから、運搬賃はひじょうに多額の費用を要していた。これらのほか、用材とともに、実際にも仕事を賦課させられるという実役との、二つとも課されることなどによって、土佐藩の財政は破綻していくのであった。

江戸幕府徳川氏の政策に基づく土佐藩の木材献上、土木建築御手伝いは、元禄一三年（一七〇〇）まで毎年続いているうえ、参勤下向および江戸滞在に莫大な費用を要していた。それに加え、元禄一五年には大暴風雨（現在でいう台風）が来襲したため、多大な被害をうけ、土佐藩は積極的にも消極的にも、急速に財政の窮乏が促進されたのであった。

そしてついに享保一三年（一七二八）二月にいたって、借上令がだされた。借上は割合によって「半知御借上」「四ケ一御借上」などといい、単に「御借上」といって、諸士俸禄の一部を官に借上げしたものであるが、その実態は減俸ともいうべき措置であった。

当時の土佐藩が財政破綻に臨んでいた一つの例を、天然杉の生育地として知られる魚梁瀬《やなせ》山についてみよう。

宝暦九年（一七五九）一一月、土佐藩に御用銀四〇〇貫を工面する必要が出てきた。藩では安喜郡（安芸郡のこと、当時はこの表記であった）田野村の岡徳左衛門にその調達を申しつけた。岡徳左衛門は、翌一〇年二月および五月に銀二〇〇貫宛を藩が貸上げすることを、宝暦九年一二月いっぱいの期限で承知した。藩では借銀の担保として、御留山安喜郡柳瀬《やなせ》一ノ谷、残り一カ所、木品は杉、檜、モミ（樅）、ツガ（栂）、ツキ（槻）、マツまで一切の立木を質物《しちもつ》（債務の担保として提供された物）として岡徳左衛門に渡した。もし期限内に元利返済が差し支えたときには、右山林を明遣《あけつかわ》す（明け渡すこと）という約束であった。

岡徳左衛門は自分の銀だけでなく、大坂の表問屋より借りた銀もこれに当てていたので、再三にわたって元利完済の嘆願哀訴をおこなったのであるが、土佐藩は同年一二月に利子の銀を支払った後は、返済できずその処置に困り果てていた。岡徳左衛門から貸上をして以来、一五年を経た安永三年（一七七四）一二月に至り、ついに右の利息銀に代え、担保の山林ほか一ケ所を明け渡したのであった。つまり土佐藩は、岡徳左衛門に藩有林を担保として金を借り、一五年間もの長年月にわたっても返済できず、担保の山林を借り主に渡したというのである。このような事例は、土佐藩内には数多くみることができる。

土佐国の杉は御留木

土佐国の杉は、はるかむかしから御留木《おとめぎ》として伐採することが制限されてきた。

豊臣秀吉時代の文禄五年（一五九六）には、領主であった長宗我部元親が、杉、檜、クスノキ（楠）、マツなどは公儀御用のためのものなので、奉行に届け出ることなく伐採することを禁止し、この令に背く者はたちまち厳罰に処するとの、禁令を発している。

江戸時代になってからは、寛文四年（一六六四）の「山林諸木之定」のなかにある「留木定」や、元禄三年（一六九〇）の「山林大要定」のなかの「留木定」にも、次のような樹種が留木として規制されていた。

杉、檜（皮共）、かや、槙、楠、桐（寛文四年のもの）
右は従先年御留木也
杉、檜（皮共）、槻（皮共）、榧、槙（皮共）、楠、桐（元禄三年のもの）
右は古来より留木也

また文政七年（一八二四）四月に御山回捨蔵より聞き取り、書き記した「御制木良材七木」というものがある。

楠、桐、杉、檜、槙、栢、槻

以上、寛文、元禄、文政という三たびの記録における土佐藩の留木をみると、寛文のものが六種で槻（ケヤキ）が落ちているだけで、のこりは百数十年間変わることなく、維持されていた。このように、近世初期から杉が保護されてきていたことが示されている。

元禄三年（一六九〇）の「山林大要定」は、明治初年にいたるまでの長い旧藩時代を通じて実施された杉の取り扱いを定めたものであった。

	杉《スギ》	檜《ヒノキ》	榧《カヤ》	槙《マキ》	楠《クス》	桐《キリ》	槻《ケヤキ》
寛文４年(1664)規制	○	皮共 ○	○	○	○	○	
元禄３年(1690)規制	○	皮共 ○	○	皮共 ○	○	○	皮共 ○
文政７年(1824)規制	○	○	○	○	○	○	○

高知藩の留木の三度に及ぶ規制と樹種
(檜・槙・槻の３樹種は樹皮も規制対象とされていた)

高知藩の三つの山林区分

江戸時代における土佐藩の山林の区分はおおよそ三つに分かれており、一つは管理収益の主体が藩にあるもの、二つ目は管理収益の主体が村にあるもの、三つ目は管理収益の主体が個人にあるものとに分けられる。

管理収益の主体が藩にある山林は、次の六通りに区分されていた。

（1）御留山　藩が管理経営する山林で、官有である。そのうち面積が小さなものを散林といい、付近の人家に保護を委託し山守給として枯枝や落葉を採取させるものを御留山預といった。そして御留山においては、用材を伐《き》り出して藩用として用い、またはこれを売り払って財政上の収入を計ってきたものである。

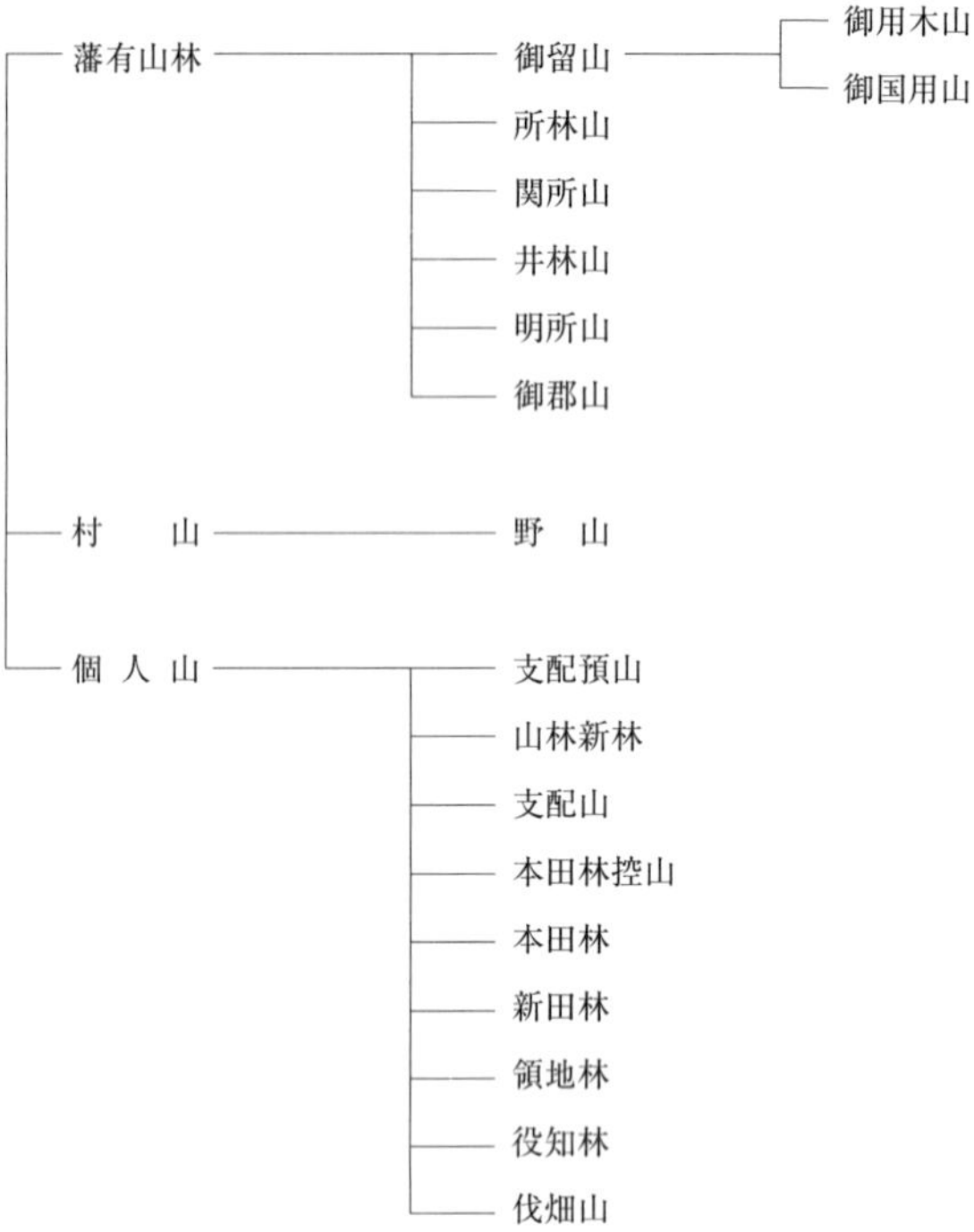

高知藩における山林の区分

(2)　所林山　藩の管理経営にかかる山林ではあるが、村民が困窮し願い出るときは、渡世つまり生活のため立木の伐採が許されるところである。そして伐採する樹種により、代銀をとる場合と、とらない場合とがあった。

(3)　関所山　関所を囲った山林で、官有であるが、番所から願い出があるときは立木の一部を払い下げることができる。

(4)　井林山　井堰《いせき》用材の需要に応じるために立木を生育させておく山林で、官有である。村の需要に応じて立木の払い下げをおこない、井堰用材の需要に差し支えないときは、村民の渡世のためにも払い下げをおこなった。

(5)　明所山　藩の管理経営にかかわる山林で、その面積が小さなものを散明所といい官有であるが、平時村民が渡世のために願い出るときは、立木の伐採が許された。しかし伐採する樹種により、代銀をとる場合と、とらない場合とがある。

(6) 御郡山　幡多郡においては不時の水難などがあるため、難渋する村々の救助のため、とくに御郡山というものを設けて、郡奉行の支配としたものである。はじめは難渋する村々へ立木の払い下げをおこなっていたが、後には一般に入札払いとし、その代銀をもって救済の資金にあてることとなった。

管理収益の主体が村にある山林は野山といわれ、村民が肥草を刈り取り、牛馬を飼養し、葛《くず》や蕨《わらび》の根を掘り取ることをが許された山林である。同じく個人にかかわる山林は、支配預山、山地新林、支配山、本田林控山、本田林、新田林、領知林、役知林、伐畑山とよばれていた。

土佐藩の御留山は、その役目によって次の二つに分けられていた。

①貢献用材調達に備えた御用木山

公儀御用木献上の節は、かねて制《さだ》め度《わた》られる山々に於いて、木を撰び、伐採し、杣《そま》取り（必要な長さの丸太に切り分ける）仕すべきこと。

②藩自給用としての御国用山

平常国用材木つまり藩の用材の儀は、御留山において毎年の所要量に随って、木品の善悪を量《はか》り、立木の伐採と丸太作りの緩急を考え、山許《やまもと》つまり伐採する場所を極《きめ》るべし。年来の国用は逐年での伐採量で尽くすべきであり、もちろん諸木の本伐を大切にして杣取り（曲がりや長さを考えた丸太の採りかた）を細かにすべきおおよその心得、常々役人に示しておくべきこと。

「山林大要定」の要旨は、古来豊富であった良木も相次ぐ献木のためにしだいに伐り尽くす状態にあるため、御用木山につき一層伐採に注意し、且つ今後御留山として然るべきところは新留山とする必要性を示し、なお公儀御用木献上に関する諸事項あるいは藩有山払い下げまたは領民からの願い出にかかわる伐採許可にあたり、過伐に陥らないことなど、各方面にわたる法規であった。

高知藩有林の杉林所在地域

そして藤村重任の『四国杉天然生林の過去及現在』（一九七一年）によると、江戸時代初期の天和三年（一六八三）に藩有林（御留山）の森林調査が行われ、翌貞享元年（一六八四）において『御留山惣目録』となったものがあり、高知藩の藩有林の樹種を知りうる唯一のものである。

同書は「杉を有する御留山の表」として、幡多郡五カ村の五カ所の山、高岡郡五カ村の五カ所の山、吾川郡二カ村の二カ所の山、長岡郡三カ村の三カ所の山、香我美郡七カ村山八カ所の山をそれぞれ掲げている。それぞれの山の広さは不明であるが、杉の生育本数が四〇〇本以上の山は三カ所のみである。なかには杉が一桁だけのものが五カ所もあり、本数の記載のない山も六カ所みえる。いずれにしても、杉山としてほとんど問題とならない御留山といっても差し支えない。

『御留山惣目録』には、なお一部の『御留山添目録』が添えられている。この『御留山添目録』は、『御留山惣目録』ほどには詳細ではないが、単に山林別に伐採して利用することが可能な立木の本数と、樹種名を記載したものである。しかしながら、土佐国全般にわたって御留山を総括しているところから、土佐国の杉林の分布を、おおまかに把握することはできる。

『御留山惣目録』によると、杉が生育している地域の大部分は安芸郡《あき》であり、これに吾川郡《あがわ》（一カ村で一カ山）、土佐郡（二カ村で二カ山）、香我美郡（四カ村で五カ山）の三つの郡にわずかに見られる程度である。安芸郡のうち杉が生育している御留山のある村を掲げると次のとおり一五村で、御留山数は二〇カ山である。

安芸郡　野根之内　押野村（普当山）
同　　別役村（稲木山）
同　　崎ノ浜ノ内（野根山大道南山）
羽根村（羽根明山分）
奈半利之内　須川村（須川山）
北川之内　西谷村（西谷山）
同　　久木村（大谷山）
同　　久江ノ上村（大段山、二俣山）
同　　安倉村（野根山大道北山、北川明所山分）
柳瀬村（千本山、大戸嶋ノ谷山、一ノ谷二ノ谷山、明善山）
安田之内　馬路村（全林寺山、五葉滝山）
安喜之内　並川村（猿押山）
同　　古川村（裏正山）
同　　嶋村（横荒山）
安喜畑山之内　中ノ川村（杉ノ谷山）

杉が生育している山林とはいいながら、決して杉ばかりの単純林ではなく、いずれもヒノキ、モミ、ツガ、マキ（コウヤマキ＝高野槙）、マツ、そのほか数種の樹種と混交している林となっていた。

そして現在、杉天然林の核心となっている安芸郡馬路《うまじ》村の魚梁瀬《やなせ》山に関して、『寛郷集巻之四』に収められた「皆山集」八十一に、次のような記録がある。

聞書ニ云、魚梁瀬杉山十里四方有之由、弐万千六百間四方也、此坪数四億六千六百五十六万坪、但五坪ニ杉一本ニシテ此杉数九千三百三十一万弐千本、但一本一匁ニシテ此代銀九万三千三百十二貫目、五里四方ニシテ二万三千三百二十八貫目

右宝永元申冬川凌御手伝之節出申積ト相見申候

文中には五坪に杉一本の割合で生育しているというのであるから、一町歩には六〇〇〇本が生立している計算になり、相当に密な割合である。

宝永元年（一七〇四）という、いまから約三〇〇年前には、杉を主体とした立派な林だったことがしのばれる。

優良杉林の魚梁瀬山

古来から土佐国ばかりでなく四国全体においても、杉の生育地の核心部分は安芸郡の魚梁瀬《やなせ》山であった。旧藩時代における安芸郡下の山林の林相は、土佐藩のなかで第一位にあたっていたため、これを「名上《ながみ》」と名付け、高岡郡の山林とともに、とくに下山改役各二人を配属して、山林の監督、犯罪の検挙、役人の勤怠《きんたい》、視察諸願の検査などを担当させていた。

また魚梁瀬山は、御留山のなかでも優秀な山林であったため、土佐十宝山の一つに数えられ、別に内山廻り役をおいて下山改役を補佐させていた。魚梁瀬地方は、御宝山の中でも内山として重要視されていたが、北はただちに阿波国境に接する地理的関係上、藩は格別の注意を払い国境山番所を七カ所もおいて山林の保護に従事させていた。

前に触れた土佐藩主の徳川幕府や京の禁裏などへの献上材木の樹種は、文献に明記されているものはヒ

高知県馬路村魚梁瀬千本山の天然スギ林。特に優良なスギ材として知られ、学術参考保護林として保護されている（四国森林管理局提供）

ノキ、スギ、マツ、カヤ、ツガのみである。そして献上材木の大部分を占めているのは、木類、御料木あるいは御材木等と記載されるにとどまっている。

しかし、木類、御料木あるいは御材木として、樹種が明確ではないものの、その献上先の用途が主として皇居内の諸建造物、徳川将軍およびその一族の城郭や霊廟《れいびょう》であったところから、これらの用材のほとんどは檜、杉および一部ケヤキであったと推定することができる。檜は主として土佐郡下の御留山である白髪山から、ケヤキは加美郡下の御留山から、本書の主題である杉は安芸郡下の奈半利《なはり》・魚梁瀬地方の山林から、産出したものであった。

前掲の藤村重任の著書からの孫引きであるが、『南路志』（高知県の地方史誌書）には戦国時代の土佐国の領主、長宗我部元親が、豊臣秀吉の大仏殿建立のために、奈半利の山林に入ったことが記されているので、意訳して紹介する。

天正十四年秀吉、洛陽の東山仏光寺に大仏殿の御建立あるべきとて、奈良の大仏師家貞法印を初め、大仏棟梁の大工を召しのぼらせられ、材木を取るべく、国々を選びたまうに、第一に土佐、第二に九州、第三に木曽、紀州熊野と決まった。奉行二〇人、大工二〇人を国々へ遣《つか》わされた。四国、九州の人数は、土佐の山中に入って材木を出し、淀、鳥羽に着船すべしとの下知《げち》により、土佐国へ杣人《そまびと》とともに山々へと分け入った。元親はこれは大切な公事である、粗略には成り難しと、子息弥三郎を伴い、安芸郡奈半利の奥成願山に入り、自分で下知されたという。

（『南路志』三十四）

去るほどに国中の杣人、奈半利の奥成願山へ入り、大木を杣取る。元親、信親自身も山に入る。大名、小名より下百姓にいたるまで、この山へ分け入って、川滝へ大木を落としこむ。数千人取り付き、えいや、えいやと引く声は、谷、峰までも響き渡り、天地も震動する。なかには大木に半死半生になる者もあり、木に舞い手車達者にして飛び回り、褒美をもらう者もある。ことごとく川添へ引きだし、船数百艘でもって大坂へ引き上げる。

（『南路志』三十四）

この『南路志』の記述に見られるように、戦国時代から土佐は、わが国の中心地・京への海運にも恵まれた木材の生産地として注目されていたのである。そしてその国の領主が、献上木材として伐採をはじめたところは、土佐国の東部で阿波国との国境にちかい奈半利川流域であった。

奈半利から上流にあたる魚梁瀬山に産する杉材は、すこぶる優良材であったことが、前に触れた書など、古い記録に「良材　魚梁瀬山」として見られる。

良材　　魚梁瀬山

第一の良材也、此の山の杉にて他国酒桶を造る、又樽に用いる物を樽丸と云う、野根杉薄板を上品とし、数寄屋茶屋、此の板を賞美す、根木古きものは香木の如し、又木目種々あり、此の外船戸、祖谷の谷、野川谷山。
（『南路志』三十四）

魚梁瀬山は御留山であり、貢献用材調達に備えた御用木山であったが、この記述に見られるように、元禄期からの土佐藩財政窮乏の結果、幕府に対する献上もさることながら、自藩の財政に寄与する面も現れはじめていたのである。

この記述のなかに、魚梁瀬山の「杉にて他国酒桶を造る」とあることがそれを示している。徳川幕府や朝廷に献上する木材を産出することを目的とした山林ではあるが、献上してしまえば、他国の人の手に入ることはない。魚梁瀬山の御留山から伐採され、なにはともあれその木材が商人に販売されることで、他国の酒樽造りの職人が使用することになるのである。藩が領有している御留山だから、そこからの収入は藩の勘定所へと入り、藩財政に寄与していたのであった。

杉材を業者へ販売した事例

少し時代が下るが、文政二年（一八一九）一二月五日付けの「吹越於御番所諸仕成物改控」（『日本林制史資料　高知藩』）には、安芸郡北川郷の御留山でのスギ、ヒノキ、モミ、ツガを銀立をもって、野根浦の芳右衛門に売ったことが記されている。なお数量のうち漢字の数字は、判りやすくするため省略した。

安芸郡北川郷玖木村大谷御留山一カ所、木品杉、檜、樅、栂迄代銀立を以て、野根浦芳右衛門へ、明遣され候仕成木左の通り

一　杉、檜、樅、栂小仕成高七万五三四八枚

内

一　杉四尺榑　五一七枚　並五寸より一尺二寸まで　吹越改方

一　同二尺七寸榑　一四八五枚　厚さ一寸八分より二寸八分まで　虎蔵改

並五寸より一尺二寸まで　右

厚一寸三分　同人改

一　同二尺七寸榑　一四八五枚　並五寸　厚一寸　右同人改

（中略）

同村郷谷御留山一カ所、木品杉、檜、槙、樅、栂迄代銀立を以て、同郷地下人渡世の為、明遣され候仕成木左之通

一　杉小仕高　一七万四三六二枚

内

一　杉一尺八寸榑　八六〇〇枚　並二寸より六寸まで　同

厚六分　虎蔵改

但し丸数大小百丸ヲ以て、尤一丸に付き御木陰一ツヽ

一　同榑　二万一七〇〇枚　並・厚右同断　同　宅吾改

（中略）

安芸郡魚梁瀬村谷山御留山之内北谷分御仕成後□□（虫食）代銀立を以て、根野郷名留川村六三郎へ明遣され候仕成木左之通り

一　杉小仕成高　二八万九一六五枚
　内
一　杉一尺八寸榑　四万三二四四枚　並二寸より六寸まで　同
　厚六分　宅吾改
一　同榑　二四万五六二六枚　並・厚右同断　同丹六改
一　同六尺五寸榑　二九五枚　並五寸より一尺五寸まで　同
　厚二寸　同人改

（後略）

これ以外に魚梁瀬村上大戸御留山二カ所、同村谷山御留山一カ所、同村明善明所山一カ所など、御留山、新御留山、所林の総数一三カ所について、売り払いがなされ、吹越改方の役人から、藩の御山方の役所へ報告がされているのである。

「旧藩政中山林取扱聞書」（『日本林制史資料　高知藩』農林省編、朝陽会刊、一九三三年）の文政五年（一八二二）五月廿九日の「覚」には、支配山、山地新林、家掛り林、伐畑山、本田林、新田林に生えている杉や、檜、マキ、カシワ、ツキ（ケヤキ）、トチなど五尺（一五〇センチ）以下など、決められた樹種で決められた大きさ以下の樹木を伐採しようとした場合は、まず山許の庄屋へ届け出て、諸手続きを経たうえでなければ伐採できなかったことが記されている。これは杉・檜などの樹木では、五尺以上は御《お》留寸《とめすん》といわれ、土佐藩の公用に用いるためのものと認定されていたためである。

第四章　杉植林の進展とその背景

一　近世の杉植林奨励とその背景

近世までの杉植樹事情

杉の利用価値は、人びとにはやくから認められ、その材を得ることを目的として植林されてきた。しかし、はじめのころは杉などの樹木を植栽する目的や動機は、敬神崇祖《けいしんすうそ》（神を敬い、祖先をあがめること）のため特定の場所の森厳さをたもつこと、稲田への灌漑《かんがい》用水が途切れることなくおこなわれることを目的とした水源涵養や、洪水などから田畑や家屋をまもるための治水《ちすい》、常緑樹としての庭園装飾などであった。『日本三代実録』（編年体の史書・六国史の一つ。延喜一年＝九〇一年撰進）によると、平安時代初期の貞観八年（八六六）に、常陸国の鹿島神宮は造営用材の確保のため、椙《すぎ》四万株、栗樹五七〇〇株が植えられたと記されている。これは神宮内にある六つもの院が修理や造築で用いた諸費用が多額にのぼったことが発端となっている。資材の材木は五万余枝、修理や建築に関わる工夫は一六万九〇〇〇人、その人件費は稲一八万二〇〇〇余束にのぼった。神宮の造営材を採る山は常陸国那珂郡にあり、神宮から二〇〇余里という遠距離にあった。そのうえ行路険峻であり、伐採した材木を河へと運び出すにも煩わしいことが多かった。そこで宮の近くで修理用材を得る方法として、植林が考えられたのである。

まず材は用材となり、果実は食料となる栗樹を宮周辺の空地に五七〇〇株植え、修理用材として重要な杉は四万本の苗を植えた。こんな大量の杉苗をどうして手に入れたのか、記録にはない。杉を植えた密度は記録にはないが、仮に一坪（三・三平方メートル）に一株という密度で植えたとすれば、植えられた面積は一三町歩という広大なものとなる。こんな広さの山林に杉苗を植える目的は、成長後は修理用材を得るという自家用のものではあるが、木材生産を目的としており、林業的な植林であったと考えても差し支えないであろう。『日本三代実録』が記した鹿島神宮の杉植林は、日本林業の先駆けとなる植林であったと評価される。

鎌倉時代までは、人々が身近なところに樹木を植栽する目的はいぜんとして庭園樹、陵墓林、並木、寺院の境内林、および屋敷林などのほか、記念樹と称すべきものであった。これらの部類に属するものとして、現在も天然記念物として残っている杉に、元久年間（一二〇四〜〇六）に宮崎県西臼杵郡椎葉村に平家追討の命をうけた那須大八が植えたと伝えられる十根川神社の八村杉（社名にちなんで十根の杉ともいう）、最明寺時頼（一二二七〜六三）が文覚上人の遺跡を訪ねてきてその霊を慰めるために植栽したといわれる岐阜県恵那郡加子母村（現・中津川市）地蔵堂の杉がある。そのほか熊本県阿蘇郡小国町の阿弥陀杉、新潟県東蒲原郡三川村（現・阿賀町）平等寺境内の将軍杉、福岡県田川郡添田町大字英彦山の英彦山の裏登山道にそびえ立つ鬼杉などがある。

往還《おうかん》並木は戦国時代の終わりに織田信長が、とくに交通制度の確立に意を注いだため、道路の開設・改修とともに植栽されていくが、杉の植栽では加藤清正が熊本城から阿蘇を通って豊後鶴崎方面へと出る豊後街道に植えた大津馬場杉並木、また東北でもおなじころ伊達政宗がおこなったものがあるという。

社寺の尊厳維持のためにも杉は最適で、その周囲の山林に植えられていった。建保元年（一二一三）長野県木曽の武並権現への鎌倉杉の移植、岐阜県大野郡丹生川村（現・高山市）の千光寺境内の植栽（根元から五メートルのところで五本の幹にわかれ、五本杉の名がある）などがあげられる。

静岡県水窪町（現・浜松市）の山住神社では、宮司の山住大膳茂辰が元禄九年（一六九六）紀州熊野権現へ参詣した際、多量の杉・檜苗を持ち帰り境内に植林した。これは神社の修復用、御用材の伐出による御林山の樹木減少に対してとられた森林資源造成策であった。山住宮司の植えた杉は、明治にはいって伐採され、東京市場で山住杉の名声を博したという。

江戸初期の木材需要増大と生産圏の拡大

江戸時代に至り、各藩はなるべく領内においての自給経済を維持し、紙幣もそれぞれ異なっていたが、経済の全国的結合は年とともに強くなっていった。信長以来の交通制度の改革により、陸上交通は発達し、海上交通もにぎわった。また藩の農業奨励により農業生産力は、とくに初期において発達した。その結果武士階級の消費生活は豊かとなり、物資需要は著しく増加した。

なかでも木材需要の増加は、著しかった。江戸幕府政権下では商都をふくめた城下町として、江戸、大坂、名古屋、仙台、金沢等の大小都市が全国的に興隆した。これらの新興都市では、大規模な城郭の建造をはじめ、政庁、邸宅、寺社、および武士や町人の住宅建築に膨大な用材を必要としたのであった。それだけでなく、これら都市建設に付随する交通・土木事業用資材の大半が、ほとんどすべて木材であったからである。都市建設が一応完了したのちも、木材の需要面においては目立つほどの減退はみられない。経済の回復によって武士階級だけでなく、城下町で生活する一般庶民の需要も増加し、加えてしきりに

寛文4年（1664）の30万石以上の大名の配置と城下町
大名が全国に配置され、その拠点の城下町造成で木材需要が増大していき、木材もまた商品となった。

発生する大都市火災による急激な需要の膨張などのため、木材の供給は相対的に不足し、価格は高騰した。そのため木材の生産圏は拡大され、藩内での需要を満たすだけの自給を超えて、木材は商品としての価値をもつようになり、貨幣を媒介とした木材を商うことを専門とした商業、つまり材木商が発展してきたのである。

　開発の遅れていた弘前藩でも、すでに元禄期（一六八八〜一七〇四）には、「御国にて只今結構なる家材木薪等に伐出候故御領内の山の薄く成候に従い道程も延び、人力を多く懸り候えば御国の中にても高値になる」と『津軽公事蹟』に記されている。つまり辺境とみられがちな現在の青森県内の津軽地方においても、立派な家を建築するための材木や、薪とするため、山林から用材を伐採・搬出するので、津軽領内における山林での立木の密度はきわめて薄くなってきた。したがって木材の必要量を伐採・搬出しようとすれば、遠くの山から取り寄せなければならないので、値段は高いものになるというのである。

　木材の遠距離輸送も、領主たちによってはじめられた。四国の土佐国からたびたび幕府への献木が行われたように、地方の藩から幕府への献木がまずおこなわれ、ついで諸侯参勤交代制による江戸住まいのための江戸屋敷用材がそれぞれの国元から送られた。その間に幕府のひざ元である江戸の木材商が刺激され、それが地方へと波及し、やがて商品としての木材が取引されるようになっていった。

ここでは江戸時代を、江戸幕府の成立（一六〇三年）から七代将軍家継の治世（一七一三〜一六）までを前期とし、八代将軍吉宗の治世（一七一六〜四五）から明治維新（一八六七〜六八）までを後期として、全国的に杉がどのように造林されていったのかについて調べていく。

江戸時代の初期において、杉の産地として有名だったのは、

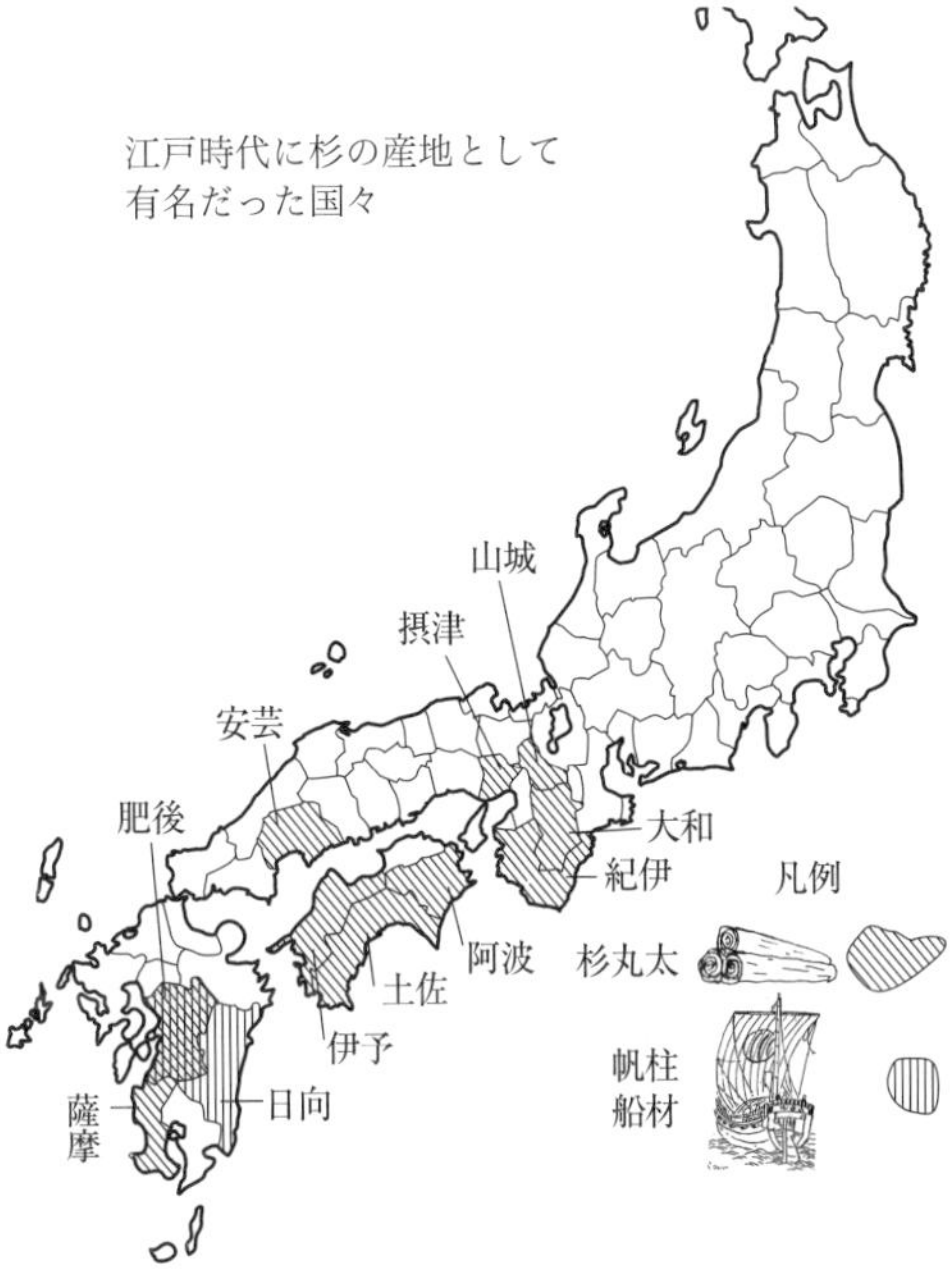

江戸時代に杉の産地として有名だった国々

丸太は、土佐国（高知県）、山城国（京都府）、大和国（奈良県）、摂津国（大阪府・兵庫県）、薩摩国（鹿児島県）、安芸国（広島県）、紀伊国（和歌山県）、阿波国（徳島県）、伊予国（愛媛県）、肥後国（熊本県）であり、
帆柱や船板は、肥後国（熊本県）、日向国（宮崎県）であった。
丸太は住居などの建築用材や、橋や道路整備などの土木用材として用いられた。江戸時代の物資の運搬手段は主として船運であったため、その船を建造するための船材や、北前船《きたまえぶね》など長距離輸送に用いられる大型船

には大木の帆柱が必要だった。また小型の船でも、動力は風に頼っていたので、風を受けるための帆柱が設けられていた。帆柱は幹が真っすぐに伸びる杉の独壇場でもあった。なお北前船とは、もとは近世前期の日本海海運に用いた北国《ほっこく》船の上方での呼び名であった。近世中期以降は、北国廻船に用いた弁財《べざいせん》船型の船の呼び名なり、また北国廻船そのものの総称ともなった。

このほか山城国の北山地方（現在の京都市の北山地方）で生産される杉磨《みがき》丸太は珍重されて特殊な価値をもち、その価格も他の材木の追随を許さなかった。

杉は、板、角柱、榑《くれ》、桶《おけ》木などとして用途が広く、加工されたものは運搬が容易であった。ことに工作技術の普及により杉の需要が大衆的となった。なお榑とは、山出しの板材のことで、平安時代の規格では長さ一二尺（約三・六メートル）、幅六寸（約一八センチ）、厚さ四寸（約一二センチ）の、厚みのある板のことである。

一方、杉材は庶民的な木材であったが、巨材や天井板・襖《ふすま》板などといった特殊用途にもちいられる材は、領主や社寺あるいは豪商といった特権階級に需要された檜材と争うようになって、普通の材木価格の何十倍、品物によっては何百倍もの値段がつけられるという特殊な価格で売買され、それらの生産が著しく促進された。現在でも銘木とよばれるものである。

三代将軍家光治世のとき植林を奨励

杉材の生産は、秋田藩（秋田県）や高知藩（高知県）では藩の直営でおこなわれたが、これらの藩以外でも藩の保護のもとでおこなわれた。生産地域は主として材を川に流して運搬することができる河川の流域であり、木材は河口に集められ、海港間を輸送された。木材の生産は全国的に促進されていたが、中でも杉材生産は消費地や集散地と交通の便利な、吉野（奈良県）、紀伊（和歌山県、一部に三重県）、伊予（愛媛県）、豊前（福岡県、一部大分県）、武蔵国の秩父（埼玉県）が主であった。これらとともに大量の杉材を扱うことができる生産組織をもっていた秋田藩、高知藩などの森林は、急激に開発されていったのである。

急激な開発は森林で樹木が育つ木材量（林学では成長量という）以上の量を伐採することになり、当然森林の植生に影響がでることになった。たとえば高知藩では、元和年代（一六一五～二四）には柾《まさ》の献上杉材が八尺（約二・四メートル）回りの木で二五〇五万本であったのが、六〇年後の天和年代（一六八一～八四）には土佐藩の総生産量が八寸（約二四センチ）以下をのぞき、二五万本で、太さは著しく低下し、本数もまた一〇〇分の一まで減少している。明暦年代（一六五五～五八）には、多少の誇張はあるのだろうが、杉・檜の良材は皆無という状態をしめしたのであった。

江戸時代も年代がくだるにつれて、大径の材が生産されなくなってきたので、大消費地周辺の小丸太、穂《ほ》付《つ》き丸太のような小径材の需要が著しく増加した。また木材生産の促進とともに、水源地帯の荒廃は目にあまるものとなっていた。なお、穂付き丸太とは、伐採した立木の下の方の枝は切り払って丸太としているが、その梢《こずえ》部分の小枝は残したもので、梢の小枝があたかも穂のように見えることからこういわれた。

江戸幕府の山林に関わる政治については、二代将軍にいたるまで見るべきほどのものはなかったが、ようやく三代家光治世の終わりごろ、農業を発展させる必要性から、治山治水に留意し、林産物の使用、消費の制限をおこなった。さらに林産物の流通が活発となると、領内での御林《おはやし》の設定、御林帳の整備、御林奉行の設置などをおこない、乱伐を禁止し、造林を奨励した。

江戸幕府の「教令類纂　初集八七」には、郷村の助けのための植栽督励として、

御料所在々所々、山林に仕しおく可き所をバ、木苗を植置、山林をバ已来《いらい》其村之助にも罷《まかりなり》成候様

ニ仕可き事（農林省編『日本林制史資料　江戸時代』朝陽会刊、一九三三年）

という、寛永二〇年（一六四三）八月の幕府の山林に関する法令をのせている。

各藩の林政は、幕府の統制には服していたが、江戸時代初期の大名は、領内ではほとんど絶対的権力をもち、いまだ戦国時代のなごりで、高圧的な行政をおこなっていた。林野の所有関係は、皇室御領、幕府領、公家領、武家領であり、多少の差はあるが、一般に領主有林、社寺有林、公有林および私有林と区別される。

領主は、深山幽谷を含め、藩の財政上、軍事上、産業助成上から、必要な林野をあわせて、藩有林としていた。社寺有林は、藩より付された公的性格のつよいものと、領主より贈られもの、または所有を認められた私的性格のつよいものとがあった。

特に林政に意を注いだのは農地がすくなく山林の多い地方の諸藩で、それは藩財政維持のために林産物収入の増加を図る必要があったことによる。

林産物の需要の増加により、山村の社会経済生活は、急激な変化になってあらわれた。生活手段が乏しいため人口増加が抑制されていた山村は、山林開発が活発となると林業労働に従事することから貨幣所得が著しく増加し、生活は向上し、木材生産事業が拡張できるかぎりにおいて人口も増加していったのである。

当時の封建制では、法律上の主体は農民ではなく、村にあった。納税は個人ではなく、村が単位となっていた。村にはそれぞれ村高《むらたか》といって、村全体での収穫・生産物の数量が領主によって決められていた。この村高を標準として租税そのほか公課を負担していた。

田圃がすくなく収穫できる米の量が少ない山村であっても、林産物生産の増加とともに村高は必ずしも低いものにはならず、貢租も相対的に高かったとみられている。そのほかにも、林産物の生産高に対しては、少なくとも十分一税《じゅうぶいちぜい》という、藩で決められた価格の十分の一つまり一〇パーセントの税が課せられた。しかも、その税は木材を川口へと流下させる途中で、藩が異なるごとに徴収されたのである。

したがって、山村の住民は生活水準を維持するためには、需要に応じて生産量を増加させる以外に方法はなかった。需要に対応するために伐採量を維持していくと、必然的に森林資源たる林木は減少していくことになった。そのことは、木材価格の値上がりと相俟って、しだいに奥地森林に対しても木材価格や地価を生じさせることとなった。

森林伐採が進行し山地荒廃

山地に生えている立木に価格が生じたことは、経済的造林が基礎づけられていくことを意味するものであった。しかし、江戸時代前期では、この意味での造林は、全国的に展開をみるにはいたらなかった。それは藩の貨幣経済上の財政が圧迫されると、とくに便利な地方に立木を藩有とする範囲を、たとえば住民の居住する周辺の屋敷林までにも拡大していき、住民が立木所有の経済的意義を自覚することを妨げた。村人は藩有立木伐採の罰が苛酷なため、立木所有を迷惑がることが多かったからである。

江戸時代の経済ははじめは米経済であったが、しだいに貨幣経済となり、武士階級はしだいに経済的窮迫に悩みはじめた。木材価格はしばしば暴騰した。とくに江戸城本丸をはじめ江戸市内の大部分を焼き払った明暦三年（一六五七）正月の大火は、この木材価格の高騰を押し上げたのである。

木材価格はそれまでの一〇倍にもなり、生産は急増した。都会は米屋、呉服屋、材木屋の三つの商人が金権で支配し、一方農村は窮迫していた。森林の伐採はすすみ、優良な林相をしめしているのは社寺有林

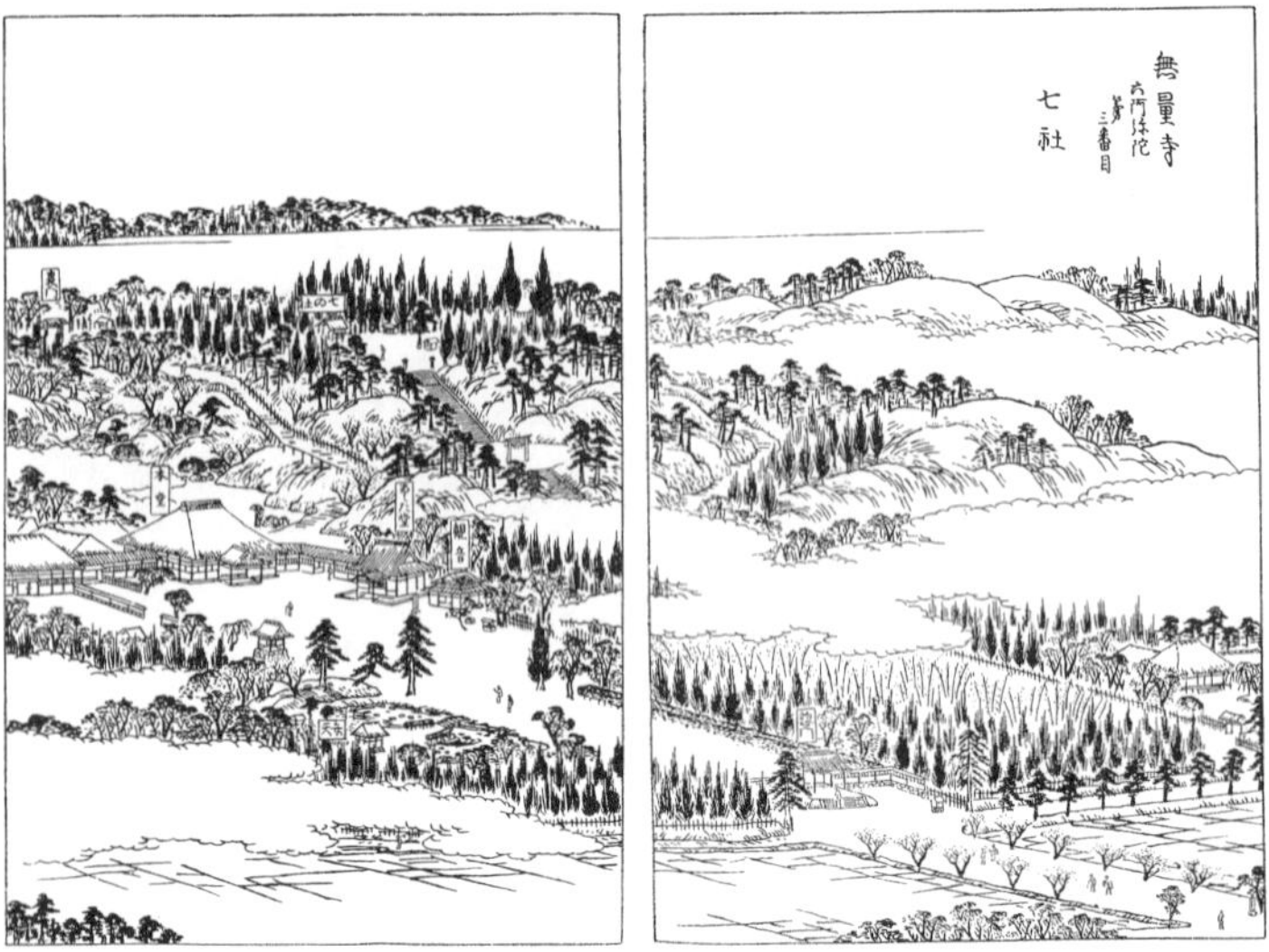

江戸・染井村の北方西原にある無量寺周辺の杉林と松林。明暦3年（1657）の江戸の大火で木材価格は高騰し、森林伐採がすすみ、社寺の周辺にのみ森林が残された。

のみというくらいに荒廃し、土砂流出被害、干害も増加していた。

これに対して江戸時代前期の儒学者・山鹿《やまが》素《そ》行《こう》は、従来の領主は民の利を考えず自らの思うとおりにし、山林の樹木伐採は近く便利な所のみで行い、山が荒れ川が埋まり、水が浅くなるのもかまわず、一時の利を得ようとしている。そのため山林の材木は毎年しだいに減少し、搬出距離は遠くなるため費用が増加し、木材の売買価格も高くなり、薪木もしだいに少なく、領国の経営のための必要分を充足できないと分析した。そして、資源を保続させていくための措置として、次の事項を徹底すべきであると主張したのである。

①樹木の成長に応じて伐採の節度を考えること
②一本伐採すれば多数の若木を植えること
③植えるものと伐採との均衡を図ること
④造林については、山林の遠近を図り、所の

水利を考えて行うこと
⑤農業との関連において治山治水の徹底を図ること
⑥そのためには奉行を立て林野制度を厳にし、管理を徹底すること、等

樹木は一度伐採すれば、伐採跡地に直ちに苗木を植えても、それが用材として伐採できるようになるには、数十年から一〇〇年という年月を要する。目先の利益にとらわれて、ややもすると山林の広さに惑わされて、樹木の成長するものよりも多く伐採してしまうものである。山鹿素行はそのことを説いたのだ。

また江戸時代前期の農学者である宮崎安貞は、元禄年代（一六八八〜一七〇四）にその著書『農業全書』（元禄一〇年＝一六九七年刊）のなかで、経済的理由から便利のよい所はいうまでもなく、奥地へも杉、檜の造林を勧めたのである。

杉は諸木に勝れたる良木なり。子《たね》うへ、さし木共に宜し。（中略）
且又海河近き山谷の肥地ある所には、いか程も多くうへおくべし。（中略）
又云ふ、国所に良材多しといへども、杉檜より優れる木なし。
屋敷廻りのふせぎより山林は云うに及ばず、余地をのこさずうへをくべし。国のたから又上もなき物なり。

このように、杉や檜よりもすぐれた樹木はないとして、山林はもとよりのこと、屋敷まわりの空き地などへの杉の造林を勧め、さらに植える場合の苗木は、種子から育ててもよく、さし木によってもよいと、苗の作り方まで触れたのである。

江戸初期の治山目的の造林

ここまで触れてきたことは、社会経済のなかで林産物、とくに木材供給源としての森林の価値がきわめて重要視されるようになったこと、また封建社会の基盤である農業生産力を維持向上していくため、ついに治水から治山まで重視されるようになったことである。

樹木の植栽は、風衝《ふうしょう》(風の通り道など風当たりの厳しいところでうける樹木の害)、干害《かんがい》、雪害などに悩むものである。また搬出利用および労力の関係から、平野部および交通便利な地域への造林が重視されているのが、江戸時代初期の造林の特徴である。それとともに、材の利用および治山のための山林造林もようやく尊重されるようになったのである。

用材生産および治山治水以外の目的でも、杉の植栽はおこなわれた。秋田、日光の神杉植栽、磐城、弘前の並木、津軽、高知のいけがき、佐賀の城飾りなどである。しかし量的な植栽の重点は、用材生産と治山治水にあった。治山については、幕府が寛文六年(一六六六)二月に令を発した「山川掟之覚」がある。

山川掟之覚

近年は山々草木の根より掘取候故、風雨之時分、川筋へ土砂流出、水行滞候間、自今以後草木の根掘取候儀停止為す可き事。

一 川上左右の山方木立無之所には、当春より木苗を植付、土砂流落ず様仕す可き事

一 前々よりの川筋、河原等に新規之田畑起候儀或竹木葭萱を仕立新規之築出致、川筋迫申す間敷き事

但、山中焼畑新規に仕間敷事。

この幕府の令が発せられて以降に行われたことは、水源地帯の乱伐、根掘禁止と新規焼畑の禁止、それ

に「河川の上流部の山地で木のない場所には木の苗を植えよ」との造林の奨励であった。各藩でも、水源涵養《かんよう》、土砂の流出防止、防雪、さらには防風、防潮などのための森林の維持・造成に努力している。

江戸初期の仙台藩の造林施策

江戸時代初期の主な藩の造林施策を、おおまかにみていく。

仙台藩では、藩主の伊達政宗が、慶長五年（一六〇〇）に紀州熊野産の杉の種子を入れ、苗木を養成し領内に造林を奨励していた。そののち領内一七カ所に藩営の苗畑をつくった。また政宗は牡鹿郡の老僧良悦が「方今彊内至る所原野開けず山岳皆禿している」と、目下領内は至るところの原野は田畑とはならず、山林は皆はげ山になっているといって、樹木の植栽を勧めた。植える樹種は「樹木の中用の多いのは杉に過ぐるなし」と杉が良いと推奨した。これを受け入れた政宗は、領内の寺々の僧に良悦より樹木の植え付け方法を教授させたのである。また、熊野から杉の種子を求め、その頒布を図り、領内での造林を奨励したのである。

当時仙台藩領内は、これまでの乱伐のため洪水や干ばつが多く、藩有林のなかでも用水山を指定し、順序だてて伐採し、伐採後は何十年目かに元のところへ戻って伐採するという輪伐《りんばつ》という方法をとっていた。また、紀州の熊野地方より苗木を購入し、これを百姓に下付して民地に植えさせた。その木を官の帳簿に記載しておき、伐採のとき半値または無償で払い下げることがあり、これを帳付木とよんでいた。帳付木はしだいに官用のみに用いられることになった。

寛文一二年（一六七二）、財政上の節約により、村方竹木御帳があるが、植栽がすすまないので帳付木を廃止し、地形により百姓課役として、百姓に植栽を割り当てておこなわせた。天和年代（一六八一〜八四）には、寺社での苗木の植え付け、共有林の青木（枝葉が青々としている立木のこと、つまり松、杉などの常緑針葉樹のこと）の伐採跡地には必ず苗木を植えることを命じ、苗木の植え方を示した。共有林で郷村が植栽しない場合には個人植栽を認め、また造林功労者を表彰した。

宝永年代（一七〇四〜一一）には造林奨励のため伐採制限を緩和し、私有林の伐採はあらまし自由とし、御用木とする時には代金を支払い、苗木を希望者に下付した。百姓が屋敷廻りおよび地続きに植えた帳付外の青木は、三尺（約一メートル＝直径三〇センチ）廻り以上のものをのぞき所有者に下ろした。ただし代わりの木を必ず植えさせ、また空き地への植栽奨励のため、植立役をも置いたのである。このような傾向は、江戸時代後期になると、各藩でも顕著にみられるようになる。

江戸時代前期において、郷林での五官五民、四官六民という分収林制度も成立している。五官五民とは、立木を伐採して得られた収入の五分（五〇パーセント）を官（藩）が、のこり五分を苗木を植え育てた民が、それぞれ取るという仕組みである。なお分収林とは、藩有林のなかに領民が、領民の費用負担のもとで樹木、たとえば杉を植えて育て、何十年かのち、それを伐採したとき得られる収入を藩と領民とで一定の率で分け合おうとする制度である。藩が伐採時の収入から一定額を受け取るのは、立木を育てる期間貸し付けた土地代というわけである。

江戸初期の秋田藩の造林施策

秋田藩では、慶長年代（一五九六〜一六一五）以来、水源涵養《かんよう》林、奉賽《ほうさい》林（神仏へのお礼のため寄進する林）の造林を実施するとともに奨励してきた。元禄年代（一六八八〜一七〇四）には木材需要の増加にともなって、林政および森林管理制度が整備され、用木調査などもおこなわれ、青木（主として杉）稚樹《ちじゅ》（およそ背丈くらいまでの若木のこと）の成長促進のため、松や雑木の下枝払いが行われた。

造林が積極的に奨励されはじめたのは、ようやく資源の欠乏が顕著にあらわれはじめた正徳年代（一七一一～一六）以降である。藩有林および村の共有林野の草刈場以外の場所で、郷《ごう》（むかしの郡内の一区域。数村をあわせたもの）の家数に割り付けて植栽させ、成長して用材として使えるようになると、本数の半ばを郷の用に用いることができるようにした。林が幼齢（およそ一五～二〇年生くらい）のうちには下枝も郷に下付した。また個人でも造林希望者には造林を命じた。

造林地は百姓のうち二～三名を一年ごとに新林見継の者とし、枯損木があれば何度でも植え替えさせた。このようにして秋田藩では、里山より始められ、杉、檜の植栽がすすんだのである。必要な種子は、藩からそれぞれに下付された。それ以外、藩は百姓たちの自費造林も認め、杉更新のため薪炭林の多い村も常に林の下枝や松材を薪として用いさせた。これによって造林は進んだのであるが、木材欠乏に伴い、造林木はしだいに藩所有とされ、領民の自由な伐採が許されることがなかったので、領民の造林は継続しなかった。

高知藩では、寛永二〇年（一六四三）に年貢木の植栽を行わせている。寛文年代（一六六一～七三）には本田荒《ほんでんこう》（検地帳に記載してある耕地が、大雨等で荒れ、耕作不能となること）、山掛《やまかかり》（山の近くに住む者）あるいは広い屋敷の所有者に杉その他を植え付けさせた。杉苗の養成法を僧侶などから伝授させ、多量の苗を養成して配布し、さらに藩の直営造林もおこなった。

天和年代（一六八一～八四）では、御留山帳で杉、檜などの目どおり周囲八寸（約二四センチ＝直径八センチ）以下の小木の伐採を禁止した。

鹿児島藩の宮崎城主の島津久元は、宝永年代（一七〇四～一一）より植栽杉、挿し杉をはじめた。その時以来、戸別指し杉《こべつさ》、人別指し杉《にんべつ》として、毎年杉穂または杉苗二五本あてを戸別に割り当てて負担させ、これを交通便利な藩有の山林に賦役《ぶえき》（農民が領主に労働のかたちで支払う地代）として植えさせたのである。その後の保護、手入れも地元民に負担させた。

苗は領主直営で、あるいは江戸より運び、土佐や屋久島の杉の種子をまき、また農民たちにも分けて苗を作らせた。延宝二年（一六七四）の杉改台帳によると、植栽杉二五万本弱に達している。成木は藩主の家作、藩庁修理用、堤や土手、橋梁用材にあてた。また一定価格で、農民にも払い下げがなされた。さらに原野などの荒れ果てた草地では、植栽するところを願いによって部一山《ぶいちやま》（伐採した際の収益を分け合う分収林のこと）として五官五民、願いのなかった分は七官三民としたほか、藩の費用でも造林がおこなわれた。

飫肥《おび》藩は、本来の禄高は四万石であるのに対して、六万石を標榜《ひょうぼう》（公然と主張すること）したため、参勤交代その他の費用に困り果て、財政は逼迫した。そのため領内四カ村の家士たちが協議のうえ、山林原野をえらび、山林に直接杉の穂を挿しておこなう挿し杉造林を開始した。しかし当時、杉は藩主の御用物といい、みだりに伐採を許さなかったので、農民たちの造林はおこなわれなかった。

高野山そのほか寺領である社寺有林では、その自発的造林は諸国の信者による献植がおこなわれた。社寺の造林樹種としては、杉がほとんどであった。高野山では高野六木《りくぼく》（杉、檜、樅、栂、高野槙、赤松のことをいう）という留木《とめぎ》があり、杉もそのなかに数えられた。高野山では山掛二名が山林事務をあつかい、そのほか外山掛として山林の現場担当が四名、それに本山金剛峰寺より差し出される総山奉行もいた。

駿河国（静岡県）の西部、天竜川流域の赤石山脈の南部にある山住権現では、社殿修復の用材に不足して、元禄年代（一六八八〜一七〇四）に熊野から杉苗を、伊勢（三重県）から檜苗をとりよせ植栽した。その本数は三六万本に達し、のちに山住杉として名声をはせた。

社寺には古来から、山林の取り扱いに優れたものをもっており、藩の保護のもとで造林がおこなわれ、明治維新前後の乱伐時代を通じても、その林相は比較的良好に保たれてきた。

私有林には藩士、神官、僧侶、百姓、町人などが所有するものがあった。藩からの下賜林、屋敷林、入会地分割林、荒地造林などに加えて、地方豪族などの圧力のもとに、林地の個人所有はしだいに増加し、かつその売買も多少自由に行われるようになった。

江戸時代の初期に造林の記録のある地方

なお、藩による林政の差が私有林の盛衰の差となってあらわれた。藩が林政に力をいれたところでは反って私有林の成長はおくれたが、吉野（奈良県）、尾鷲《おわせ》（三重県）、静岡、埼玉のように、山林の処理を地方民に委ね、租税徴収のみにあたったところでは、江戸時代初期に民間林業成立の基礎が築かれたのであった。

紀伊国尾鷲（現在は三重県尾鷲市）は、海に面していて平地がほとんどなく、山の傾斜も急峻である。ほかに依存できる生業がないので、山林を伐採して用材を生産したのち、あるいは近郊の薪炭を採取した跡地に、明暦年代（一六五五〜五八）に杉の造林を開始した。天和年代（一六八一〜八四）以降になって、杉、檜の造林が促進された。

伊勢地方では、杉、檜、松の民間造林がおこなわれた。植付け苗木は、自家養成苗と買付け苗の両方をもちい、かつ輪伐《りんばつ》を目的として毎年造林された。なお輪伐とは、毎年毎年同一の面積の山林の伐採を連続し、輪（リング）のように、ぐるぐると伐採と収穫を連続させていくことをいう。

江戸時代初期の大和国の吉野地方（現在の奈良県吉野郡）では、乱伐がおこなわれ、急激に増加した山村人口維持のため、私有造林がおこなわれたが、しだいにその占有権は平野部の商業資本へと移動していった。また借地《しゃくち》造林もおこなわれるようになり、相当発達してきていた。借地造林とは、吉野の川上村では、下流の上市方面の商人あるいは大和平野の地主たちに、自らの山地の所有権は確保しながら、借地料をとって林地を貸し付けて造林を行わせ、自らは山守や山林労働者となって、報酬や賃金をうけて生活を営むという森林経営の方法をいう。

同じ吉野地方でも、北山川流域の北山では、幕府用材御杣所《そま》に指定され、幕府の前貸金を利用しての特殊な択伐法《たくばつ》（利用に適した大きさの樹木を選び、抜き伐りする伐採のしかた）による造林がおこなわれた。

山城国の京都の郊外にあたる北山地方（現在の京都市西部）では、いったんは衰えていた従来の台杉林業が、さらに延宝年代（一六七三〜八一）に白杉苗《しろすぎ》（杉の品種名）を植えるようになり、ふたたび盛んになってきた。

そのほか、紀伊国（和歌山県）の西牟婁《むろ》地方、因幡国（鳥取県）の智頭《ちず》地方、武蔵国（埼玉県）の入間《いるま》地方、同国（東京都内）の四ツ谷地方、能登国（石川県）の穴水地方、隠岐国（島根県）などにおいて、すでに江戸時代前期において造林の記録をみることができる。

林業を目的とする民間造林は、封建制度の制限の比較的ゆるやかな水路交通の利便な地方でまず発達しはじめ、現在においても著名な木材生産地となっている。そのほか一般には、農業経営との関連において、または各藩の強制により、平坦部の屋敷廻りから近くの山へと発達する傾向となっている。しかし、江戸時代前期では、造林はいまだ十分に普及するまでには至っていなかった。全国的にみれば、規模も小さく、林業先覚地を中心として伝播していく程度のものであった。

江戸前期の造林技術

江戸時代前期の造林技術は、杉の造林をおこなっている地方でも、経験の差によって程度の差がはなはだしかったとみられる。当時の造林技術は科学的な裏付けといったものはなく、単に経験による知識の寄せ集めにほかならず、また、各藩ごとの交通が十分でなかったことから、技術の普及はほとんど行われなかった。しかし造林の必要性は痛感されており、造林することは苗木を植えることであり、苗木を得なければという要求がまずあり、そのことから苗木の養成に関する技術の習得が要求された。

江戸時代前期の造林技術の特徴の一つとして、造林苗として山地に自然に発生している苗が利用されたことがあげられるが、これは各地で記録されている。この自然発生苗を抜いて造林用にもちいる苗木のことを、山引き苗という。山引き苗の大きなものは、そのまま山地に植えられるが、小さなものは畑で大きく養成してから山にもっていかれた。

仙台藩では、慶長年代（一五九六〜一六一五）は広範囲に自然発生苗が利用された。上野国（群馬県）黒羽地方でも寛政（一七八九〜一八〇一）のころまでは、山林の自然苗を引き、それを畑でいったん養成して大きくしてから植えた。この自然苗の利用は、資本を多くかけず、さらに連続的な投下をさけ、できる限り労働力のみで苗木を得ようとするものであった。

九州では、杉苗木を得ることなく、杉の枝を切り取り、直接にそこの土地に挿すという、直挿《じかざし》による造林方法が、飫肥《おび》、鹿児島、人吉、肥後、福岡などでひろくおこなわれた。

また苗木の需要が大きくなるにつれ、大坂の北にあたる摂津国池田（現・大阪府池田市）において苗木が盛んに生産され、苗木生産基地となって、ここから各地の山林へと供給されていった。この池田苗は、大坂からの帰り船により、萩藩（現・山口県）の長門、周防、萩、徳山、臼杵藩（現・大分県）、天領の日田（現・大分県）、対馬藩（現・長崎県）、伊勢（現・三重県）、津藩（現・三重県）という諸藩に送られたのである。

東北の津軽と弘前藩（現・青森県）では、苗木栽培のため、関西より技術者を雇いいれ、または研究者を送りこみ、苗木養成方法をとり入れていた。

造林の規模が大きくなるにつれ、山引きの自然苗からしだいに、畑で養成された苗を用いるようになっていった。藩営の苗畑も仙台藩をはじめ各藩でおこなわれた。苗畑の立地、元肥《もとごえ》の使用、冬季の耕耘《こううん》、種子の発芽促進、種子のまき方、日覆い、除草が注意されたが、追肥はおこなわれたり、おこなわれなかったりした。畑に養成中の苗を、成長の度合いにあわせて、苗毎の間隔を大きくするために行う植え替え、これを床替《とこがえ》といい、苗の根が成長を始める直前の早春におこなう。その床替作業で、前年の苗のうち優良苗のみを選んで、植え替えるという方法もとられた。

杉には地方品種があり、宝永（一七〇四～一一）のころ、暖かな国に産出する杉の品種を、寒い地方の国に移すことは不可とすることを認めた者もあった。杉を植える立地条件として、まず風のない肥沃地、ついで高い岡、または平地がよろしいとしていた。「松は峰によし、杉は谷によし」としており、東海地方の農書である『百姓伝記』（天和年間〈一六八一〜八四〉に成立）では杉を植える場所は農耕に不適地であって、「重き土の軟らかにして木草葉の重なった処がよく平らな野原はよくない」としていた。

杉の植付けは、焼畑農耕の跡地におこなうものが多かった。植付け時期は、春および秋におこなわれた。植付け本数は、はじめのうちは苗木が少ないため相当まばらに植えられたものとみられている。林業用語では、疎植《そしょく》という。ただし杉林業が比較的はやくから発達した関西では、単位あたりに造林される苗木本数も多く、伊勢では一町歩当たり六〇〇〇本、高知では一万本、九州の人吉（熊本県）でも同様に植えられたとの記録もある。

元禄年代（一六八八〜一七〇四）には、杉は密に挿し、あるいは密に植えたほど成長が早いと考えられたものとみえ、宮崎安貞の『農業全書』（元禄一〇年＝一六九七年刊）では、「杉柱又は垂木、小柱ほどのとき間伐し後に大材木ともなり、盛んで強く立所のよい木を吟味して残せ」と記している。これら間伐の可能な地域は、福岡、西川（現・埼玉県）などに限られており、大和国（現・奈良県）の吉野地方でもこの時期は未だ後期の密植《みっしょく》に達していなかったとみられている。

木材需要固定化期の木材生産

前期の延宝（一六七三〜八一）、元禄（一六八八〜一七〇四）という年代を経て、経済力は発展し、人口は急激に増加した。しかし江戸時代後期では、封建制度の爛熟にともなって、かえって従来の米本位経済はいよいよすたれ、貨幣経済へと移行していった。幕府および各藩は、単に農民の納める金銭のみでは財務を充たすことができず、諸種の専売制度を設けて、大規模な商業活動をおこなう一方、百姓や町人からの租税を重く課し、それも苛斂誅求《かれんちゅうきゅう》といわれるほど厳しく税をしぼりとりたてた。

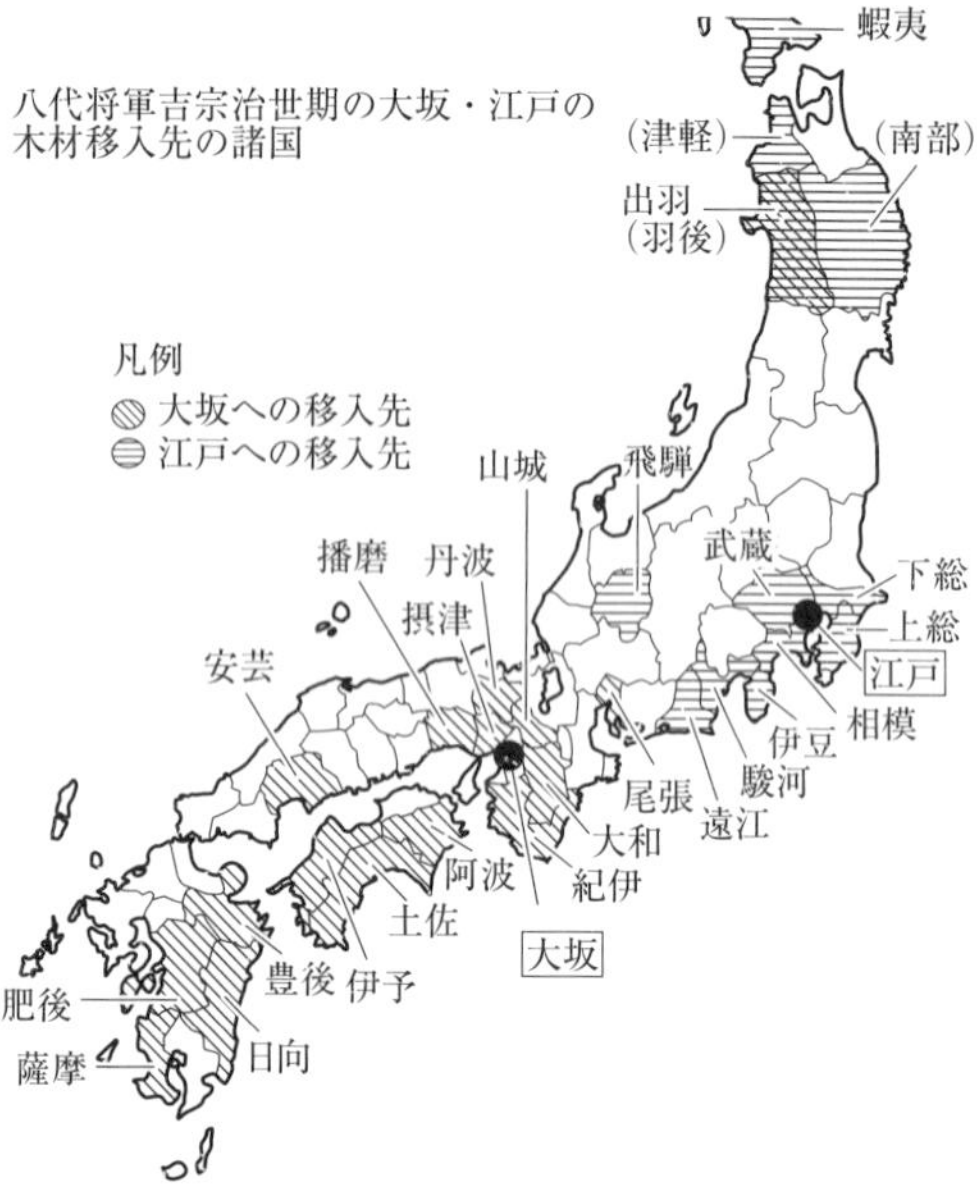

八代将軍吉宗治世期の大坂・江戸の木材移入先の諸国

木材の専売制をとった藩には、秋田藩（ほかに米・鍋・きせるなど）、和歌山藩（ほかに塩）、高知藩（ほかに紙・うるし・茶など）、広島藩（ほかに紙）などがある。

これらの租税はとくに農民の生活を著しく圧迫することになった。このため農民は生活に困窮し、土地を手離す人が増加し、農民みずからが人口制限をおこない、農村の疲弊は顕著となった。『総合日本史図表』（坂本賞三・福田豊彦監修、第一学習社、一九九四年）の江戸時代の公家・武家など（人口四〇〇万人〜五〇〇万人）をのぞく全国の人口推移によると、七代将軍家継治世の享保六年（一七二一）には約二六〇七万人であったが、天明六年（一七八六）には二五〇九万人に減じ、寛政四年（一七九二）にはさらに減じて二四八九万人となった。その三〇年後の文政五年（一八二二）にようやく二六六〇万人に回復しており、幕末まで微増しながら推移している。このように江戸時代後期では、日本の人口はほとんど増加していなかったのである。

この武士の貨幣欠乏、農村の逼迫に乗じて、町人の勢力は著しく伸長した。農村では、禁止されている法を犯して土地を抵当にいれ、その結果として町人の不在地主が増加した。経済力の有無に基づく支配関係が台頭してきていた。このことは、一方では林業経営の成立の一つの原因ともなったのである。商業の発展はいよいよ促進し、また各種工業をも著しく発達させた。

しかし、当時の手工業が主に顧客生産の域にとどまっており、幕末において、ようやくいわゆるマニファクチュアの段階に到達できたのに対し、木材や薪炭については既に前期より市場生産がおこなわれ、後期に至り、時代の推移とともに商品生産はますます活発化していくのである。

一般経済の向上にともなって建築や家具用材、海上交通の発達による海運用の大型造船材（菱垣廻船や樽廻船など）および漁業の発達による漁船用材、醸造業の盛況による桶・樽用材、また陸上交通のための橋などの土木用材、鉱山業の発展による坑木材の需要がさかんになり、森林は荒廃していた。一方において森林資源との関係から消費制限は各方面でおこなわれた。木材需要は前期にくらべるとやや固定的にはなったが、減少することはなかったと見られている。

その一つの原因に、各地での都市経済の発展とともに、火災が頻発したことがあげられる。とくに明和年代（一七六四～七二）の江戸の大火はきわめて大きく、木材供給の不足と価格の騰貴は、木材商業をいよいよ発展させた一方、地方の林業、林政に著しい影響をあたえていた。木材の市場圏はひじょうに拡大された。

八代将軍吉宗の治世の元文元年（一七三六）における大坂（大阪府）の林産物移入先は、材木では

近畿地方の山城国（京都府）、大和国（奈良県）、摂津国（兵庫県・大阪府）、丹波国（兵庫県・京都府）、播磨国（兵庫県）、紀伊国（和歌山県）は、当然だとしても、

中国地方の安芸国（広島県）

四国地方の土佐国（高知県）、阿波国（徳島県）、伊予国（愛媛県）

九州地方の日向国（宮崎県）、豊後国（大分県）、肥後国（熊本県）、薩摩国（鹿児島県）

と、四国のほとんど、および、九州の中央部以南の諸国となっている。

さらには、東海地方の尾張国（愛知県）やはるか東北日本海側の出羽国（秋田県）にまでおよんでいる。

帆柱は肥後国（熊本県）、船板は肥後国、日向国などであった。

出羽国などの北廻りの材は、下関を通り瀬戸内海を通って大坂に達したのである。

そのほか、江戸では地元の武蔵の西川（埼玉県）など近隣諸国はもちろん、遠くは津軽（青森県）、南部（岩手県）、秋田（秋田県）、飛騨（岐阜県）の材も集まり、後期の末には蝦夷（北海道）の材も、江戸に出回るようになっていた。

木材生産が高どまりのまま増加し続けることにより、各藩の森林資源は急速に減少していったのである。前期にすでに高知藩にその例がみられ、秋田藩や弘前藩でも同様であった。

たとえば秋田藩では、享保（一七一六〜三六）のころまでは、御材木沖出《おきだし》（販売のこと）の利潤が二万余両に達し、そのため藩の財政も整っていた。

享保一九年（一七三四）に秋田藩が直営でおこなっていた伐採事業での保太木《ほた》、榑木《くれ》、突出木《つきで》は一三万七六〇〇挺《ちょう》、材木二万七〇〇〇本、角材一万七五〇〇本であった。宝暦年代（一七五一〜六四）から財政が逼迫し、それまでの藩直営の伐採箇所も運上山《うんじょうやま》にかえ、商人に伐採させ、さらに沖出売買も許したので乱伐されてしまった。藩直営の伐採が順調にすすんでいた享保年代からおよそ四〇年後の安永五年（一七七六）には、巨木は不足し、保太木を作ることもできず、寸甫《すんぽ》をつくった。

なお、保太木とは周囲八尺以上（約二四二センチ＝直径七七センチ）長さ七尺（約二一二センチ）の大木の丸太材を半分に割ったものをいい、寸保は保太木を小割りしたものであり、突出木は寸甫の規格に合わないものである。

また、安永年代（一七七二〜八一）から天明年代（一七八一〜八九）にかけて、城普請のため手近の共有、私有、社寺有林ともに大半が伐採され、いよいよ材価が高騰したので、杣夫《そまふ》は奥山での伐採・木材生産に従事し、森林資源はさらに減少したのであった。文化三年（一八〇六）の木材生産量は、寸甫二万六九〇〇挺、角材一万二二〇〇本にすぎなくなっていたのである。

森林資源の減少と造林の必要性の訴え

当時といえども山役人のなかには、このような森林資源の減少を憂える者もあった。享保元年（一七一六）（正徳六年六月二二日改元）九月に秋田藩の林役の湊伊兵衛と豊田弥五右衛門が山林取り立ての儀について上申した書類がある（農林省編『日本林制史資料　秋田藩』朝陽会刊、一九三三年）。二八カ条にわたって述べられているが、造林の必要性ならびに方策を述べた意見具申の概要を示すとつぎのようである。その内容には、当時の山村民の心情などを知ることができる。

諸民山林に心を残し大切に仕候もの無之候、其故は深山幽谷に定る山主もなく、諸民当座の家業山子の腕次第林木を伐取、当座の間合次第末々の害を不顧底を尽して伐取申候、此故に当国の御田地は古に勝り盛御座候得共、山林は日増衰微いたし候、之に依て民家の家材木朝夕の薪次第に払底に罷成

当藩の庶民は山林を大切にしない。深山幽谷は定まる山主がないので、庶民は当座の家業（家の生計のための稼ぎしごと）として、また山子の腕前のままに山を伐るので、田地はさかんとなるが山林は日増しに衰弱する。そのため民家の材木や朝夕炊事のための薪も少なくなっており、一方、価格は高騰し将来の不自由は目に見えていると、森林資源の減少の現状と、林産物の価格騰貴をまず述べる。

山林は農民永代之地に無之、当用の家業と而巳心得候より山林を取立候心少しも無之候、萬一つも

留山之事など申出るもの御座候へとも、得分無之候へはむなしく日を送り末世の生民迷惑に罷成候事

田地とちがい山林は農民永代の地ではなく、当用の稼ぎの仕事とのみ心得ているので、山林を取立て育成しようとする気がない。留山（伐採を禁止すること）の必要があっても黙っている、というのである。

秋田藩では、林野とくに立木の所有権が不安定であったことが示されている。そのため造林を藩が命じても、長続きがしなかった。また山林の使用制限が厳しく、藩有林では伐採跡地の薪よりほかには使えない幹の部分が細くて枝の多い末木《すえき》（梢の部分）の利用すら、自由にならないことがあった。

古来より材木等に伐取候末木其所之人民に不被下置《くだしおかれず》、山中に捨置申事以外山林之費に御座候、都而《すべて》諸民之用所に候はゝ本木をさへ可被下置所《くだされおくべきところ》、少分之障を以世上払底之材木山中に捨置候事山林之費《ついえ》言語に申し難く候、（中略）此内末木等被下《くだされ》候へば庶民有り難く存じ奉り候、面々用立て候はゝ夫程の材木山々に残り申す道理に御座候

むかしから材木の末木を地元の住民に下《くだ》されず、山中に捨てておくのは無駄である。少しばかりの支障はあっても、庶民でも材木や薪は日用の必要品だから、どれだけ制限しても、必要な量は使用する。したがってそのうち末木《すえき》などを払い下げすれば、庶民はありがたく思い、それぞれ用立てればそれだけの材木が山に残る訳であると、説くのである。

木材消費制限がおよぼす造林への影響

そして、一般の木材消費制限が造林に及ぼす影響を述べているので、意訳して掲げる。

近年、造林がおこなわれたが、村々ではたいへんな障りである。青木（杉・檜のこと）材木等が足りないため、百姓が先祖から育成してきた杉、檜の本数を御用帳につけておき、公用にばかり使われ、

持主の百姓は一本も自分で使えないため、今では一本も植え足ししないので、国中の木が減少するばかりである。

さらに領民の家作もそれぞれ似合いのものとするため、植栽木のない者は藩有林に紛れ入り、杉・檜を盗伐《とうばつ》するので、御国中の材木がしだいに不足する。留山にさえすれば、材木が成長すると思うのは、その土地領民のことをよく知らないからだ。当人勝手しだい用立ててよいとなれば、植え立てるし、藩の山林にも入らず、自分用も公用も達することとなる

といって、人情の機微を指摘している。

この湊・豊田両氏の中上候覚という文書は、ひじょうな長文であるが、つぎのように造林の方策についても述べているので、この部分についても意訳して掲げる。

山林は薪林を立てればよいというのは間違いで、まず古林を伐った跡を造林することが肝要である。薪林は土地もよくない。

山々の掟《おきて》や御条目がたびたび変わるので、諸民の心が定まらず、造林の障りである。明山《あけやま》と留山との関係を考えることが大切である。留山は大切だが、それには明山との関係が重要である。むかしから多少、山の取りたてはあったが、それは当座限りに終わるので、地元民が造林して差上げ、留山にするため、地元のものは少しも得にならない。そのうえ藩有林だと公用も多く、人夫、賄《まかない》、伝馬など、たびたび必要なため郷中の出費も増え、従って造林後の撫育《ぶいく》をおこなわないうちは、下草刈取も法度《はっと》だといっても、成林しない。

百姓持分の林なら材木一本伐り取っても、金のように惜しみ大切にするが、公儀のものでは重視しない。よって藩有林中、庶民へ御恵みのため下置《くだし》かれるべきが道理である。

このように、藩有林の利用を図ることが述べられるのである。

江戸時代という封建制度のもとにおいて、生活が安定するにつれ、地方の人びともしだいにその地位を自覚し、租税の重圧のもと、利害打算をはかって行動することとなってきたので、江戸時代前期にみられるように、強制的な権力のみでは、必要な造林も継続できなくなってきていた。

一般的にいって、農山村は封建制度を支持する基礎となっている生産力、担税力を全面的に負担していたが、租税がいよいよ重く課せられ、享保一七年（一七三二）の享保の大飢饉（西日本では蝗害《こうがい》が発生）、寛保二年（一七四二）の関東地方の大水害、明和八年（一七七一）の関西諸国の洪水などのように天災が頻々と来襲してきたので、しだいに生産力は減退しつつあった。

さらに都市の発展にともなって、農村は相対的に退歩し、人口制限、逃散《ちょうさん》があいつぎ、農山村の負担力はそれだけ個人当たりに加重され、窮乏の末百姓一揆《いっき》も至るところでおこった。江戸時代のおける百姓一揆は、本書の林業上の時代区分ではない歴史的区分によってみると、前期（一六〇三～一七一二）には五九〇件余、中期（一七一三～一七八二）には七八〇件、後期（一七八三～一八六七）には一七九〇件と、時期が下るにつれて急激に増加している。

秋田・広島藩の林業事情

農村の地租（田畑、山林などから生まれる収益に課した税）が、五公五民より、はなはだしいものは八公二民にまで及んだ。つまり税が領主が決めた高《たか》の五〇～八〇％にもなるという厳しいものである。山村の村高《むらたか》への負担も軽くなく、それも森林資源の減少にともなう山村民の減少とともに、同一額でも結局重課されることになってきた。そのほか伐採木や、また林産物の移出に対し、それぞれ税が課せられた。

このようにして後期は、農業経営および林業経営については格段の発達をみたにもかかわらず、農村、山村としては、次第に疲弊の方向へとたどるのであった。とくに山村においては、農村とは異なり食料の自給ができないので、貨幣への依存度が大きい。元禄八年（一六九五）の金銀貨改鋳からはじまって、悪貨の鋳造がいちじるしく、そのため物価値上がりの悪影響をもっとも受けることとなったのである。一般的に山村では特別に富んだ者は少なく、共有地、私有地は租税負担などに窮して、田地より自由に所有権が移転していったのである。

山村民および農村民の経済の窮乏は、森林の荒廃を促進し、とくに山林に富む地方の藩の財政に大きな影響をあたえたのである。このようなことから、前に述べた秋田藩の意見具申書のような形となった。しかしこの具申は、享保年代（一七一六～三六）にはとりあげられることなく、ようやく八九年後の文化二年（一八〇五）の林制の改革においてとりあげられたのであった。

> 山林伐尽くしては、田畑荒廃、村居の衰えのみならず、急水の変、干ばつの憂、川形の変地などに至り候ては、余山林伐尽くしより相生並びに材木、薪、炭値の高低、御国中一統に相係り、一つとして軽るからざる事に候。百姓共にとくと申し含み、諸樹植え継ぎ、山や沢、繁茂するように精を入れ、相務められるべく候。

ここまでは江戸後期における木材生産藩であった秋田藩について述べてきたが、次に木材需要藩であった安芸藩（広島藩）における文化年代（一八〇四～一八）の林業事情を述べる。

文化六年（一八〇九）十月の日付のある「堀江典膳殿御山方内考之趣被書認《かきしたためられ》候写」（『日本林制史資料 広島藩』）という四カ条からなる文書であるが、一カ条ごとにそれぞれ長文であるが、その一部を意訳して掲げる。

当国（安芸国）は良材を生産できる地勢とおもうが、今は他国へ出すことはさておき、御領内分も不足し、多くは他国より買い求めている。今は運搬に便利なところは皆、伐り尽くし、田畑に替えている。良材はさておき、雑木、薪にまで不足している。城下の民はその不足に苦しみ、あまつさえ川筋の山を伐ることがしきりだから、山潰《やまつい》え（崩壊すること）、土砂を流すことが昼夜止まない。

御普請も品柄も品質のよい良質木がないので、上方《かみがた》（大坂のこと）の材木を用いている。まして町方から良質材の下げ渡しを願い出てきても、渡すこともできない。造船材もかならず他国から買い求めることであったが、近年田中氏の工夫で、御領分の材木で作れるようになった。

以前は江戸表へも板、材木そのほかを地元から運送して貯材していたが、近年の明和九年（一七七二）二月の江戸大火（目黒行人坂火事）、寛政（一七八九〜一八〇一）両度の類焼の際も、かねてからの建築材の準備がないので、国おもてではにわかに奥地の藩山から伐出したが間に合わなかった。半ば江戸での町請負いとしたので、その普請はきわめて粗末で、値はかえって高くなった。この火事のとき近所の黒田氏（福岡藩）、上杉氏（米沢藩）、毛利氏（萩藩）、蜂須賀氏（徳島藩）、山内氏（高知藩）なども同様の有様で、長州侯（毛利）は十カ年余も上屋敷の普請を延引したため、御公儀から沙汰があり、にわかに建築したという。

以上のように、安芸国をもつ広島藩のような大藩であっても、木材欠乏の状態が明らかであった。そこで「川筋はもちろん、浦辺や島方までも尺地ものこさず、土地相応の樹を植えることをまず図って、伐ることは後に図るべきだ」と、造林の大切さを説いている。

秋田藩と安芸の広島藩というわずか二つの藩であるが、木材を生産する地方においても、その木材を専ら消費する地方においても、江戸時代後期においては木材の欠乏にあえいでいたのである。藩存立の基礎である農業維持の見地から治山治水が重要であるとともに、木材需給ならびに藩の経済の見地からも、木材の利用の重要性からも、山地への造林がきわめて重要視されるに至ったのである。

後期になり治山が重要視されるに至ったのは、要するに前期の山林の乱伐が重大な原因であった。度をすぎた木材利用が、農業などの他の産業におびただしい悪影響をおよぼし、それが海辺、河川沿い、耕地などの関係で、新しい規模で造林を促進し、さらに進んで山地の治山治水の治山造林にまで広がっていったのである。

藩によって事情に多少の差はあるが、国土保安と木材利用とが並行して尊重されたところに、当時の造林の特徴がある。さらにこの造林は、藩財政の保全、山村における経済のみならず生活維持の基礎でもあった。

江戸後期の造林施策の特徴

江戸後期の造林政策の特徴は、どの藩においても封建制度のもとにあったが、民意尊重の方向がみえ、それは部分林制度（育成した林を伐採した収益を一定の比率で藩と造林者の間で分かちあう制度・分収林制度のこと）、報奨制度の普及などにより発展したことである。藩の財政がしだいに商業資本の圧力に屈服するにつれて林政がみだれるところが多かったが、その回復には前にみた秋田藩の意見書にもあるように、庶民の人格とその経済を考慮しなければおこなわれなかった。

それは、それまでの造林が比較的管理しやすい平地か丘陵地（並木、社寺林、屋敷林をふくむ）をおわり、不便な山地を対象にするようになったからであろう。

なお、造林樹種については、一般的に杉がもっとも尊重されるようになった。

文政一二年（一八二九）、陸中南部藩の雫石《しずくいし》（現・岩手県雫石町）の植立奉行であった上野彦太は、「山林は風雪寒季に節し城郭、堤防、橋梁、薪炭にいたるまで、ことごとく樹木に依らざるはないが、なかでも杉樹は最も有用な材で、需要広く効用が大きい」と述べ、その繁殖につとめた。

造林が大規模になるにつれて、苗木養成が普及していった。藩は種子を毎年採取させたり、または買い上げて藩営の苗畑において養成するか、地方民に官費で養成させ、村方へ渡し、植立てを奨励したのである。その他の希望者にも、苗木を無代または安い価格で下げ渡した。

秋田藩には七か所の藩営苗畑があり、仙台藩にも杉苗畑があり、熊本では地方の官山《かんざん》（藩有林）の山中に苗を仕立てて運送費を少なくし、生育につとめた。

藩有林は藩の費用か地方民の課役で造林するほか、藩有以外の山林所有者に対しては補助金の交付もあり、仙台藩では樹木を伐採した後は伐採木一本につき代わりの苗木一〇本の割合で植えさせ、さらに余りは自由に植えさせた。一般に技術指導もおこなわれた。

水戸藩では、藩有林の造林にあたっては人足五人を一組とし、そのうちの三人を穴掘り担当、二人を植付け担当とし、五人のうちの一人は庄屋、組頭、山守のうちのだれかを担当させて立会を命じ、組ごとの間を一〇間（一八メートル）引き離して植立てさせた。植えたあとは立合手代、大山守が総改めをした。杉苗の植付け本数は、一人一日一〇〇〜一五〇本であったという。

熊本藩では、宝暦年代（一七五一〜六四）に杉の挿し穂を採取し、各戸二五本あて空き地に挿しつけさせた。また宅地その他への造林は、立木の所有を認め、百姓ができるだけ自発的に造林するように心掛けていた。

江戸時代後期の顕著な現象として、領主の酷税に耐えかねた百姓の逃散《ちょうさん》がつづいたので、農山村では空屋敷がしだいに増加していた。仙台藩では、杉苗をそのまわりに二重三重に植えさせた。逃散とは、農民が領主の誅求《ちゅうきゅう》にたいする反抗手段として他領内へ逃亡することをいう。

杉の造林は山地でも比較的便利な地域が選ばれ、材の利用によっても立地《りっち》が考えられたのである。米沢藩では寛政年代（一七八九〜一八〇一）に、「橋材はその橋の近所に、船材は船部近在の所々に、御役屋敷補修のためにその各構えのなか、またその向こう寄りの所々を植えたてる」とされた。弘前藩では天保年代（一八三〇〜四四）に、海岸通りを杉の仕立て地としていた。

盛岡領内では「鹿角《かづの》両通りは山出しよろしく、諸国通行自由の趣」につき造林した。安政年間（一八五四〜六〇）熊本では、「地形高いところは杉、檜の成立がよくなく、その上険阻の谷峰を越しては搬出もできないから、植立て場所を選ぶこと」とある。このようなことで、奥山では天然更新に委ねるところも多かった。

小倉藩では寛政五年（一七九三）、谷奥での松の木などでは何かのとき役に立たず、択伐（抜き伐のこと）など願い出ても、奥山は失敗、造作負けしてかえって損失ともなる。したがって杉、檜などのように持ち運びもよく、出し方のよい良材を各自余計に仕立てるようにせよ、と達している。

民間の杉林業の特徴

さて、民間の杉林業であるが、文化・文政期（一八〇四〜三〇）から流通経済圏の拡大とともに、早くから貨幣経済にまきこまれた、もしくは接触の深くなった藩の領内、並びに産業助長政策をとる藩や幕府領では、民間林業は急速に伸長していったのである。このような地方では、自給経済のためのいわゆる農用林とは明らかにその性格を異にし、商品生産を目的とする林業が平地でも成立していくことになったの

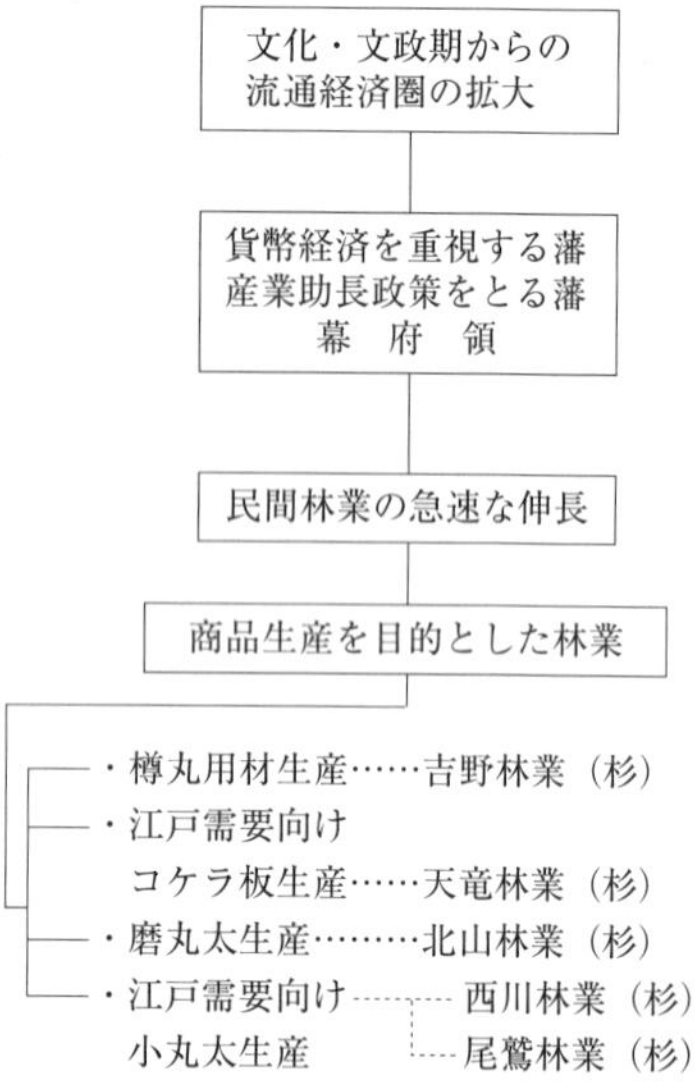

である。

民間林業では、俗に「良材をもって宮を作り、家を建て、船を作り、橋を渡すに杉檜にしくものはない」といわれているが、さらに収益が早くから得られるという点で、杉の造林が檜のそれを上回ったのである。

ここで林業的区分でいう江戸時代後期のはじめあたり（享保〜宝暦年代）では、樽丸用材の吉野（奈良県）、江戸需要のコケラ板の天竜（静岡県）、台杉の北山（京都府）、丸太材の西川（埼玉県）や尾鷲（三重県）のように、需要に刺激された杉林業が発達してきた。なおコケラ板とは、屋根を葺くのに用いる薄く割った短い板のことで、主として杉がつかわれ、檜や槙でもつくられた。

これ以外の地域では、一般的には僧侶、武士、郷士、医師という知識階級の指導のもとで小規模におこなわれていたとみられている。そのなかには、武蔵地方の原野への自然発生の杉苗の造林、身延山の造林などがみられるが、かならずしも利用の途がひらけたことによる収益を目的とした造林ではなかった。

明和〜享和（一七六四〜一八〇四）のころは、各地の交通便利な山林への造林が発達したが、依然として面積規模は小さい。しかし雑木林や奥地広葉樹林の用材林への転換が、秩父や入間（埼玉県）でおこなわれた。それは杉、檜の材価の騰貴を反映したものであった。千葉県の山武《さんぶ》地方の伝説によると、このころ老僧が熊野杉を持参して造林したが、その杉はこの地方の在来杉がもっていた成長緩慢、梢殺《うらごけ》、材色黒褐色という欠点がなく、成績が良好であったのでこの杉の造林が普及していったという。山陰の智頭《ちず》林業（鳥取県）が発達をみたのもこの時代であったが、当時はその市場圏が未だ地方にとどまっていた。また造林方法も、山地への杉穂の直挿《じかざし》に依っていた。

文化～天保（一八〇四～一八四四）のころは、経済事情が悪化し、武士は財政に苦しみ、農民は出羽の大地震（一八〇四）、畿内・東海の洪水（一八一五）、飛騨大地震（一八二六）、天保四年（一八三三）～同一〇年の長雨が原因する天保の大飢饉など、天災により生活がきわめて困窮していた。木材の欠乏は全国的に顕著となり、材価は騰貴し、それだけ流通圏は拡大された。造林の必要性が経済面から痛感され、各地でさかんに植栽されたのである。

それまでに比べ、急速に造林の速度およびその分布が大きくなり、将来の材価の騰貴をも見通して、やや奥地にまで植栽されるようになった。その際、地方商人や地主が、このような情勢に乗って窮乏している山村から林地を入手し、かつ疲弊した地方の農民などを安価で雇い、造林していったことも見逃すことはできない。しかしこれらの商人、地主の資本力によって林業が発達し、やがて林業経営と称する規模のものも生まれてくるのである。造林の技術も急激に発達し、依然として天然生苗の利用もあったが、苗木養成の技術も習得と伝習によって普及していった。造林したのちの手入れ（保育）や、保護という面も発達したのである。

吉野（奈良県）、四谷《よつや》（東京都）、西川（埼玉県）、智頭（鳥取県）、天竜（静岡県）のような林業地帯も外部から資本が入った。また借地林業が活発となり、著しく成長した。

弘化（一八四四～四八）年代以降となると、造林の面積規模が一般的に大きくなり、造林方法や手入れの仕方などの育林方法や林業経営も巧みとなってきた。

常陸国（現在の茨城県内）では個人で二六〇町歩の杉などを造林し、常陸真壁では不毛地一〇〇町歩の造林がおこなわれた。林業が単なる副業ではなく、事業家の投資対象となるところが増加していたのである。奥地森林を用材林に改造するのがさかんになる一方、搬出事情の良好な西川地方などでは小角材がさかんに生産されるようになった。

商品生産を基礎とする民間用材林業のこのような発展過程において、杉林および杉材がもつ経済的利点は、他の針葉樹をはるかに凌ぎ、自然立地において可能なかぎり、その造林はすすめられた。その結果、なかには尾鷲（三重県）のように、地力の減退によってそれまでの杉林を、二代目の造林の際には檜林へと変更しなければならない地方も生まれたのである。

杉は大和の吉野などの集約林業地帯にもっとも広く造林され、現在でも全国的に造林されている。当時の農用林地帯では薪材を自給しなければならない関係から、「杉苗を移植するのを山方一般の通法とする。里方はそうではなく、薪を多く必要とするので多く松を植える」とされ、松の植栽が多かった。しかし、全般的にみて、植栽する樹種では杉を第一としてきたことは、各藩の政策からも知ることができる。

二　近現代の杉植林の盛行とその背景

近世の造林

明治維新によって法的に所有権が明確にされ、山林は国有林と公有林と私有林との三つに区別されるようになった。国有林は国が所有している山林で、私有林は個人や会社が所有している山林をいう。そして入会《いりあい》山や村持山などのように官有（国有）でも私有でもない山は公有とされた。その後公有林の名称はいろいろな変遷をへて、都道府県有林、市町村有林、財産区有林、部落有林という区別がうまれたが、入会山などは個人所有へ分割されたものが多い。

造林とは、林木を新たに仕立てて森林を造成する人びとの営みである。

その方法には、天然更新法と、人工造林法という二つの手段がある。本書では、山地に樹木を植え、それを保育し、森林を育成する人工造林について調べていくので、造林とは即ち人工造林法という更新方法による林の仕立て方をいうことにする。

森林を更新させるには、二つの方法がある。

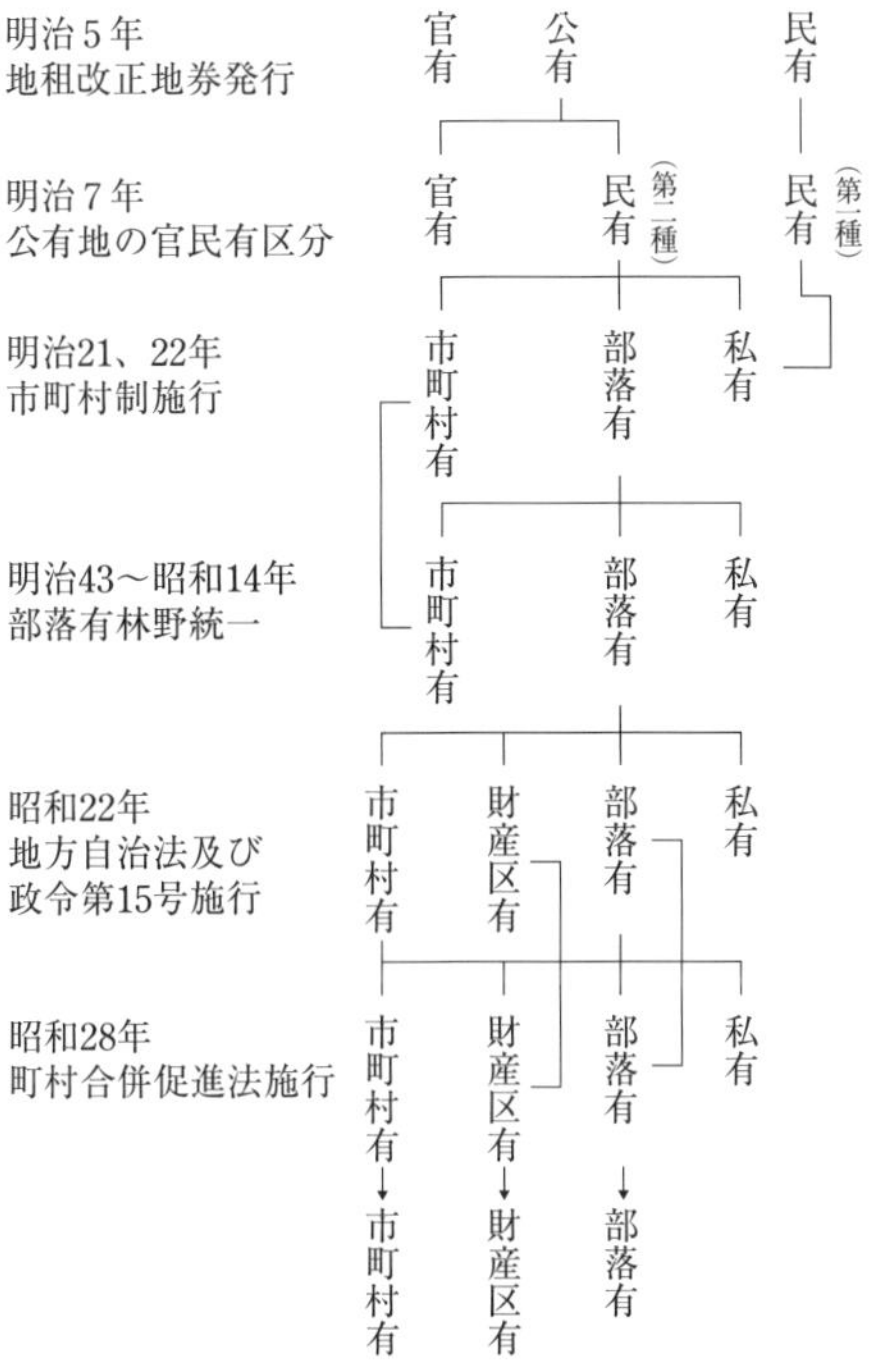

公有林の系図

天然更新法……伐採跡地を自然に推移に委ねて代替わりさせる方法

人工造林法……苗木の植栽、種子の直播《じかまき》、穂木の直挿《じかざし》など人為によって森林を造成する方法

山地に、あるいは里近くの空地に樹木を植えるという造林行為は、『万葉集』巻十・春雑歌に、「古《いにしえ》の人の植えけむ杉が枝にかすみたなびく春は来ぬらし（一八一四）」と詠まれているように、わが国では八世紀にはすでにおこなわれていた。

しかしながら、その杉を植えるという根本は、木材を生産し、我と他人に益をもたらせることが目的ではなく、水源地の保護、荒廃地の被覆、神社や寺院の尊厳維持などに関わるものであった。現在においても、造林の目的のなかには、これら森林がもつ効用は無視できない比重を占めている、というよりこちらの比重が重くなっている。

造林の歴史をみる前に、まず明治維新前のことに触れないと、維新後の山林の状況がよくわからないと思う。維新前のわが国の山林に対する施策つまり林政といっても、確固たる林政は立っていなかった。ただ、数多くある藩がそれぞれに禁伐林をおくとか、あるいは乱伐はできないとか、もしくは禁伐法をもって伐採を禁止したり、領地内の人びとに奨励して樹木を植えさせたという具合で、それぞれの藩ごとに、山林の取扱いには差があった。

わが国の造林事業は、室町時代にその萌芽があり、江戸時代には北山（京都府）、吉野（奈良県）、尾鷲（三重県）、智頭《ちず》（鳥取県）、能登（石川県）、日田（大分県）、飫肥《おび》（宮崎県）、西川（埼玉県）など、いくつかの地味豊かで、木材を筏に組んだり、あるいは管流《くだ》しといって丸太のまま河川の水流を利用して下流へと送る流送の便益が大きな地域で、商人資本の流入により、造林事業をともなう林業地帯が形成されていた。

また、佐竹藩（秋田県）、伊達藩（宮城県）、山内藩（高知県）、細川藩（熊本県）その他、藩の造林奨励策がとられた領域では、小規模づつながら、農民による村持山や藩有林への造林がしだいにひろがっていた。

この章においては、植える樹種を杉だけに限定することは難しいので、杉、檜《ひのき》、松類、欅《けやき》などの広葉樹も含めての造林ということで記述する。

明治初期には伐採に重点

明治維新後、廃藩置県となってからは、山林のほとんどすべてが官林（国有林）に編入され、各府県の知事にその職務を託された。ところがその当時の各府県知事が、林業のことをよく知っていたのかといえば、なかなか理解する者は少なかった。

国の大臣をはじめ各府県知事といっても、ほとんど山林に考えを置いて仕事をすることはなかった。

当時の山林事情について、わが国屈指の山林地帯である奈良県吉野郡川上村大滝に住む土倉庄三郎は、『大日本山林会報』第二五四号（明治三七年一月号）の「維新後山林の状態に就て」と題した講演で、つぎのようにいう。

私共は奈良県でありますが、奈良県の参事が自ら私の家に来て、私に曰《いわ》く、斯《こ》う云う杉のようなものを造って何になるか、寧《むし》ろ焼《やき》まくってから、其跡《そのあと》に桑でも植えい、という有様である。此如《このごとく》に、政府においても、各府県の知事に於いても、樹木の需要供給が那辺《なへん》にあるか、日本の樹木の値が三十年も経って来たれば、大変高くなって人民が困ると云う頭はチッともなかったのである。

民林は何《ど》うかと云へば、文明の事業が進むと共に、薪炭と云い、建築材と云い、その他スリッパなりマッチ、或は電信柱なり、郡衙《ぐんが》、小学校の建築というようなものに対して、続々木材が必要である。其処《そのところ》で、大に樹木が足らんことになった。足りない、足らぬことになったので、従って樹木の値は高くはなりましたが、樹産地の人は唯高いと云うだけで、何《ど》れだけ値が高くなったのか分からぬが、他のものに比較すれば材木は突飛《とっぴ》に直段が騰《あが》っているのであります。

然《そ》うして此民有林・国有林共に、需要が進んできたから、充分に是《こ》へ植樹を施して、供給の途を講じているかと云えば、明治二十年頃までは伐る一方で植えると云う方に注意した人は少ないのであります。

造林はこのように、わずかずつであるがほぼ全国的にひろがっていた。しかし江戸時代以前におこなわれていた人工造林地が明治維新当時どのくらいあったのかは、直接的な資料がないので詳らかでない。

明治維新の改革がおこなわれると、ほとんどすべての旧制度は根本的に破壊され、これに代わるべき諸々の新制度が始められた。しかし、決して新旧の制度の転換がまったく無造作におこなわれることはなかった。旧制度の破壊や新制度の創始が、政治上に、社会上に、また経済上におよぼした影響も、きわめて広く、かつ深刻なものがあり、さまざまな重要問題を発生させていた。その一つに森林の荒廃という問題がある。

森林の荒廃とは、単に森林がまったく消滅した荒廃不毛の状態にあるものだけに限らず、森林を永続的に経営することを考えにいれることのない伐採、つまり乱伐によって、あるいは森林火災などの原因で森林が著しく破壊されたまま放任されている森林も含まれている。森林荒廃の直接的な原因は、主として森林の乱伐で、しかも伐採された跡地が造林されないまま放置されたことにあることはいうまでもない。

中央では明治一二年（一八七九）内務省に山林局を設置し、殖樹《しょくじゅ》課が置かれ、はじめて造林行政機関の態勢が整えられた。その後すぐに、山林局は同一四年に設置された農商務省に属することとなった。ここに至るまでの造林施策は、国がもつ国有林に重点が置かれていたが、同一五年に大日本山林会が組織され、民有林の指導・奨励にあたることとなった。国と民との両方の山林に造林を指導する機関がうまれ、ここから造林が始動してきたのであった。

明治期の民有林造林

地方庁においても長野、福島、大分、滋賀、佐賀、兵庫等の諸県では、植林奨励規則、植林奨励下与規則などを公布して造林を奨励した。地方庁といってもこの時代は、現在のような自治体ではなく、国の出先機関の一つであった。明治初期での造林実績はまことにわずかなもので、明治一一年（一八七八）以降一八年にいたる間の造林実績は全国で年平均四五〇町歩程度にすぎなかった。

当時の徳島県那賀《なか》郡あたりでは、「住民の多くは、田畑と焼畑による食糧の自給に追われていた。そして一方では、現金収入を得るために、この頃から盛んになった天然林の伐り出しに従事していた。したがって住民のほとんどは日々の生活におわれ、三〇～四〇年後の殖利を目的とした人工造林には専念できず、明治二〇年代の造林は経済的に余力のある一部の人たちによって徐々におこなわれたとみるべきだ」と、『木沢村誌』（木沢村誌編纂委員会編、木沢村、一九七六年）は分析している。

明治二〇年代に入って政府要人の勧誘などにより、住友、古河、大倉、三井、森村等の中央資本家グループや、金原（静岡県）、諸戸（三重県）などの地方の財産家が造林にのりだした。数少ない彼ら資本家の造林は、数千町歩におよんだものもある。これら資本家の造林が、各地の森林所有者の意欲を刺激した効果も大きかったとみられている。なお、富士、王子の両製紙会社もこのころから、造林をはじめている。

明治二〇年（一八八七）ごろより箱、樽、桝木、紡績用木管などの木製品製造工業、製紙などの木材需要産業があいついで興ってきたが、造林実績にはほとんど影響がなかった。

一方、たびたび災害に見舞われ、せっかく山地で成長しようとしている国富を失うという傾向にあったので、明治三〇年（一八九七）に森林法および砂防法が公布され、治水造林が推し進められるようになった。この時点で、府県で管理していた国有林がすべて大林区署（後の営林局、現在の森林管理局）に引き渡され、地方庁は民有林対策に専念できる態勢となった。

明治三一年（一八九八）までは、民有林の造林に関する統計がなく、やや使える数字は三四年からであるが、当初は年間一万町歩くらいのところからはじまって、三〇年ころは四万町歩くらいに増大していたとみられる。三〇年代にはさらにそれが増大し、年間七〜九万町歩のペースとなって明治末年までつづいた。三〇年代以降は、公有林の二万町歩、末期には三万町歩程度が含まれている。このうち、私有林は六〇〜七〇％、公有林はほとんどが拡大造林（これまで植林地ではなかった新しい山地等への造林）であっただろうと推定される。樹種は杉、檜のほか、赤松、黒松、落葉松《からまつ》、櫟《くぬぎ》なども加わっている。

このような造林の増進を誘発したものは木材需要であった。とくに人工林材に関わるものをあげると、都市人口の増大、官公庁・学校・工場・駅舎・兵舎などの新規建築がまずあげられる。ついで船舶、車両などの製造、橋梁その他の土木建設、三〇年以降は朝鮮半島や旧満州という外地経営用の木材の移出などがある。そのほか、枕木、兵器、茶箱、マッチ軸木、パルプなどの新規需要はほとんど天然林材が向けられた。しかし、伐採跡地の拡大や、林業収益の増加が造林の進展をうながしたことは当然考えられる。

このような情勢のなかで、現在著名な杉林業地として知られる熊本県小国地方、愛媛県久万《くま》地方、徳島県木頭《きとう》地方、静岡県天竜地方、山梨県富士川地方、栃木県那須野地方、山形県金山《かなやま》地方などが、明治以降の新興地として有名林業地に加わってきたのである。

愛媛県上浮穴郡菅生村（現・久万高原町）では、戸長の井部栄範が明治一二年（一八七九）に全戸植林について村議会の協賛を得て、備蓄的植林を奨励した。この菅生村の事例に準じて、各村にも「三百杉」と銘打って各所の入会地（採草地）に植林するものが多くなった（『久万町誌』久万町史編集委員会編、上浮穴郡久万町発行、一九六八年）。

明治中期の一九年（一八八六）〜三一年ごろの杉の造林法は、奈良県吉野地方でおこなわれていた吉野方式が全国を支配していた。九州地方においては、これまで広く行われていた杉穂木を林地に直接挿しつけて造林する直挿《じかさ》し法がつよい批判をあびた。熊本県小国地方では、明治二七年（一八九四）にはじめて杉の実生苗を植えて以来、造林事業は急速に発展した。

鳥取県智頭《ちず》地方、山形県金山地方でもこのころから、吉野林業模倣時代に入ったが、いずれもその成績はよくなかった。また杉挿し穂を山地へ直挿しする造林法が急速に減退したことに対応して、挿し木苗養成技術が九州をはじめ、北陸、秋田などで発達し、明治三〇年（一八九七）ごろには杉挿し木苗による造林が九州地方にはあまねく行き渡るようになった。

兵庫県千種町の明治期の杉造林

『千種町史』（千種町史編纂委員会編、千種町、一九八三年）によると、兵庫県千種《ちくさ》町（現・宍粟《しそう》市）の植林の最も古い記録は、江戸時代後期の貞亨四年（一六八七）のものだという。千種町は兵庫県西部で、日本海と瀬戸内海の分水嶺となっている中国山地の南側に位置している。当時の千種町は、砂鉄製鉄が行われていたので、山地の雑木を製鉄のために伐採し、その跡地へだんだんと杉を植えて成長したら年々伐採し、その材は板にして渡世していたようである。

明治三八年（一九〇五）におこなわれた「村勢一斑」の調査のなかで、私有林、公有林ごとに林相の調査がなされ、その結果が集計されているので、次に掲げる。

林種	私有林	公有林	計
人工植樹林	三三二町〇	一四九町二	四八一町二
人工喬林	四〇〇町〇		四〇〇町〇

天然喬林	三二〇町四	一四七町三	四六七町七
雑木林	七四七町三	二四五八町八	三二〇六町一
草刈山		一六七三町九	一六七三町九
竹林	七町〇		七町〇
桑園地		七町三	七町三
合計	一八〇六町七	四四三六町五	六二四三町二

林種の人工植樹林とは杉、檜《ひのき》の植栽地をいう。天然喬林は民有林では一七〜一八年以上の雑木天然木地のことで、公有林では杉、樅《もみ》、雑木の天然林のことである。雑木林は、天然林中の一七〜一八年以下のものをいう。

公有林の人工植樹林は、以前から草刈り場として利用していたが、雑草の焼き払いなどで土地が荒廃してきたため、明治二五年（一八九二）のころ宍粟郡山林保護会なるものを同盟し、山林の挽回策を講じて少しずつ植林してきたものであった。明治三四年（一九〇一）度から、兵庫県費の補助が受けられるようになり、現在も植え続けているものが多い。このなかに一六町歩の小学校基本林も含まれている。

千種町の公有林の人工林はわずか三・四％である。「スギ、ヒノキの人工植樹が進まなかったのは、当時の農家の生活家計の上で、雑木と草の役割が大きかっただけでなく、スギ、ヒノキに比し勝負が早い、とい

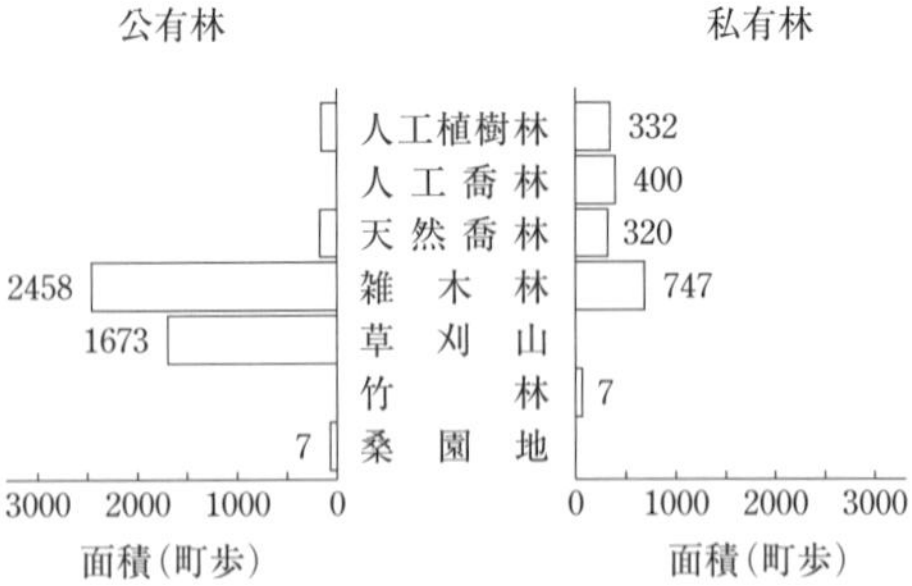

明治38年時点の千種村の森林状況。公有林の草刈山が広大な面積を占めている。

うことも原因になっていると思える」と、『千種町史』は分析している。つまり雑木は一五年もたてば木炭や薪になるが、杉、檜では三五~四〇年も経たないとものにならないということである。さらに杉、檜の植林は、手間と費用がかかるけれども、クヌギやナラなどの雑木は放っておいも天然萌芽《ほうが》で山になる(生長して木炭に利用できる大きさの林になることを、この地方ではこう言う)ということも、一因になっていたのであろう。

日露戦争後の民有林造林

明治前期から引き続いて発展してきた日本経済は、明治三七(一九〇四)・三八年の日露戦争を経て一層拡大した。前に触れた兵庫県千種村(現・宍粟市)では、戦勝記念として村の「基本財産蓄積条例」がつくられ、一〇カ年計画で杉、檜等の人工林八一町八反を造成し、これを村基本財産と学校林とした(『千種町史』)のである。このように明治三〇年前後から、学校林や戦勝記念植栽などで、公有林における植林の素地ができようとしていた。

愛媛県久万《くま》町(現・久万高原町)では、日清・日露戦争後の木材の必要性と財力蓄積の両面から、記念造林、在郷軍人基本林、学校基本林などの名称のもとで造林が奨励された植林地が多かった。現在はほとんど伐採・利用されたが、その跡地には在郷軍人山、学校奉仕山などの名称が残っている(『久万町誌』)。

全国的には日清戦争前後から民間資本が、林業にもさかんに投資されはじめた。しかしこの傾向を政府が直接助長するような施策は、あまり行われなかった。民有林植樹奨励金の下付や大日本山林会の創立等の施策がおこなわれたが、民有林助成の大きな力となるほどのものはなかった。このため市町村のおこなう造林で特別な技術があったとは考えられず、当時私有林の経営に熱心な人、あるいは従来の村持入会山《いりあい》の世話役をしている人びとの中で、特に熱心な人が奈良県吉野地方あるいは三重県尾鷲《おわせ》地方の植林技術を導入し、その指導のもとでおこなわれたと思われる。

一町歩あたりに杉・檜が何本植えられたのかについて、大林区署管内別の明治四四年（一九一一）一月調べのものと、明治中期の林業地帯のものとが、『林業技術史』に記されている。

大林区署管内別一町歩当たり植樹本数（明治四四年一月調）

	東京	青森	長野	大阪	高知	熊本
杉官	四五〇〇本	四三二〇本	三〇〇〇本	四五〇〇本	三〇〇〇本	四三二〇本
杉民	五〇〇〇	四三〇〇	三〇〇〇	六〇〇〇	四三〇〇	六〇〇〇
檜官	四五〇〇	四三二〇	三〇〇〇	四五〇〇	三〇〇〇	四三二〇
檜民	三〇〇〇	三〇〇〇	三〇〇〇	六〇〇〇	四五〇〇	六〇〇〇

明治中期の地方別杉・檜一町歩当たり植栽本数

吉野地方	一万二〇〇〇～一万本
東京四谷丸太地方	八〇〇〇本
青梅地方	六〇〇〇本
房洲清澄	五〇〇〇～四〇〇〇本
天竜地方	三〇〇〇本
国有林	六〇〇〇～三〇〇〇本

これでみると、地域により樹種により、官（国有林）と民有林との差は、さまざまであった。私有林で

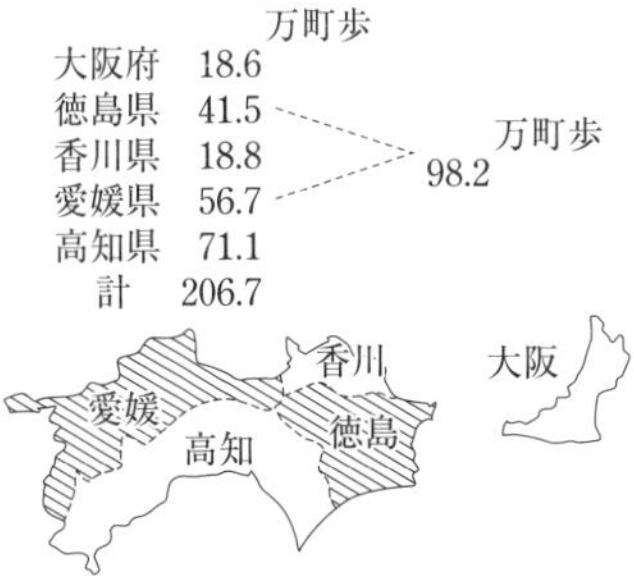

明治期の日本全国の公有林野200万町歩とその中の放牧採草地100万町歩の広さを府県面積で比較すると、四国４県と大阪府を合わせた面積になった。斜線は放牧採草地の広さを示す。

は小規模所有者は植付け本数が多く、大規模所有者は少なくなっていた。

日清戦争以後、各地で林業経営がさかんとなり、先進林業地につづいて林業地を形成するようになったところが生まれた。しかし山林労働者は、旧来の耕作あるいは山地利用の縁故による者が雇用された。山形県金山地方では山持が造林者であり、林業での作業員として、種子採取から植栽・手入れまで、ほとんど累代恩顧関係にある小作人が雇用された。

公有林についての記録はほとんどないが、市町村直営林については主として地元集落の人たちを雇用したと思われる。日露戦争後多かった記念造林や学校林等は主として、地元民の奉仕的労働力に依存していたことは、十分に想像される。部落有林野の場合には、ほとんどが地元民の義務労力という特徴がある。

日露戦争後の産業の進展につれて増加した木材需要に対し、政府は木材工芸原料需給を考慮し、杉、檜、椹《さわら》、落葉松《からまつ》等のほかに、広葉樹および外国樹種の造林を明治三九年（一九〇六）以来督励してきたが、同四〇年（一九〇七）より楠《くす》、栗《くり》、欅《けやき》、漆《うるし》、やまならし、胡桃《くるみ》、朴《ほおのき》、樫《かし》、黄櫨《はぜ》という特用樹種（食用以外の特定の用途に供する樹種）についても奨励のため補助金を交付することになった。これにより、民有林林業に対する補助金の道がはじめて開かれたのである。

明治三〇年代にはいると徳島県木沢村では、本格的な人工造林がはじまった。「この期に人工造林が急に普及したのは、日清、日露の二つの戦争による旺盛な木材需要に支えられて、木材価格が上昇したため、天然林の伐採が急速に進み、木材の短期再生産が必要になったからである。また明治二九年から徳島県が行った『杉、檜、栗、漆、欅、楠に対する植樹補助金交付』の制度が、画期的な造林行政として造林熱を刺激した」と、前に触れた『木沢村誌』はいう。そしてこの造林の担い手は、「焼畑耕作に食糧の自給を求めながら天然林の伐り出しに従事した住民と、それによって富を蓄積し広大な林地を取得した林業地主および税金だけで苦しい財政を賄っていた村政担当者であった」と分析している。

その後、連続する自然災害により、治山に対する世論が喚起され、明治四四年（一九一一）度以降一九年間の継続事業として第一期治水事業が発足し、そのなかには荒廃の甚だしい公有林の造林督励事業が含まれていた。

これは公有林野二〇〇万町歩のうち一〇〇万町歩は放牧採草地としておき、のこり一〇〇万町歩のうち五〇万町歩は市町村に造林させ、のこり五〇万町歩は国と府県で補助金を出して、市町村の補助事業として造林させることにしたのである。この事業は明治四四年（一九一一）以降は、治水事業費補助に組み入れられ、順調にすすみ、毎年一万五〇〇〇町歩内外の造林実績をあげた。ここでいう公有林野とは、都道府県市町村が所有する林野という意味ではなく、国有林にも私有林にも属さない林野のことで、その多くは村持山などといわれた入会林野がほとんどの面積を占めていた。

明治四四年から荒廃地復旧がはじめられ、当時の崩壊地やはげ山の四万町歩を森林に回復させるため、公有林または社寺有林の区別をせず、事業者が誰であるかを問わず補助金を交付した。

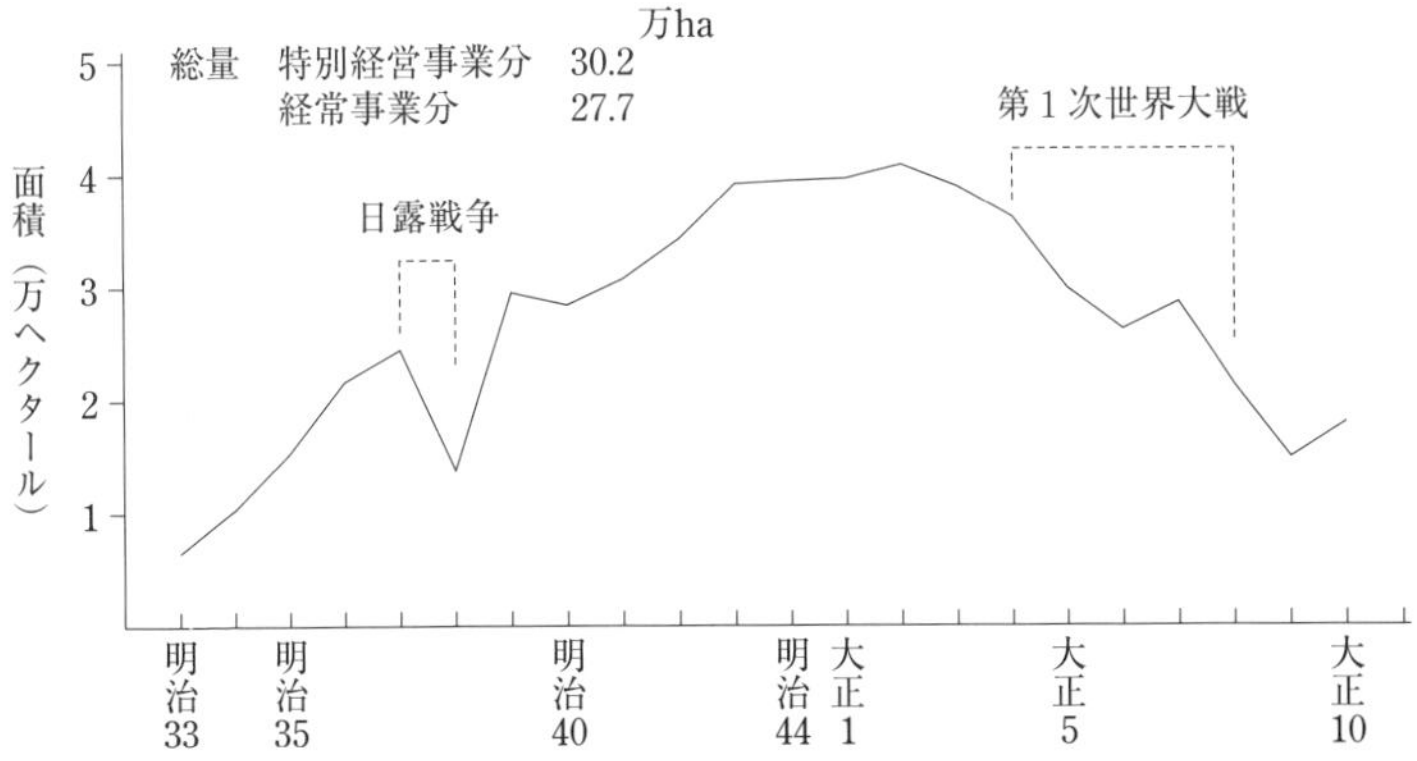

特別経営期の国有林造林面積の推移（経常事業での造林分を含む）

国有林の特別経営造林

明治一二年（一八七九）農商務省に山林局が設置され、それまで地方庁で管理していた国有林が移された。明治二四年から仮施業案が編成され、二六年に造林基案が作成され、それまでより造林事業が推進されるようになり、明治一九～三一年（一八八七～九八）までの間、年平均二五〇〇町歩、総面積三万二八〇〇町歩という実績であった。なお、施業案とは国有林独自の個々の国有林ごとの森林計画のことで、造林基案とはどの山にどんな樹種を植えるかという個々の国有林ごとの造林の基本計画のことである。

明治三二年（一八九九）当時の国有林の総面積は七九二万町歩であったが、そのうち今後とも国有林として国が所有する必要性のない国有林七四万町歩（約九%）を売り払い、その収入二三〇二万円（当時の一般会計歳出予算の一〇%近く）をもって、今後残していくべき国有林の森林経営の基礎を固めるという計画をたて、三二年度から一六カ年の継続事業とする特別経営事業を開始した。

この特別経営事業のうちの造林事業の主なものは、国有林内に立木がないか、あるいは立木があってもきわめて疎立《そりつ》している山林九万町歩に、檜、檜葉《ひば》、杉、松、楠、欅《けやき》、落葉松《からまつ》、櫟《くぬぎ》、小楢《こなら》、樫《かし》、栗を人工造林していこうというものであった。

特別経営事業は繰り延べされ、大正一一年（一九二二）に終了したが、その実績は約三〇万二〇〇〇町歩の造林地を造成し、当初計画量の三・三倍もの量を達成したのであった。

当時は林道その他の交通・運搬設備も十分でなく、苗木や食糧やその他の資材を馬や人力で相当な奥地まで運び、長期間にわたる小屋掛け生活をして造林作業をおこなうのが普通の形態であった。

そして、当時の造林技術の水準は国有林といえども一般的に低く、しかも未立木地（立木は存在するが一定の率以下の林地）や、大面積皆伐跡地などの未経験の土地に造林をするため、相当な無理をしたことも事実である。その造林は、「可成《なるべく》、同一樹種面積ヲ多クセザルベカラズ」、「年々一ケ所十町歩以上ノ造林ヲナスコト」等の指示にみられるように、同一樹種の大面積一斉造林をおこなった。苗木を植え付ける山地では、前もって火を入れて邪魔物を焼き払っていたが、造林面積が大きくなるにつれて、全面的な火入れは中止され、部分的な集め焼き、坪刈り、筋刈りなどの各種の地拵《じごしら》え方法が開発された。

植える苗木に適した地味であるか、植栽地の山地の位置はどうなっているかという考慮もなく「山嶺背梁ヲ論ゼズ全山一律ノ樹種ヲ植栽」するなどの行き過ぎもあったうえ、技術水準の低さもあって、この時代を通じての成林率（植えた面積に対して人工林として仕上がった林の率）は七〇％に止まっている。

特別経営期の植栽樹種は、単一樹種の大面積一斉造林が奨励されたため、杉のように適地をえらぶもの（杉は肥沃地以外での生長はあまり良くない）は敬遠され、杉に比べ活着がよく、植えた後の管理も比較的容易な檜《ひのき》が好んで植えられ、杉の比率は二〇～三〇％にとどまっている。

なお、杉は吉野杉が壮齢時代（三〇～四〇年生）までの成長がはやいため、国有林・民有林を通じて奨励された。特別経営事業が進むにつれ、苗木の不足が目だってきたため、東日本の積雪寒冷地域までも吉野杉の種子や苗木を大量に移入した。しかし、これらの造林地は気象害により数年ならずして全滅したり、植えた後十数年を経過したものが枯れたりしたほか、生き残ったものも二〇年生くらいから、成長が著しく鈍くなるものが多く、大きな問題となった。

この時代末期の大正七年（一九一八）と同八年春に全国的に猛烈な寒波があり、大面積にわたって寒害がみられたことなど、大面積一斉造林の弊害が顕著となった。

公有林への官行造林

ヨーロッパの世界大戦後のわが国経済の好況は木材の需要を増加させ、大正八年（一九一九）の木材生産量は、明治四四年（一九一一）の二倍ちかい約四三〇〇万石（立木）（約一一九四万立方メートル）にも達した。その後も需要量は引き続き上昇し、昭和初期以前二〇年間の用材需要の増加率は年三・五％になった。その結果、木材価格も高騰し、一般物価指数よりも相当高い水準で推移した。

しかし造林面積は大正四年（一九一五）をピークとし、しだいに下降に転じ、大正八年（一九一九）及び九年は、ピーク時の約五五％程度しか造林できなかった。八万一〇〇〇町歩程度まで低減したのであった。これは当時、苗木生産者が労働賃金の高騰と、杉の赤枯病のために利潤が薄かったことと、第一次世界大戦後の食糧農産物価格が世界的傾向として上昇し、その上昇は一般物価および林産物価格よりもはるかに高騰したため、苗木を生産するよりも農業の方が有利となったので、苗木の生産量が減少したことが一つの原因であるといわれている。

そのため大正八年、樹苗養成奨励規則が定められて、府県および民間の樹苗養成に必要な費用に対して

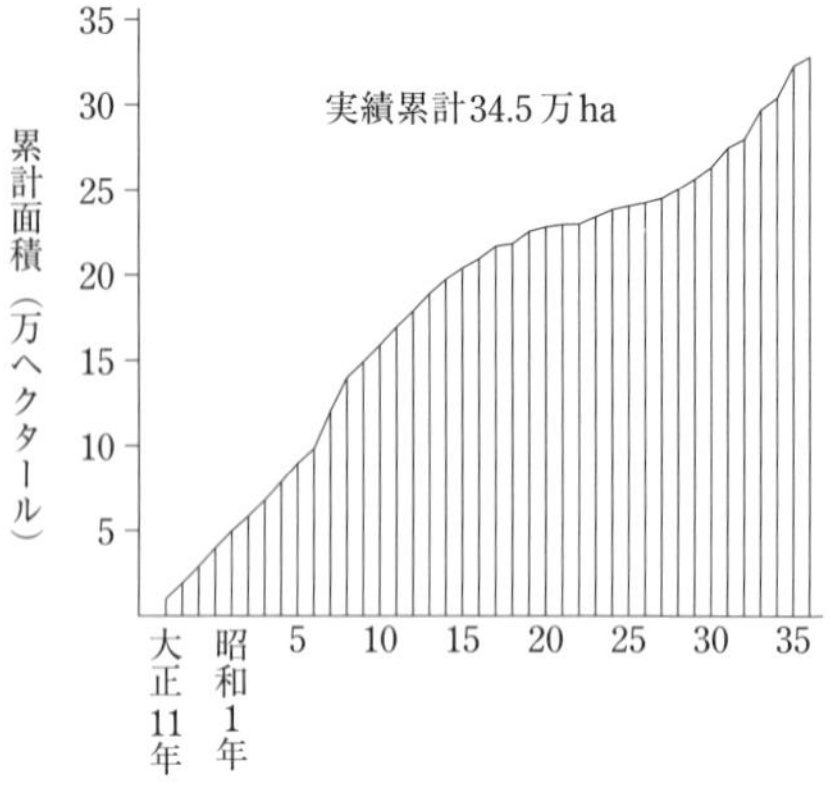

公有林野官行造林の造林実績（累計）

補助金を公付するようになった。

明治四四年（一九一一）以降継続して実施されていた第一期治水事業による公有林野の造林はほぼ計画どおりに進捗をみていたのであるが、市町村自身で造林することになっていた計画地は遅々として進まなかった。治水事業による市町村造林は、大正初期においては、ほぼ二万町歩前後を確保していたが、町村財政の窮乏が影響して、年々減少し、当初計画の達成が困難視されるようになった。大正一一年（一九二二）には市町村有林野に対する府県行《こう》造林も補助の対象とされた。府県行《こう》造林とは、市町村有林に対して府県が伐採時の収入を一定の率で分け合う契約を結び、府県が造林を行う方式をいう。

治水事業は昭和一二年（一九三七）で終了したが、この間の実績は、

市町村行造林　三二万〇六三五町歩
府県行造林　二万八九三六町歩
計　三四万九五七一町歩

であり、総事業費は約一億五六万円にのぼった。

一方、国有林では特別経営事業が当初計画以上の成績をおさめて終了する見通しがついていた。明治四四年（一九一一）以来、公有林野の造林は市町村等自らがおこなうものとして実施されてきたが、約一〇年を経過した時点でも、約一〇〇万町歩というほぼ岐阜県全域と同じ広さの、造林を必要とする無立木地

があった。なお、この無立木地には、牛馬の飼育料ならびに肥料、屋根葺き萱の原料の採取を目的とするいわゆる草刈山は含まれていない。この草刈山が全国にどの程度あったのかは不明である。草刈山は前記の用途のために今後も継続していく山であり、無立木地は草刈山と同様に樹木のない現況だが、将来は造林地として経営することを目的とした山である。

そこで大正九年（一九二〇）、公有林野官行造林法を制定し、資源造成と市町村基本財産の確立を目的として、公有林のうち将来自営での造林が見込めない三〇万町歩に対して、国が市町村と、伐採したときの収入を分配率五分五分で分け合うという分収契約を結び、大正九年以降一〇二カ年かけて実施し、造林の推進をはかることとなった。第一期計画では大正九年〜二三年までを契約地への植栽にあて、二四年以降はできあがった造林地の保育を行うというものであった。

この計画を実施するための機関として、大林区署に公有林野官行造林課をもうけるとともに、全国の三〇カ所に公有林野官行造林署を設けた。

大正一一年（一九二二）より植栽が実施されたが、予算の削減、部落有林野統一が思うようにいかず、翌一二年には計画期間を変更し、第一期を当初の一四年から一九年間に延長し、第二期計画を当初の八八年から八三年に短縮した。その後年間一万町歩前後の造林を行ってきたが、昭和七年（一九三二）農村恐慌の対策として事業を実施したので、昭和七年・八年には各年度とも二万〇八〇〇町歩余の造林が遂行された。これも二カ年のみで打ち切りとなり、その後は予算の削減等により、計画をさらに三カ年延長し、昭和一六年（一九四二）までとした。しかし、やがて日中戦争がはじまり、長い戦争および戦後の混乱や機構の改革などあって、順次延長された。

公有林野官行造林の実績はつぎの通りである。

大正期（大正一一～一四年）	四万〇六四三町歩
昭和期（昭和一～一〇年）	一二万一四〇二町歩
同　（昭和一一～二〇年）	六万七七九六町歩
同　（昭和二一～三〇年）	四万〇六四二町歩
同　（昭和三一～三六年）	七万三八一四町歩
計	三四万五一〇一町歩

このうち、昭和三二年（一九五七）以降は、公有林は対象から外されて私有林が対象となり、ほとんど水源林造林でおこなわれた。

ついでにいうと、公有林野官行造林事業は、昭和三六年（一九六一）森林開発公団に引き継がれて終了した。この間、水源林造成事業対策地もふくめられ、公有林野の造林促進という当初の政策目標は、大きく転換していた。水源林造成事業というものは、戦後の経済復興と国民生活の安定を図るために欠かすことのできない水資源を涵養する目的で、戦中戦後の乱伐により荒廃した水源地帯の森林を復旧するための造林事業であった。

大正から昭和初期の国有林造林

大正一〇年（一九二一）度に国有林の特別経営事業が終了し、これまで財源となっていた不要国有林の処分収入が消滅したこと、欧州大戦終了後の大正一〇年代の不況期の到来とともに、特別経営期の既往造林地に対する保育経費の増大と、着手したばかりの官行造林事業への出費とがかさなり、さらに大正一三～一四年になると、外材輸入が急増し、国有林経営は財政的にも苦しい時代に突入した。

こうした中で、欧米林業を視察して帰ってきた者たちを中心に、皆伐人工造林に対する反省・批判がたかまり、自然の森林生態の活用を強調した恒続林《こうぞくりん》思想にもとづき、皆伐人工林の作業体系から必要な材を選びだして抜き伐りし、その後は自然更新とする択伐天然更新への転換がすすめられた。

その結果、明治四四年（一九一一）から用材を育成する森林の育成法のうち九〇％は皆伐法であったが、昭和五年（一九三〇）には皆伐人工林と択伐天然更新はそれぞれ五〇％になっていた。その背景には前に述べた造林予算の極度の圧迫とともに、日清・日露戦争による植民地獲得により、国内の森林資源を増強する必要性も薄れていたことがあげられる。

とくに東日本の国有林では、年とともに森林生態学を論拠とする領域が次第に拡大され、ついには「択伐更新でなければ国有林経営ではない」といわれるほど、国有林造林の大半が天然更新によることとなっていた。当初は集約度を高める特定地域として、青森県津軽地方のヒバ林、秋田県の雄物川流域の秋田杉林等がえらばれていた。青森ヒバについては松川恭佐が「森林構成群を基礎とするヒバ天然林の施業法」を、秋田杉については岩崎準次郎が択伐林形表による施業法を完成させ、森林生態学理論をもとにきわめて集約度の高い作業体系でおこなうこととしていた。

しかし現実には、予算不足もあり、有利な用木だけの抜き伐りと、天然下種（種子の散布に人手を加えることなく、天然自然のままの種子散布に委ねること）更新とはいいながら、伐採跡地を放置したところが多かった。とくに秋田杉では、「択伐跡地では一草といえども除去すべからず」という指令が出されるなど、極端なことが行われたようで、天然更新地の劣悪化につながった。

人工造林する樹種の選択について、大阪営林局久野丘経営部長は、「造林地の不成績となりたる跡を見るに、撫育《ぶいく》手遅れとなりたるもの以外は殆ど造林樹種を誤りたる場合ありというも過言ならず。多雪地帯の急斜林分に対しスギ、ヒノキを造林せるも遂に大部分は成林せず」と、広葉樹林とすべき場所に杉や檜を植えたことが間違いで、植林が成功しなかったと指摘している（雑誌『みやま』一九四〇年九月号、大阪営林局）。

昭和六年（一九三一）の満州事変、同一二年（一九三七）の日支事変を通じて、日本経済は準戦時体制の波がおしよせ、重要な生産物はもちろんのこと、すべての物資が軍需用と生産拡充用資材として急激に需要が増大した。同一二年九月「輸出品等に関する臨時措置に関する法律」の制定で、外材の輸入、流通が規制された。同一四年九月の「物価停止令」「用材生産統制規則」、同一五年の「用材配給統制規則」、同一六年の「木材統制法」の施行により、木材の生産、配給、消費にまたがる一貫した統制機構がつくられ、年をおって増加しつつあった木材需要は、木材輸入量が激減したので国内材でまかなわなければならなくなった。

このような情勢のもとで聖戦という名の国家目的達成のための重要物資である木材・木炭を生産する国有林の使命は大きくなり、同一五年二月、政府の要請により増伐の臨時措置「昭和一五年度増伐ニ伴フ臨時措置ニ関スル件」が示達された。これにより、伐採しやすい便利な場所や優良林分が伐採され、択伐作業林も皆伐となっていった。同一六年（一九四一）、太平洋戦争に入った。

国有林の造林は、昭和一五年（一九四〇）に「造林二〇カ年計画」が、同一六年には「臨時植伐案」（臨時の造林および伐採計画のこと）がおこなわれ、戦時体制のもとでの強制的な増伐にともなう伐採跡地も、造林面積もにわかに増えてきた。それらは国民の勤労奉仕によっておこなわれ、同一七年には新植面積が三万町歩を超えたのである。

しかし、同一七年（一九四二）の「国有林応急木材増産計画に関する件」で軍需用木材増産計画がすすめられた。増産計画材は、計画造船用材（主要樹種は、赤松、黒松、杉、欅《けやき》、樫《かし》、栂《つが》）、鉄道車両用材（赤松、黒松、樅《もみ》、栂《つが》、山毛欅《ぶな》、杉）、自動車車輪用材（楢《なら》、しおじ、樫）、鉄道枕木用材等や薪炭材であった。

同一九年（一九四四）の「奉国造林一〇カ年計画」で更新が終わっていない山地の解消が企図されたが、同年に発せられた「決戦収穫案」（決戦のための伐採計画のこと）により、植栽と伐採とは均衡すべきという思想は放棄され、伐採のみの計画となり、戦争目的の木材増産に全力がそそがれたのである。

大阪営林局長鈴木一は同局の雑誌『みやま』（昭和一九年一月号）の年頭所感に「わが営林局に於いても、此の年をして必勝の年たらしむる為、航空機用材、特に積層材の生産に最重点を置くは勿論のこと、その他造艦用材、坑木、枕木、土建用材に至る迄その事業は計画の一〇〇％以上を実現せしめねばならない。之が為には造林部門は或程度の犠牲を忍んでも、作業部面に応援してその効率を高めることに努力を払わねばならない」と述べ、伐採が最重点であると指示している。

当時は木材の供出の要請が激しかった。昭和一九年、当時の山林局長（現在の林野庁長官）が並木や公園を含む平地林の伐採命令に消極的であったため、熊本営林局長に格下げされたことからも、その激しさ、厳しさが想像できよう。

同一九年には二万数千町歩の造林がなされている。この時期の造林は、苗木は山地での養成（畑は食糧増産に向けられた）や、杉は挿木が多くおこなわれた。また一町歩あたりの植付け本数も、二〇〇〇〜二五〇〇本と少なくなっている。

戦争下の民有林造林

昭和一二年（一九三七）に日支事変がおこり、パルプ、外材等の輸入が極度に制限されたため、年を追うごとに増加していた木材需要は、すべて国内材でまかなわなければならなくなった。しかし造林実績は、民有林では昭和初期よりずっと約七~八万町歩のレベルで推移している状態であった。

また、第一期治水事業も昭和一〇年（一九二五）をもって終了しており、さらに一層造林面積を拡大する必要があったため、投資の安全を図るとともに、補助対象を拡大する等強力な個人投資勧奨手段の拡充強化が要請された。その対象として、昭和一二年（一九三七）から二〇年生以下の幼齢人工林にたいして国営の森林火災保険が実施されるようになった。

翌一三年には、同四年に策定された造林四〇カ年計画（目標三〇〇万町歩の造林）の残年数一〇カ年の計画をたて、残量の消化実施につとめた。同年には戦争遂行のため、「森林法」が改正された。これは森林組合の強制加入によって、伐採と造林の計画的実行態勢を整えたものである。また苗木生産についても、種々の施策がとられた。

昭和一四年には民有林の造林未済地は四一万町歩あるといわれていたが、これらの政策が造林面積の拡大に寄与することとなり、民有林の造林面積は一一万町歩台に大きくのびた。一方、間伐は小径木の価格が低かったため十分ではなかったが、開戦とともに内地資源に対する需要はこれまでの造林地の間伐材の利用度をたかめる方向にむかった。

昭和一六年（一九四二）太平洋戦争がはじまり、戦時経済に徹底することになり、国家的見地から造林行政も政策を強力に押し進めることとなった。同年から人工林の伐採跡地も、無立木地と見なしても差し支えないという拡大解釈の通達が出された。予算規模も、一六年度には倍増された。

つづいて翌一七年（一九四二）には、苗木の植栽のみならず山地へ直接に播種《はしゅ》（種子をまきつけること）することおよび天然下種で苗木が生えてこない場所へ苗を植え足すという補整《ほせい》も補助対象とされた。

同年には民有林だけで伐採が三〇万町歩に近い希有の大増伐が行われたため、造林が追いつかず、造林を必要とする山地面積は二一万町歩にも達していた。また、同年には大東亜戦争記念造林運動の名のもとに、挙国的造林運動が展開されることになった。その内容は、学校、青年団、森林組合、その他の団体が分収造林をおこなうこととし、一カ年で五万町歩、一〇カ年で五〇万町歩の造林を行うこととしていた。

挙国造林の実行上の隘路は労働力であったが、林業報国隊、造林挺身隊、造林推進班などの名のもとに造林労働力を組織化、あるいは青少年団または翼賛壮年団員を中心とする奉仕隊が組織され、国民精神総動員、勤労奉仕等、一連の強力な行政指導とあいまって、造林面積の確保を図ったので、出征によって労働力不足をきたしていたにもかかわらず、昭和一七年（一九四二）には三四万二〇〇〇町歩（この面積は鳥取県全域に匹敵する広さ）を突破するという、これまでになかったほど大面積の造林地が造成できたのである。

実績はこうであったが、農山村では徳島県木沢村の『木沢村誌』でみられるように、「林業界も戦時体制に組み込まれ、造林よりも軍用材の伐り出しに追われたり、至上命令である食糧増産・徴兵などのために、苗木生産の減少や労働力の不足となって、一般林家の造林意欲が低下していた」のであった。

そしてその後は、農山村の労働力は極端に不足し、造林実績も下降へと転じたのである。

一方、伐採のほうは戦時需要により拡大の一途をたどっていたので、同一九年（一九四四）には四〇万町歩（この面積は滋賀県全域に匹敵）もの造林未済地が現れるに至った。昭和二〇年には、強制伐採跡地に対する再造林を確保するための制度を整え、挙国造林運動の展開が企図されたが、実施する機会がないまま終戦を迎えたのである。

民有林の造林には森林組合が大きな役割を果たしているが、この当時の部分的な資料から森林組合の造林実績をみると、明治二七年（一八九四）の山林組合以来という長い歴史のある静岡県山香村（現在は磐田市佐久間町）森林組合では昭和一七年（一九三二）から一九年までに植付で六〇町歩、保育で三〇〇町歩という実績がある。愛媛県宇和郡下宇和村森林組合でも一七年には新植と補植で五六町歩という実績を残している。

終戦直後の国・民有林の造林

戦時中の増伐によって民有林、国有林とも、大面積の造林未済地をのこしたまま、終戦に至った。敗戦により占領軍の支配下におかれているというみじめな状況の中で、長期投資に耐えなければならない造林事業を推進するのは、非常に困難であった。

戦時中は「国が敗れて森林の存在に何の意義があるのか」とさえ言われ、国有林あげて木材・薪炭生産を至上命令としていたので、終戦直前は造林関係事業はほとんど顧みられなかった。終戦直後も同様に、戦後の混乱で伐採跡地はほとんど放置され、人工造林はもちろん、下刈、除伐などの保育はすべて手遅れ状態で、造林地は放置状態であった。

昭和二〇年（一九四五）の国有林の造林実績は約四七〇〇町歩、民有林では約四万七〇〇〇町歩と、明治以降に林業統計がはじまって以来最低の記録であった。翌二一年もほぼ同じ水準であった。

そのため国会において、国土緑化の国民的運動の胎動があり、昭和二二年から山林復興大会、二三年から天皇の來臨のもとでおこなう全国植樹行事が開始された。

昭和二五年（一九五〇）に国土緑化推進委員会が組織され、植樹祭の開催、学校林造成の推進、緑の羽根募金などを中心とする緑化運動が本格的に開始された。これは当時の国土荒廃への危機感、民間の植林

荒廃地へと移行しつつある山地。終戦直後の昭和24年末には、全国に24万ヘクタールもあった。以後、治山・造林によって復旧していったのである。

熱をうけた異例の国家的運動であった。もともと緑化運動の意味するところは、文字通り無立木地に植林をおこない、森林化していくための啓蒙活動のことであったが、すぐにその目的は拡大造林の推進へと移行していった。

昭和二一年（一九四六）、政府は強行造林五カ年計画をたて、昭和二一年から二五年度までの五カ年間に、証券造林九四万町歩、公共事業による補助造林一六四万町歩の計二五八万町歩の造林をおこなうこととした。証券造林とは、造林者が造林しようとする場合、造林費の半額を払い込んで政府の発行する造林証券を買い、造林完了後に政府がその証券を額面で買い上げるというもので、実質的には造林費の半額国庫補助であり、「森林資源造成法」という法律に基づいた制度であった。

しかし、この事業はまったく不振をきわめ、昭和二一年の造林面積は四万七〇〇〇町歩と、明治三四年（一九〇一）の造林統計以来最低の記録であった。そして同年末には、造林未済地は一一六万町歩という、秋田県全域（県の面積一一四万町歩）を上まわる面積に累増していた。

これは戦後の食糧その他の物資不足のため、生活必需物資の確保があらゆるものに優先し、回転のおそい造林投資には余力がなかったことがあげられる。さらに、農地改革に伴う土地制度の変革が山林にも及びはしないかという不安、食糧不足から農産物価格が高騰し、苗畑が食糧生産用に転用され、造林用苗木が不足したこと、そのうえ労働力の不足等の悪条件が加わったためである。

たまたま昭和二四年（一九四九）経済安定本部において、総合的な経済復興五カ年計画が樹立されることになったのを機会に、民有林の造林計画もその一環として昭和二四年から二八年までの造林五カ年計画に組み替えられることになった。なお、経済安定本部とは、戦後における経済安定の基本計画ならびに緊急施策の企画立案、物価の統制などをつかさどった内閣総理大臣直轄の行政機関であり、のちに経済企画庁となった。

この計画は累積した造林未済地を計画期間内に解消するとともに、昭和二四年度から二七年度末までに新たに発生が予想される造林必要林地八一万町歩を合わせて、合計二〇〇万町歩の造林計画であった。二〇〇万町歩という広さは、関東地方の茨城、千葉、埼玉、東京、神奈川の五都県（一九五万ヘクタール）をさらに五万町歩も上まわるので、その広さがどのくらいのものなのか、想像できよう。

一方、カスリン、アイオンという大型台風が昭和二二年と二三年に続けて来襲し、戦災から立ち上がろうとする幾多の国民の努力も、水に流されたのであった。この状態に、これまでの資源政策的であった造林計画以外に、治山治水を目的とした造林がふたたび強調され、重要河川の上流にあたる水源地帯の原野、樹木散生地（樹木がまばらに生えている土地）、および戦時中の強制伐採跡地の造林を治山事業の一環として県が施行主体となって実施することになった。この造林は年々平均して一万五〇〇〇町歩程度がおこなわれ、昭和三四年（一九五九）まで継続された。

一方、公共事業としての補助造林は、補助金の交付のみでは残りの資金の手当がつかず、造林の実行に困難をきたすものがでてきた。昭和二三年（一九四八）に、国家資金あるいは国家の保証のある資金として農林中央金庫からの造林融資がはじまったが、計画にくらべてわずか三四％の実績があげられたのみであった。

国有林は、終戦までは内地の国有林（農林省管轄）、北海道の国有林（内務省管轄）、御料林（宮内省管轄）という三つの省の管轄に分かれていたが、昭和二二年（一九四七）この三者が統一（林政統一という）され、農林省管轄の国有林となった。

国有林においても、昭和二二年と二三年の造林は、前三者の国有林全部をあわせても各年度四万七〇〇〇町歩強であり、明治以来最低の実績となった。とくに林政統一のおこなわれた二二年度は、諸般の組織整備に追われ、総合的な造林や種苗の諸計画をたてる段階にはいたらなかった。人工林の現況、造林の必要な林地の実態、苗畑の状況等を調査するとともに、戦時中以来食糧増産のために使われていた苗畑を整備し、苗木生産が開始されただけであった。

翌二四年（一九四九）は民有林と同様、経済復興五カ年計画に沿って造林五カ年計画をつくり、戦時中から累積した造林未済地の三四万町歩（国有林の三〇万町歩、官行造林地の四万町歩）を解消するとともに、今後の伐採跡地を同時に造林していく方針でおしすすめることとなった。しかし、戦後経済がいまだ立ち直らない中での国有林野特別会計の予算はきわめて厳しく、当初は歳入に見合った圧縮予算となった。特に造林事業は当初の計画に対して圧縮を余儀なくされ、二四年度の造林は約一万六〇〇〇町歩（別に官行造林地四〇〇〇町歩）という低い水準の実績となった。

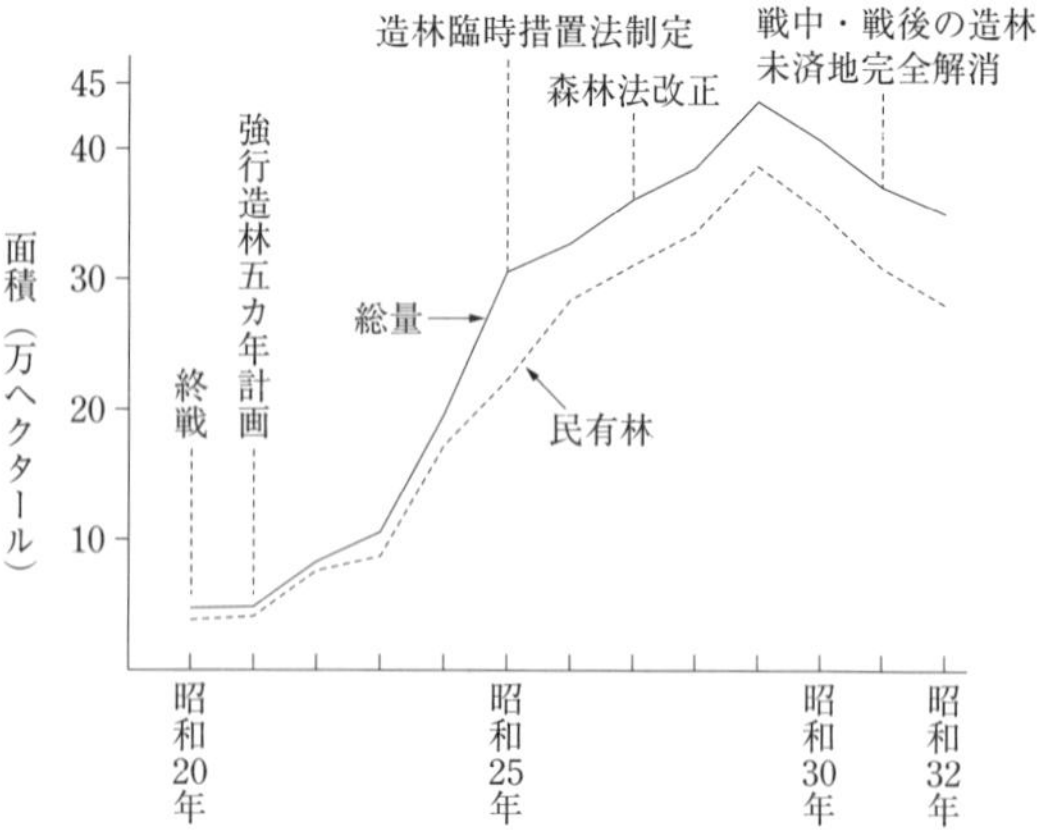

戦中・戦後の造林未済地解消期の造林面積の推移

戦中・戦後の造林未済地の解消

戦後も五年経過した昭和二五年（一九五〇）、ようやく経済の復興が軌道にのり、民生の安定、食糧事情および物資不足の緩和もすすんだので、木材および薪炭の統制も撤廃された。同年六月には朝鮮動乱が勃発した。

朝鮮動乱の特需もあって、木材価格の高騰と需要の増加により、森林所有の公共的な使命から、山地に立木のないままに放置されるのは国民経済的見地からも許されないとの考え方が強くなり、「造林臨時措置法」が制定された。この法律は、戦時中および戦後期の大量伐採がおこなわれた跡地に、取り急ぎ造林をおこない、森林資源の培養と国土の保全を図ろうとしたもので、昭和二五年（一九五〇）以後五カ年間の時限法であった。

当時は、戦時中の緊急的・強制的におこなわれた伐採跡地への造林はほとんど手付かずの状態であり、戦後の旺盛な復興資材の需要や開拓の推進、さらには林野解放論議もあって、引き続き乱伐傾向にあった。昭和二一年（一九四六）から造林事業を公共事業とし、強行造林五カ年計画をたてて対応していたが、造林未済地はむしろ拡大の傾向を示していた。そのため、森林の荒廃と災害の多発化がみられたので、造林未済地の解消は緊急の国民的課題であった。

翌昭和二六年（一九五一）には、森林の保続、培養と森林生産力の増進とを図り、もって国土の保全と国民経済の発展に資することを目的とする新しい「森林法」が公布された。この新法では、国の責任において森林計画を編成し、国の要請する森林施業についても造林義務が課せられることになった。

同年には、補助造林、融資造林制度の確立、造林臨時措置法の制定、森林法の改正にともなって、昭和二四年度から開始されていた五カ年計画で打ち切られ、新たに昭和二七年度から三六年度までの造林一〇カ年計画が立てられた。この計画の目的はまず三一年度までに造林未済地を解消することであった。それとともに、昭和二五年度末の民有林の人工林三九〇万町歩を、一〇年後の三六年度までに六八〇万町歩に拡大することを目標とするものであった。

この計画の中には、従来の新規造林、再造林のほかに、瘠悪林地《せきあくりん》（土壌条件が劣悪で樹木の生育に適さずきわめて不良な林地）改良事業が加えられていた。これは瀬戸内海沿岸や近畿地方等にある生育のきわめて不良な林地四〇万町歩のうち、放置すれば荒廃地になるおそれのある二〇万町歩を改良の対象としてとりあげたものであった。

兵庫県山東町（現・朝来市）森林組合の田路孝之祐は「第二次大戦後の昭和二一年より昭和二五年頃まで、食糧増産に追われて、植林どころではなかったと思われ、すこし落ち着いた昭和二六年頃より、ポツポツと戦時中に伐採され放置された跡地に植林が始まった」と『山東町誌　下巻』（山東町誌編集委員会編、山東町、一九九二年）で述べている。

徳島県日和佐町（現・美波町）でも「戦中の強制伐採により、大量に伐採された跡地への造林が軌道に乗りだしたのは、昭和二六年以降のことである。日和佐町民有林の造林面積の推移をみると、昭和二五年まで五〇ヘクタールを下回っていたが、農家経済の安定、木材価格の上昇等により、二六年以降急テンポで増加し、同三二年には二四四ヘクタールに達した。この造林の中で拡大造林（新規造林地）の増加は著しい。これは昭和三三・三四年からの木炭生産の衰退、用材価格の上昇が人工造林化を促進したからである」と『日和佐町史』(日和佐町史編纂委員会編、日和佐町、一九八四年)は述べている。

造林事業はその後も順調に伸び、民有林では毎年約三〇万町歩で推移し、造林未済地が年々減少していった。一方、将来の資源対策としては新規造林にウェイトを置く必要が認められ、これらの造林を失敗させないためにも、昭和二九年(一九五四)度より人工造林拡大計画地を対象として、都道府県営の適地適木調査事業を開始した。人工造林拡大計画とは、これまで自然林の伐採跡地あるいは原野などであった山地に造林木を植栽し、人工林を拡大しようとする計画のことである。この造林のことを拡大造林といい、戦後の増大する木材需要を賄うため、天然広葉樹林を針葉樹林へと転換させるものであって、造林に対する助成もこちらのほうが重かった。人工林の伐採跡地に、再び造林しても、人工林の年齢が若返っただけで、人工林の拡大とはならない。

拡大造林の担い手は、昭和二五年(一九五〇)から三〇年代半ばにかけては、薪炭林の伐採跡地などを対象とした中小規模の森林所有者の家族労働によるものが主体であった。

昭和三〇年(一九五五)度に至り、閣議決定に基づく「長期総合経済計画の構想」にしたがって、さきに作られた一〇カ年計画は昭和三〇年度から三五年度までの六カ年計画に組みかえられ、人工林拡大の進度を早めて三五年度までに六〇〇万町歩の人工林を実現させることになった。この時期はおそらく今後も出現しないような造林の大躍進期であり、年間実績のもっとも大きかったのは、昭和二九年(一九五四)度の三八万六四〇〇町歩であった。三一年(一九五六)度には、戦時中および戦後に発生した造林未済地は完全に解消されたのである。

国有林の造林は、民有林と同様に木材統制の撤廃と朝鮮動乱の特需による木材界の好況等によって経理状態も好転し、昭和二五年より造林事業はようやく苦境を脱し、立ち直りはじめていた。二四年度までは国有林野事業特別会計総支出額のうち造林費の占める割合は六％前後であったが、二五年度からは倍増し、毎年一二％を上回ってきた。

こうして年々の造林面積は計画量を超え、保育手遅れ地もしだいに解消した。

昭和三〇年（一九五五）度以降における国有林の造林は、単に伐採量に見合う造林だけでなく、生産性が低位にある天然生林を人工林へ転換する積極的な造林へと展開していった。これに基づいて造林二五カ年計画がたてられ、国有林のいわゆる経営合理化へ進んでいくのである。この結果、三一年度の国有林の人工造林面積は五万町歩を上回ってきた。これは戦前をふくめて、これまでの造林量にはみられない最大の数量であった。

民有林拡大造林の推進

戦後一〇年を経過し、わが国の経済は復興過程から抜け出し、昭和三〇年（一九五五）から三一年にかけて有史以来未曾有といわれた神武景気を謳歌し、昭和三一年の『経済白書』は「もはや戦後ではない」と述べ、ようやく戦後という言葉が忘れられるようになった。国民総生産の伸びはきわめて著しい実績を示し、これに伴う木材需給はますます増大する傾向にあったが、当時の森林の状態においては自給態勢は確立されていなかったので、拡大造林への転換期が訪れることになった。

昭和三〇年代にはいってから、家庭燃料のプロパンガス化によって薪炭生産の大幅な減少がはじまった。また農業の機械化も推進され、農作業用の牛馬の飼料採取用として草山の必要性が失われてきたことなど、里山における拡大造林の余地が大きくなったことも、推進因子となった。

人里に近いこんな雑木林は生産力の高い人工林へと変えられていった。造林地を拡大する時期があった。

前に触れた兵庫県山東町（現・朝来市）では、「化学肥料の出回りとともに、草刈り積肥《つみごえ》（青草を積み上げて腐らせ、それを肥料とするもの）する人も減り、昭和三〇年前頃より『部落』『財産区』有林の採草地への植林が争うようにはじまり、当時の植林面積の大半を占めた。その当時は各部落とも休日、平日を問わず傭役に追われたものと思う。今では想像もつかないことだろう。昭和三六年頃より食糧事情が少しずつ好転するにともなって、今度は畑、水田にも植林されるようになり、各部落の山間部の田畑は次々と山と化していった」と、『山東町誌』は記している。

戦後の造林者は、農地改革の結果うまれた多数の農家の参加があり、小規模な造林がひじょうに増加し、造林補助金が大きな推進効果をもったが、大規模所有者層の造林は主として新設の造林融資制度に依存してすすめられた。パルプその他の関連産業資本による造林は、三〇年代前半に最盛となり、分収造林（次頁に解説）契約も大きく進んだが、その後は低調となり、森林開発公団や、造林公社などの公的機関がこれにとって代って比重を増することになった。技術面では、育種事業による種苗の改良、ポット苗木の開発、地拵え、下刈作業の機械化、除草剤の使用などが進んだほか、一部には肥料をほどこす肥培造林がおこなわれ、効果をあげていた。

昭和三二年（一九五七）度は、国民経済の転換期であったので、新長期経済計画の構想が発表され、これに基づく造林の長期計画ならびに五カ年計画がつくられた。三三年度から三七年度末までに年々、再造林一三万町歩、拡大造林二三万六〇〇〇町歩をおこない、三七年度末までに全国に六三〇万町歩の人工林を造成する。その後、三八年度より以降一八年間で一七〇万町歩の人工林の拡大をはかり、昭和五五年（一九八〇）度末には八〇〇万町歩（民有林）の人工林を造成するというものであった。

国民経済の拡大による木材需要はパルプ材需要に端的に表されるようになり、木材総需要量に対するパルプ材向けの割合は二四％を占め、なおもパルプ設備が新増設されて、ますます需要が増大する傾向にあった。昭和三二年度に通商産業省繊維局長名で「パルプ設備の新・増設と造林投資との調整について」通達が出され、パルプ業界における新造林に対して義務造林が課されることになった。

昭和三三年（一九五八）には、分収造林法が制定された。これは林地所有者の自営造林のネックになっていた財政的あるいは経済的要因と同時に、木材需要産業家の要望する林地不足と、林地購入の困難性を克服するために、知事の斡旋により土地所有者と造林者の二者、または土地所有者と造林者と費用負担者の三者間で、伐採時の収入を分けあう契約で造林をすすめるものであった。その後、産業備林を中心として大きく伸びることになった。

翌三四年（一九五九）には、従来からの農林漁業金融公庫による融資造林の条件が緩和され、据えおき期間が二〇年間に延長されるとともに、従来融資対象とならなかった市町村の造林資金も融資されるようになった。また、国有林野事業特別会計の歳計に余剰ができたので、民有林の造林に必要な資金として、三五年に七億円、三五年に七億円、三六年に九億円が組み入れられた。

山間部で分収造林が進んだ理由について、前に触れた『山東町誌』は、分収造林が「本格的にはじまったのは、昭和四五年頃からである。原因は燃料が薪・木炭から油の時代になってくると、雑木林も不用となり、少しでも資源価値のある杉・檜への転換と、各部落とも往年のように、簡単に傭役に応じるものがなくなったため、分収造林へと進んだ」と分析している。

昭和三六年（一九六一）度から国が行っていた官行造林事業が森林開発公団に移管された。これにより、公団が費用負担者または造林者となり、水源林造林を必要とする二三万二〇〇〇町歩を対象に、年間二万町歩から二万八〇〇〇町歩の造林を、昭和三八年（一九六三）以後の九年間で実施することになった。

これら諸施策にともなう拡大造林が奥地の林地へと進行するにつれて、かつて経験しなかった原因により、せっかくの造林地が失敗する例が多くなった。

国有林の拡大造林

昭和三〇年代はじめの神武景気とも呼ばれた高度経済成長にともなう木材需要の急速な増大、木材価格の高騰に対し、木材供給の九五％を占めていた国産材の供給が伸びなかったため、国の経済政策に対応した強力な林業施策の確立が切実な問題となった。広大な森林をもつ国有林に対し、経営の合理化と木材増産への要請となった。

このため昭和三三年（一九五八）、新長期経済政策にあわせて、国有林の「生産力増強計画」が立てられ、生産力の低い天然林を早期に成長の早い人工林とすることや、林木の品種改良等により、将来の国有林の生産力の飛躍的な増強をはかることになった。これによる将来の成長量増大を引き当てにして当面の伐採量を大幅に増大させたのであった。この計画を実施するため、国有林野経営規程が大幅に改正された。

造林事業の主な方針は次の五点にまとめられる。

①天然林や不成績造林地を早期に整理または改良して、生産性ならびに収益性の高い人工林を育成する。②促成優良品種による植樹造林を拡充し、保育保護の万全を期し、木材の量産化を図る。③造林の投資効率化を図る。④植栽本数は杉、檜とも地の利の良好なところは五〇〇〇本、中庸は四〇〇〇本、悪いところは三〇〇〇本、松はすべて五〇〇〇本植とする。⑤優良苗木の自給態勢の確立、優良品種の増殖などであった。西日本の国有林を管轄している大阪営林局では造林樹種を選ぶに当たっては、量的生産を目的として杉、赤松、黒松、落葉松等の年成長量の多い樹種を積極的に造林することにし、檜は成長が遅く経済効果が低いので適地に限定して造林するという方針を採った。

国民生活の発展による木材需要の飛躍的増大に、国有林としては努力していたが、その後わが国経済が重化学工業を中心とする産業の発展を背景として高度成長をつづけ、建築用材、パルプ材等、木材の需要は年々著しく増大していた。当時は外材輸入が止まっていたので、木材供給は国内に依存していたため、需要に供給が追いつかず、供給不足のため、木材価格は昭和三四年（一九五九）からの岩戸景気で三六年まで急騰を続けていた。

このような背景のもとで、昭和三五年（一九六〇）には農林漁業基本問題調査会が、「林業の基本問題と基本対策」を答申し、産業政策としての林政の必要性を強調したなかで、国有林については開発進度を促進するように推奨したのをうけ、三六年には「生産力増強計画」を再検討のうえ「木材増産計画」をつくりあげた。この計画は、国民所得倍増計画の森林資源版であり、当時の高度経済成長と産業界における技術革新思想の高揚のなかで、全国に一四ある営林局に造林協議会を設置して、造林における技術革新の可能性を追求した結果作成したものである。

天然の広葉樹林から針葉樹の人工造林地への林種転換の促進、単位当たり面積にたくさんの本数を植える密植、造林木に肥料をほどこす林地肥培、林木育種、植付けや保育の改善による成長量の増大を見込み、これを引当てとし、伐採量の一層の増大を計画したものであった。

木材増産計画における造林計画は、目標とする総造林面積を三三〇万ヘクタールとし、昭和三六～四〇年（一九六一～六五）の最初の五カ年で三八万七〇〇〇ヘクタールを造林し、これ以降四〇年後の昭和七五年（二〇〇〇）までに年間の造林面積を徐々に増大させるというものであった。計画はこうであったが、現実には最初の五カ年間に三九万八〇〇〇ヘクタールと計画を上回った実績を残したものの、以後は昭和四一年（一九六六）の九万二〇〇〇ヘクタールをピークとして急速に減少し、四七年（一九七二）にはピーク時の約七〇％にまで落ち込んだのであった。

この原因については種々の要因が考えられているが、昭和四五年（一九七〇）ごろからわが国経済が高度成長から安定成長へと移行する時期に当たっていたことがまずあげられる。そして、外材輸入が急速に増大し、木材価格が低迷し、財政事情が悪化をきたした。また高度成長にともなう公害問題を契機として、自然保護的思想が高まるなかで、奥地天然林の伐採を規制しなければならなかったこと等が、主な原因といえる。

国有林が拡大造林を推進した時代は、わが国経済の高度成長期とほぼ同じ時期であり、高度成長という時代の要請にあわせ、きわめて大胆な造林の技術革新と、それをベースにした伐採を拡大したのであったが、期待どおりの実行を伴わないまま、高度成長とともに木材増産計画にともなう拡大造林は終わった。

第二期の民有林造林長期計画

高度経済成長期には、外材の輸入量が増大し国産材の木材供給量は需要の五〇%を満たす程度におちこんできた。それに反して森林に対する社会的要請はますます強く、幅広くなっていた。特に各種公害の発生に関連して、森林のもつ国土保全、水資源の涵養、あるいは保健休養などの木材生産以外の諸機能（これを森林の公益的機能という）にたいする期待はこれまでに比べ大きなものになっていた。同時に木材の自給率向上のために森林資源を充実させることに対する要請も、一段と高いものがあった。

森林に対する国民の期待には強いものがあるにもかかわらず、わが国の森林の三分の二を占める民有林の造林は停滞しており、昭和四〇年（一九六五）度の造林実績はピークと言われた昭和三六年（一九六一）度三三万七五〇〇ヘクタールの約八一%までおちこんでいた。

まっすぐに成育をとげている杉人工林

民有林の造林事業は、昭和四一年（一九六六）四月に閣議決定された「森林資源に関する基本計画並びに重要な林産物の需要および供給に関する長期見通し」（資源基本計画という）にもとづいて立てられた全国森林計画に即して作成された民有林造林長期計画によって推進されていた。

民有林造林長期計画は、昭和四三年（一九六八）度から五七年（一九八二）度までの一五年間の計画で、四二年度末の民有林の人工林面積七〇七万一〇〇〇ヘクタールを、六〇年（一九八五）度末には一〇〇〇万ヘクタールにすることを主な目標としていた。

この一〇〇〇万ヘクタールという人工林面積は、昭和三六年（一九六一）度に改定された民有林造林長期計画に定められたものを、そのまま引き継いだものであった。三六年度当時は、薪炭需要も相当に多く、薪炭林として経営をつづける林地が相当な面積見込まれていたが、その後の薪炭需要の激減とともに人工林へと転換するものが多いと考えられはじめていた。

民有林造林長期計画における人工林伐採跡地の再造林は、昭和四四年（一九六九）度は三六年（一九六一）度の九万四〇〇〇ヘクタールに対し約四〇％と極端なまでの落ち込みようである。これは伐採できる人工林の不足、木材価格の低迷に伴う伐採の見送り、小径木の価格不振に伴う伐期の延長、あるいは再造林労務の確保が困難なことによる伐採のさしひかえ等の理由によって、人工林の伐採跡地面積が減少したためであった。

一方の拡大造林は、ピークである昭和三六年（一九六一）度二四万四〇〇〇ヘクタールに対し、四四年（一九六九）度は二三万三〇〇〇ヘクタールで、九五％と落ち込みは少ない。拡大造林は四二年度以降もちなおしているが、それには同年から開始された団地造林事業が貢献していた。この事業は、造林の特に遅れている山林地帯において薪炭林等の低位利用の森林原野を計画的かつ集団的に人工林に転換することをねらいとしたものであった。知事が農林大臣の承認をうけて団地造林事業促進地域として指定した市町村の区域内で、森林所有者等が知事の承認をうけ、計画にしたがって三カ年以内に二〇ヘクタール以上のまとまった拡大造林を行う場合には、一般の拡大造林よりも補助率の面で優遇するというものであった。

民有林の造林政策は、拡大造林を重点として進められていた。木材生産あるいは公益的機能確保の面で、当時なお相当の面積がのこされていた薪炭林等低位利用林野の森林の諸機能を充実するためにも、造林の推進が重要課題とされていた。

拡大造林の実行者は、農家の私営造林、都道府県の単独造林事業、公営による造林等である。私営造林は従来、農家が農作業の余剰労務を山林作業につぎこむという労働備蓄的造林によって大半が実行されたものであるが、農山村地域における過疎現象の進行とともに、余剰労力を山林作業へふりむける余裕がなくなっていること、労賃の上昇および各種資材価格の高騰、あるいは木材価格の低迷等のため、森林所有者に造林投資を行わせる意欲が薄れてきていること等によって、私営造林は昭和三六年(一九六一)以来減少傾向が続いている。

公営の拡大造林は、都道府県、市町村、造林公社、森林開発公団による造林などである。都道府県、市町村等の地方公共団体による造林は減少し、主として分収造林契約によって事業をおこなっている造林公社および森林開発公団による造林が著しい伸びを示している。林業公社は、昭和三四年(一九五九)に長崎県において対馬林業公社の設立をみたのをはじめ、三六年度以降の拡大造林の減少を反映して全国各地に設立され、昭和四六年(一九七一)三月現在で三二府県三五公社を数えるに至っている。

昭和四五年(一九七〇)の林業年次報告から、地域別の拡大造林面積の動きをみると、北海道、東北はおおむね漸増の趨勢にあり、南近畿、北近畿、四国、九州は四一年度に底をうったが、それ以来は年々かなりの増加を続けていた。南関東、北関東、東海等の人工林化の進んだ地域では拡大造林は減退の傾向にあった。これらの地域では、都市化の進行によって林業経営地として利用する意欲が減退していることが考えられる。北陸、東山、中国は若干の増減はあるが、おおむね横ばいであった。

国有林の新たな森林施業

昭和四〇年(一九六五)代後半は、経済の高度成長と高密度社会の形成が、産業公害の深刻化と生活環境の悪化をまねき、森林とりわけ国有林のもつ公益的機能の発揮への国民的要請が著しくたかまった。

特に国有林は多くの景勝地、貴重な動植物の生育地をもっていたところから、自然保護の要請がたかまり、なかでも天然林の皆伐への批判が大きくなった。自然保護問題が具体的に大きくとりあげられるようになったのは昭和四五年（一九六〇）ごろで、全国的には奥日光（栃木県）、奥秩父国有林（群馬県）、内大臣国有林（熊本県）、屋久島の屋久杉（鹿児島県）、蒜山（岡山県）、白山（石川県）、大杉谷（三重県）などで、伐採中止や伐採方法の変更等、強い要請や陳情などがあった。

また、一方では外材輸入の急増にともない、国内の木材需要に国有林として対応するために無理な増産につとめる状況は緩和された。しかし、木材価格の下落・低迷により、国有林野事業の経営収支が急激に悪化した。

このため昭和四七年（一九七二）一二月、林政審議会から「国有林野事業の改善について」答申をうけた。これに基づき森林の公益的機能をより重視する運営をおこなうため、昭和四八年三月には皆伐面積の縮小、伐採地点の分散等を内容とする「国有林野における新たな森林施業」を打ち出した。この森林施業の方針では、森林を伐採する場合には自然条件（気象、地形、標高、土壌等）や林業技術体系などから、人工林の造成が確実であって、人工林にした場合には森林生産力の増大が相当程度期待できるところであると、伐採は造林の成長量で決められるようになった。

同年九月には「国有林野事業改善計画」を定め、事業の能率性の向上、事業所の統廃合、要員管理の適正化等の経営合理化を強力に進めることになった。

しかし、新たな森林施業の実施により、伐採量は大幅に減少する一方で、四七年の木材価格の異常な高騰もあって、強力にすすめるべき経営改善も十分進展しないまま、材価はふたたび低迷をつづけ、その後の財政事情は悪化の一途をたどった。

この時代の造林面積の推移は、新たな森林施業が伐採も造林も、そのペースを昭和三三年（一九五八）の林力増強計画以前の水準にもどしていく方向にあった。そのため、当初年度の昭和四八年（一九七三）度は六万八五〇〇ヘクタールであったが、翌四九年度は六万三四〇〇ヘクタール、五〇年度は五万八六〇〇ヘクタール、五一年度は四万八五〇〇ヘクタール、五二年度は四万五七〇〇ヘクタール、五三年度は四万五一〇〇ヘクタールと、国有林造林のピークであった昭和四一年（一九六六）度の九万四二〇〇ヘクタールに対して、その四九％と、五〇％を割りこんだのであった。

一〇〇〇万ヘクタールの人工林達成

これまで積極的な拡大造林によって造成された人工林は、昭和五九年（一九八四）三月末で民有林の七七〇万ヘクタール、国有林二四一万ヘクタールに及び、民有林と国有林を合計した人工林面積が一〇一一ヘクタールという大台を突破した。この成果は、世界的にも高く評価されており、いまや多様な国民的要請に応えうるかけがえのない資源として期待されるまでになった。

昭和五〇年（一九七五）代の終わりから昭和六〇年代にかけては、林業の不振から、民有林では人工林の伐採を手控える傾向が強まり、さらには人工林を伐採しても植栽を行わず放置する事例が見られるようになり、昭和六一年（一九八六）二月現在の調査では、伐採後の植栽未済林の面積は全国で八〇〇〇ヘクタール近くにまで達していた。

当時の課題としては、七七〇万ヘクタールに達する民有林の人工林の大部分が、いまだ育成途上にあるため、的確な保育および間伐を実施する必要があった。また人工林の大半は、同一林齢の単層林なので、必要に応じてこれを複層林に誘導し、多様な森林づくりをする必要があった。東北や中国地方などにおい

杉や檜の造林地に囲まれた奈良県桜井市の里。1000万ヘクタールの人工造林を達成した人々と山の暮らしがあった。

ては、なお造林の適地が多く残されており、広葉樹林の造成等にも配慮しながら人工造林をおこなう必要があった。全森林面積の五割を占める天然林については、将来的にも国民的な諸要請にこたえるうえからも、その整備をはかることが人工林の整備とあわせて重要となっていた。これらの諸問題に対処するため、昭和五四年（一九七九）度から、市町村の指導のもとに植栽から保育、間伐にいたる一環した造林事業を集団的、計画的、組織的におこなう森林総合整備事業が実施されている。

平成五年（一九九三）には、造林事業はこれまでも、①森林の公益的機能の高度発揮、②森林資源の充実、③山村経済の振興を目的に積極的に推進されてきたところであるが、一〇〇〇万ヘクタールにおよぶ人工林の成長量は伐採量の約二倍に相当する六〇〇〇万立方メートルに達している。これらの人工林はなお育成途上にあって、間伐・保育を適正に実施し、健全な森林状態を維持するとともに、伐採年齢の多様化、長期化による齢級構成の平準化や複層林施業等の推進を図っていくことが必要であると、植えることよりも植えたものを育てる方に力点がおかれるようになった。齢級とは林業用語で、森林の年齢一～五年をⅠ齢級、六～一〇年をⅡ齢級というように、五年を一単位とした林齢クラスのことをいい、森林計画ではこの齢級が基準となっている。齢級構成の平準化とは、人工林の現在の齢級ごとの面積は年々の造林面積が一定でなかったことが原因で、齢級ごとに差が生じており、毎年の木材供給量をほぼ一定とするためには、齢級ごとの面積がほぼ同じであることが必要なため、平準化を図ろうとしている。

民有林の人工造林面積は、拡大造林適地の減少や、複層林施業、育成天然林施業の導入、さらに林業労働力の減少、林業収益性の低下等により、減少傾向で推移していた。平成三年（一九九一）度の人工造林面積は、前年度に比べ一三%減少し四万八〇〇〇ヘクタールであった。造林樹種は檜が高いウェイトを占め、平成三年度には四二%に達している。一方、杉は平成元年（一九八九）度は三一%、二年度は三二%、三年（二〇〇六）度は三一%と、ほぼ三分の一をキープしていた。

その後人工造林面積は減少傾向をつづけ、平成一五年（二〇〇三）度は二万八九〇〇ヘクタール、平成一八年（二〇〇六）度には二万八五〇〇ヘクタールであったが、平成一九年度はすこし持ち直し三万三八〇〇ヘクタールとなった。平成一九年度の民有林人工造林は、二万五八〇〇ヘクタールで七六%を占めた。国有林は七九〇〇ヘクタールで、平成一五年度の三九〇〇ヘクタールの二〇三%となった。

平成二一年（二〇〇九）度版の『森林・林業白書』によると、わが国の森林面積は二五〇九万七〇〇〇ヘクタールで、人工林は一〇三四万七〇〇〇ヘクタール（四一%）、天然林一三三八万三〇〇〇ヘクタール（五三%）、無立木地一二〇万八〇〇〇ヘクタール（五%）、竹林一五万九〇〇〇ヘクタール（一%）となっている。

人工林の樹種別の面積は白書からは分からないので、別の資料からすこし古いが平成一四年（二〇〇二）度末の樹種別の比率をみると、杉四四%、檜二五%、松類九%、落葉松一〇%、その他の針葉樹一〇%、広葉樹二%となっている。

杉が人工林に占める割合が四四%であることは、わが国の全森林面積の一八%を占めるという計算になる。これは人工造林された杉であって、天然林として生育してる杉は含まれていないので、それを合わせると概略二〇%に達する。一つの樹種だけで、これほどの面積を占めるということは、それほど杉の利用度が高かったとみてよいであろう。

著者略歴

有岡利幸（ありおか　としゆき）

1937年，岡山県に生まれる．1956年から1993年まで大阪営林局で国有林における森林の育成・経営計画業務などに従事．1993～2003年3月まで近畿大学総務部総務課に勤務．2003年より（財）水利科学研究所客員研究員．1993年第38回林業技術賞受賞．
著書：『森と人間の生活――箕面山野の歴史』（清文社，1986），『ケヤキ林の育成法』（大阪営林局森林施業研究会，1992），『松と日本人』（人文書院，1993，第47回毎日出版文化賞受賞），『松――日本の心と風景』（人文書院，1994），『広葉樹林施業』（分担執筆，（財）全国林業普及協会，1994），『松茸』（法政大学出版局，1997），『梅Ⅰ・Ⅱ』（法政大学出版局，1999），『梅干』（法政大学出版局，2001），『里山Ⅰ・Ⅱ』（法政大学出版局，2004），『資料　日本植物文化誌』（八坂書房，2005）『桜Ⅰ・Ⅱ』（法政大学出版局，2007），『秋の七草』『春の七草』（法政大学出版局，2008）

ものと人間の文化史　149-Ⅰ・杉（すぎ）Ⅰ

2010年2月16日　初版第1刷発行

著　者　© 有　岡　利　幸
発行所　財団法人　法政大学出版局
〒102-0073 東京都千代田区九段北3-2-7
電話03(5214)5540／振替00160-6-95814
印刷・三和印刷／製本・誠製本

Printed in Japan

ISBN978-4-588-21491-2

ものと人間の文化史

★第9回梓会出版文化賞受賞

人間が〈もの〉とのかかわりを通じて営々と築いてきた暮らしの足跡を具体的に辿りつつ文化・文明の基礎を問いなおす。手づくりの〈もの〉の記憶が失われ、〈もの〉離れが進行する危機の時代におくる豊穣な百科叢書。

1 船　須藤利一編
海国日本では古来、漁業・水運・交易はもとより、大陸文化も船によって運ばれた。本書は造船技術、航海の模様の推移を中心に、漂流、船霊信仰、伝説の数々を語る。　四六判368頁　'68

2 狩猟　直良信夫
人類の歴史は狩猟から始まった。本書は、わが国の遺跡に出土する獣骨、猟具の実証的考察をおこないながら、狩猟をつうじて発展した人間の知恵と生活の軌跡を辿る。　四六判272頁　'68

3 からくり　立川昭二
〈からくり〉は自動機械であり、驚嘆すべき庶民の技術的創意がこめられている。本書は、日本と西洋のからくりを発掘・復元・遍歴し、埋もれた技術の水脈をさぐる。　四六判410頁　'69

4 化粧　久下司
美を求める人間の心が生みだした化粧―その手法と道具に語らせた人間の欲望と本性、そして社会関係。歴史を遡り、全国を踏査して書かれた比類ない美と醜の文化史。　四六判368頁　'70

5 番匠　大河直躬
番匠はわが国中世の建築工匠。地方・在地を舞台に開花した彼らの造型・装飾・工法等の諸技術、さらに信仰と生活等、職人以前の独自で多彩な工匠的世界を描き出す。　四六判288頁　'71

6 結び　額田巌
〈結び〉の発達は人間の叡知の結晶である。本書はその諸形態および技法を作業・装飾・象徴の三つの系譜に辿り、〈結び〉のすべてを民俗学的・人類学的に考察する。　四六判264頁　'72

7 塩　平島裕正
人類史に貴重な役割を果たしてきた塩をめぐって、発見から伝承・製造技術の発展過程にいたる総体を歴史的に描き出すとともに、その多彩な効用と味覚の秘密を解く。　四六判272頁　'73

8 はきもの　潮田鉄雄
田下駄・かんじき・わらじなど、日本人の生活の礎となってきた伝統的はきものの成り立ちと変遷を、二〇年余の実地調査と細密な観察・描写によって辿る庶民生活史　四六判280頁　'73

9 城　井上宗和
古代城塞・城柵から近世代名の居城として集大成されるまでの日本の城の変遷を辿り、文化の各領野で果たしてきたその役割を再検討。あわせて世界城郭史に位置づける。　四六判310頁　'73

10 竹　室井綽
食生活、建築、民芸、造園、信仰等々にわたって、竹と人間との交流史は驚くほど深く永い。その多岐にわたる発展の過程を個々に辿り、竹の特異な性格を浮彫にする。　四六判324頁　'73

11 海藻　宮下章
古来日本人にとって生活必需品とされてきた海藻をめぐって、その採取・加工法の変遷、商品としての流通史および神事・祭事での役割に至るまでを歴史的に考証する。　四六判330頁　'74

12 **絵馬** 岩井宏實
古くは祭礼における神への献馬にはじまり、民間信仰と絵画のみごとな結晶として民衆の手で描かれ祀り伝えられてきた各地の絵馬を豊富な写真と史料によってたどる。四六判３０２頁 '74

13 **機械** 吉田光邦
畜力・水力・風力などの自然のエネルギーを利用し、幾多の改良を経て形成された初期の機械の歩みを検証し、日本文化の形成における科学・技術の役割を再検討する。四六判２４２頁 '74

14 **狩猟伝承** 千葉徳爾
狩猟には古来、感謝と慰霊の祭祀がともない、人獣交渉の豊かで意味深い歴史があった。狩猟用具、巻物、儀式具、またけものたちの生態を通して語る狩猟文化の世界。四六判３４６頁 '75

15 **石垣** 田淵実夫
採石から運搬、加工、石積みに至るまで、石垣の造成をめぐって積み重ねられてきた石工たちの苦闘の足跡を掘り起こし、その独自な技術の形成過程と伝承を集成する。四六判２２４頁 '75

16 **松** 高嶋雄三郎
日本人の精神史に深く根をおろした松の伝承に光を当て、食用、薬用等の実用の松、祭祀・観賞用の松、さらに文学・芸能・美術に表現された松のシンボリズムを説く。四六判３４２頁 '75

17 **釣針** 直良信夫
人と魚との出会いから現在に至るまで、釣針がたどった一万有余年の変遷を、世界各地の遺跡出土物を通して実証しつつ、漁撈によって生きた人々の生活と文化を探る。四六判２７８頁 '76

18 **鋸** 吉川金次
鋸鍛冶の家に生まれ、鋸の研究を生涯の課題とする著者が、出土遺品や文献・絵画により各時代の鋸を復元・実験し、庶民の手仕事にみられる驚くべき合理性を実証する。四六判３６０頁 '76

19 **農具** 飯沼二郎／堀尾尚志
鍬と犂の交代・進化の歩みとして発達したわが国農耕文化の発展経過を世界史的視野において再検討しつつ、無名の農民たちによる驚くべき創意のかずかずを記録する。四六判２２０頁 '76

20 **包み** 額田巖
結びとともに文化の起源にかかわる〈包み〉の系譜を人類史的視野において捉え、衣・食・住をはじめ社会・経済史、信仰、祭事などにおけるその実際と役割とを描く。四六判３５４頁 '77

21 **蓮** 阪本祐二
仏教における蓮の象徴的位置の成立と深化、美術・文芸等に見る人間とのかかわりを歴史的に考察。また大賀蓮はじめ多様な品種とその来歴を紹介しつつその美を語る。四六判３０６頁 '77

22 **ものさし** 小泉袈裟勝
ものをつくる人間にとって最も基本的な道具であり、数千年にわたって社会生活を律してきたその変遷を実証的に追求し、歴史の中で果たしてきた役割を浮彫りにする。四六判３１４頁 '77

23-Ⅰ **将棋Ⅰ** 増川宏一
その起源を古代インドに、我国への伝播の道すじを海のシルクロードに探り、また伝来後一千年におよぶ日本将棋の変化と発展を盤、駒、ルール等にわたって跡づける。四六判２８０頁 '77

23-Ⅱ 将棋Ⅱ 増川宏一

わが国伝来後の普及と変遷を貴族や武家・豪商の日記等に博捜し、遊戯者の歴史をあとづけると共に、中国伝来説の誤りを正し、将棋宗家の位置と役割を明らかにする。 四六判346頁 '85

24 湿原祭祀 第2版 金井典美

古代日本の自然環境に着目し、各地の湿原聖地を稲作社会との関連において捉え直して古代国家成立の背景を浮彫にしつつ、水と植物にまつわる日本人の宇宙観を探る。 四六判410頁 '77

25 臼 三輪茂雄

臼が人類の生活文化の中で果たしてきた役割を、各地に遺る貴重な民俗資料・伝承と実地調査にもとづいて解明。失われゆく道具のなかに、未来の生活文化の姿を探る。 四六判412頁 '78

26 河原巻物 盛田嘉徳

中世末期以来の被差別部落民が生きる権利を守るために偽作し護り伝えてきた河原巻物を全国にわたって踏査し、そこに秘められた最底辺の人びとの叫びに耳を傾ける。 四六判226頁 '78

27 香料 日本のにおい 山田憲太郎

焼香供養の香から趣味としての薫物へ、さらに沈香木を焚く香道へと変遷した日本の「匂い」の歴史を豊富な史料に基づいて辿り、我国風俗史の知られざる側面を描く。 四六判370頁 '78

28 神像 神々の心と形 景山春樹

神仏習合によって変貌しつつも、常にその原型＝自然を保持してきた日本の神々の造型を図像学的方法によって捉え直し、その多彩な形象に日本人の精神構造をさぐる。 四六判342頁 '78

29 盤上遊戯 増川宏一

祭具・占具としての発生を『死者の書』をはじめとする古代の文献にさぐり、形状・遊戯法を分類しつつその〈進化〉の過程を考察。〈遊戯者たちの歴史〉をも跡づける。 四六判326頁 '78

30 筆 田淵実夫

筆の里・熊野に筆づくりの現場を訪ねて、筆匠たちの境涯と製筆の由来を克明に記録しつつ、筆の発生と変遷、種類、製筆法、さらには筆塚、筆供養にまで説きおよぶ。 四六判204頁 '78

31 ろくろ 橋本鉄男

日本の山野を漂移しつづけ、高度の技術文化と幾多の伝説とをもたらした特異な旅職集団＝木地屋の生態を、その呼称、地名、伝承、文書等をもとに生き生きと描く。 四六判460頁 '79

32 蛇 吉野裕子

日本古代信仰の根幹をなす蛇巫をめぐって、祭事におけるさまざまな蛇の「もどき」や各種の蛇の造型・伝承に鋭い考証を加え、忘れられたその呪性を大胆に暴き出す。 四六判250頁 '79

33 鋏（はさみ） 岡本誠之

梃子の原理の発見から鋏の誕生に至る過程を推理し、日本鋏の特異な歴史的位置を明らかにするとともに、刀鍛冶等から転進した鋏職人たちの創意と苦闘の跡をたどる。 四六判396頁 '79

34 猿 廣瀬鎮

嫌悪と愛玩、軽蔑と畏敬の交錯する日本人とサルとの関わりあいの歴史を、狩猟伝承や祭祀・風習、美術・工芸や芸能のなかに探り、日本人の動物観を浮彫りにする。 四六判292頁 '79

35 **鮫** 矢野憲一

神話の時代から今日まで、津々浦々につたわるサメの伝承とサメをめぐる海の民俗を集成し、神饌、食用、薬用等に活用されてきたサメと人間のかかわりの変遷を描く。四六判２９２頁 '79

36 **枡** 小泉袈裟勝

米の経済の枢要をなす器として千年余にわたり日本人の生活の中に生きてきた枡の変遷をたどり、記録・伝承をもとにこの独特な計量器が果たした役割を再検討する。四六判３２２頁 '80

37 **経木** 田中信清

食品の包装材料として近年まで身近に存在した経木の起源を、こけら経や塔婆、木簡、屋根板等に遡って明らかにし、その製造・流通に携った人々の労苦の足跡を辿る。四六判２８８頁 '80

38 **色** 染と色彩 前田雨城

わが国古代の染色技術の復元と文献解読をもとに日本色彩史を体系づけ、赤・白・青・黒等におけるわが国独自の色彩感覚を探りつつ日本文化における色の構造を解明。四六判３２０頁 '80

39 **狐** 陰陽五行と稲荷信仰 吉野裕子

その伝承と文献を渉猟しつつ、中国古代哲学＝陰陽五行の原理の応用という独自の視点から、謎とされてきた稲荷信仰と狐との密接な結びつきを明快に解き明かす。四六判２３２頁 '80

40-Ⅰ **賭博Ⅰ** 増川宏一

時代、地域、階層を超えて連綿と行なわれてきた賭博。――その起源を古代の神判、スポーツ、遊戯等の中に探り、抑圧と許容の歴史を物語る。全Ⅲ分冊の〈総説篇〉。四六判２９８頁 '80

40-Ⅱ **賭博Ⅱ** 増川宏一

古代インド文学の世界からラスベガスまで、賭博の形態・用具・方法の時代的特質を明らかにし、夥しい禁令に賭博の不滅のエネルギーを見る。全Ⅲ分冊の〈外国篇〉。四六判４５６頁 '82

40-Ⅲ **賭博Ⅲ** 増川宏一

聞香、闘茶、笠附等、わが国独特の賭博を中心にその具体例を網羅し、方法の変遷に賭博の時代性を探りつつ禁令の改廃に時代の賭博観を追う。全Ⅲ分冊の〈日本篇〉。四六判３８８頁 '83

41-Ⅰ **地方仏Ⅰ** むしゃこうじ・みのる

古代から中世にかけて全国各地で作られた無銘の仏像を訪ね、素朴で多様なノミの跡に民衆の祈りと地域の願望を探る。宗教の伝播、文化の創造を考える異色の紀行。四六判２５６頁 '80

41-Ⅱ **地方仏Ⅱ** むしゃこうじ・みのる

紀州や飛騨を中心に草の根の仏たちを訪ねて、その相好と像容の魅力を探り、技法を比較考証して仏像彫刻史に位置づけつつ、中世地域社会の形成と信仰の実態に迫る。四六判２６０頁 '97

42 **南部絵暦** 岡田芳朗

田山・盛岡地方で「盲暦」として古くから親しまれてきた独得の絵解き暦を詳しく紹介しつつその全体像を復元する。その無類の生活暦は、南部農民の哀歓をつたえる。四六判２８８頁 '80

43 **野菜** 在来品種の系譜 青葉高

蕪、大根、茄子等の日本在来野菜をめぐって、その渡来・伝播経路、品種分布と栽培のいきさつを各地の伝承や古記録をもとに辿り、畑作文化の源流とその風土を描く。四六判３６８頁 '81

44 つぶて　中沢厚
弥生投弾、古代・中世の石戦と印地の様相、投石具の発達を展望しつつ、願かけの小石、正月つぶて、石こづみ等の習俗を辿り、石塊に託した民衆の願いや怒りを探る。　四六判338頁　'81

45 壁　山田幸一
弥生時代から明治期に至るわが国の壁の変遷を壁塗＝左官工事の側面から辿り直し、その技術的復元・考証を通じて建築史・文化史における壁の役割を浮き彫りにする。　四六判296頁　'81

46 簞笥（たんす）　小泉和子
近世における簞笥の出現＝箱から抽斗への転換に着目し、以降近現代に至るその変遷を社会・経済・技術の側面からあとづける。著者自身による簞笥製作の記録を付す。　四六判378頁　'82

47 木の実　松山利夫
山村の重要な食糧資源であった木の実をめぐる各地の記録・伝承を集成し、その採集・加工における幾多の試みを実地に検証しつつ、稲作農耕以前の食生活文化を復元。　四六判384頁　'82

48 秤（はかり）　小泉袈裟勝
秤の起源を東西に探るとともに、わが国律令制下における中国制度の導入、近世商品経済の発展に伴う秤座の出現、明治期近代化政策による洋式秤受容等の経緯を描く。　四六判326頁　'82

49 鶏（にわとり）　山口健児
神話・伝説をはじめ遠い歴史の中の鶏を古今東西の伝承・文献に探り、特に我国の信仰・絵画・文学等に遺された鶏の足跡を追って、鶏をめぐる民俗の記憶を蘇らせる。　四六判346頁　'83

50 燈用植物　深津正
人類が燈火を得るために用いてきた多種多様な植物との出会いと個個の植物の来歴、特性及びはたらきを詳しく検証しつつ「あかり」の原点を問いなおす異色の植物誌。　四六判442頁　'83

51 斧・鑿・鉋（おの・のみ・かんな）　吉川金次
古墳出土品や文献・絵画をもとに、古代から現代までの斧・鑿・鉋を復元・実験し、労働体験によって生まれた民衆の知恵と道具の変遷を蘇らせる異色の日本木工具史。　四六判304頁　'84

52 垣根　額田巌
大和・山辺の道に神々と垣との関わりを探り、各地に垣の伝承を訪ねて、寺院の垣、民家の垣、露地の垣など、風土と生活に培われた生垣の独特のはたらきと美を描く。　四六判234頁　'84

53-Ⅰ 森林Ⅰ　四手井綱英
森林生態学の立場から、森林のなりたちとその生活史を辿りつつ、産業の発展と消費社会の拡大により刻々と変貌する森林の現状を語り、未来への再生のみちをさぐる。　四六判306頁　'85

53-Ⅱ 森林Ⅱ　四手井綱英
森林と人間との多様なかかわりを包括的に語り、人と自然が共生するための森や里山をいかにして創出するか、森林再生への具体的な方策を提示する21世紀への提言。　四六判308頁　'98

53-Ⅲ 森林Ⅲ　四手井綱英
地球規模で進行しつつある森林破壊の現状を実地に踏査し、森と人が共存する日本人の伝統的自然観を未来へ伝えるために、いま何が必要なのかを具体的に提言する。　四六判304頁　'00

54 **海老**（えび）　酒向昇

人類との出会いからエビの科学、漁法、さらには調理法を語り、めでたい姿態と色彩にまつわる多彩なエビの民俗を、地名や人名、詩歌・文学、絵画や芸能の中に探る。四六判４２８頁　'85

55-Ⅰ **藁**（わら）Ⅰ　宮崎清

稲作農耕とともに二千年余の歴史をもち、日本人の全生活領域に生きてきた藁の文化を日本文化の原型として捉え、風土に根ざしたそのゆたかな遺産を詳細に検討する。四六判４００頁　'85

55-Ⅱ **藁**（わら）Ⅱ　宮崎清

床・畳から壁・屋根にいたる住居における藁の製作・使用のメカニズムを明らかにし、日本人の生活空間における藁の役割を見なおすとともに、藁の文化の復権を説く。四六判４００頁　'85

56 **鮎**　松井魁

清楚な姿態と独特な味覚によって、日本人の目と舌を魅了しつづけてきたアユ――その形態と分布、生態、漁法等を詳述し、古今のアユ料理や文芸にみるアユにおよぶ。四六判２９６頁　'86

57 **ひも**　額田巌

物と物、人と物とを結びつける不思議な力を秘めた「ひも」の謎を追って、民俗学的視点から多角的なアプローチを試みる。『結び』、『包み』につづく三部作の完結篇。四六判２５０頁　'86

58 **石垣普請**　北垣聰一郎

近世石垣の技術者集団「穴太」の足跡を辿り、各地城郭の石垣遺構の実地調査と資料・文献をもとに石垣普請の歴史的系譜を復元しつつ石工たちの技術伝承を集成する。四六判４３８頁　'87

59 **碁**　増川宏一

その起源を古代の盤上遊戯に探ると共に、定着以来二千年の歴史を時代の状況や遊び手の社会環境との関わりにおいて跡づける。逸話や伝説を排して綴る初の囲碁全史。四六判３６６頁　'87

60 **日和山**（ひよりやま）　南波松太郎

千石船の時代、航海の安全のために観天望気した日和山――多くは忘れられ、あるいは失われた船舶・航海史の貴重な遺跡を追って、全国津々浦々におよんだ調査紀行。四六判３８２頁　'88

61 **篩**（ふるい）　三輪茂雄

臼とともに人類の生産活動に不可欠な道具であった篩、箕(み)、笊(ざる)の多彩な変遷を豊富な図解入りでたどり、現代技術の先端に再生するまでの歩みをえがく。四六判３３４頁　'89

62 **鮑**（あわび）　矢野憲一

縄文時代以来、貝肉の美味と貝殻の美しさによって日本人を魅了し続けてきたアワビ――その生態と養殖、神饌としての歴史、漁法、螺鈿の技法からアワビ料理に及ぶ。四六判３４４頁　'89

63 **絵師**　むしゃこうじ・みのる

日本古代の渡来画工から江戸前期の菱川師宣まで、時代の代表的絵師の列伝で辿る絵画制作の文化史。前近代社会における絵画の意味や芸術創造の社会的条件を考える。四六判２３０頁　'90

64 **蛙**（かえる）　碓井益雄

動物学の立場からその特異な生態を描き出すとともに、和漢洋の文献資料を駆使して故事・習俗・神事・民話・文芸・美術工芸にわたる蛙の多彩な活躍ぶりを活写する。四六判３８２頁　'89

65-I 藍（あい）I 風土が生んだ色　竹内淳子

全国各地の〈藍の里〉を訪ねて、藍栽培から染色・加工のすべてにわたり、藍とともに生きた人々の伝承を克明に描き、風土と人間が生んだ〈日本の色〉の秘密を探る。四六判４１６頁 '91

65-II 藍（あい）II 暮らしが育てた色　竹内淳子

日本の風土に生まれ、伝統に育てられた藍が、今なお暮らしの中で生き生きと活躍しているさまを、手わざに生きる人々との出会いを通じて描く。藍の里紀行の続篇。四六判４０６頁 '99

66 橋　小山田了三

丸木橋・舟橋・吊橋から板橋・アーチ型石橋まで、人々に親しまれてきた各地の橋を訪ねて、その来歴と築橋の技術伝承を辿り、土木文化の伝播・交流の足跡をえがく。四六判３１２頁 '91

67 箱　宮内悊

日本の伝統的な箱（櫃）と西欧のチェストを比較文化史の視点から考察し、居住・収納・運搬・装飾の各分野における箱の重要な役割とその多彩な文化を浮彫りにする。四六判３９０頁 '91

68-I 絹I　伊藤智夫

養蚕の起源を神話や説話に探り、伝来の時期とルートを跡づけ、記紀・万葉の時代から近世に至るまで、それぞれの時代・社会・階層が生み出した絹の文化を描き出す。四六判３０４頁 '92

68-II 絹II　伊藤智夫

生糸と絹織物の生産と輸出が、わが国の近代化にはたした役割を描くと共に、養蚕の道具、信仰や庶民生活にわたる養蚕と絹の民俗、さらには蚕の種類と生態におよぶ。四六判２９４頁 '92

69 鯛（たい）　鈴木克美

古来「魚の王」とされてきた鯛をめぐって、その生態・味覚から漁法、祭り、工芸、文芸にわたる多彩な伝承文化を語りつつ、鯛と日本人とのかかわりの原点をさぐる。四六判４１８頁 '92

70 さいころ　増川宏一

古代神話の世界から近現代の博徒の動向まで、さいころの役割を各時代・社会に位置づけ、木の実や貝殻のさいころから投げ棒型や立方体のさいころへの変遷をたどる。四六判３７４頁 '92

71 木炭　樋口清之

炭の起源から炭焼、流通、経済、文化にわたる木炭の歩みを歴史・考古・民俗の知見を総合して描き出し、独自で多彩な文化を育んできた木炭の尽きせぬ魅力を語る。四六判２９６頁 '93

72 鍋・釜（なべ・かま）　朝岡康二

日本をはじめ韓国、中国、インドネシアなど東アジアの各地を歩きながら鍋・釜の製作と使用の現場に立ち会い、調理をめぐる庶民生活の変遷とその交流の足跡を探る。四六判３２６頁 '93

73 海女（あま）　田辺悟

その漁の実際と社会組織、風習、信仰、民具などを克明に描くとともに海女の起源・分布・交流を探り、わが国漁撈文化の古層としての海女の生活と文化をあとづける。四六判２９４頁 '93

74 蛸（たこ）　刀禰勇太郎

蛸をめぐる信仰や多彩な民間伝承を紹介するとともに、その生態・分布・捕獲法・繁殖と保護・調理法などを集成し、日本人と蛸との知られざるかかわりの歴史を探る。四六判３７０頁 '94

75 曲物（まげもの） 岩井宏實
桶・樽出現以前から伝承され、古来最も簡便・重宝な木製容器として愛用された曲物の加工技術と機能・利用形態の変遷をさぐり、手づくりの「木の文化」を見なおす。四六判318頁 '94

76-I 和船I 石井謙治
江戸時代の海運を担った千石船（弁才船）について、その構造と技術、帆走性能を綿密に調査し、通説の誤りを正すとともに、海難と信仰、船絵馬等の考察にもおよぶ。四六判436頁 '95

76-II 和船II 石井謙治
造船史から見た著名な船を紹介し、遣唐使船や遣欧使節船、幕末の洋式船における外国技術の導入について論じつつ、船の名称と船型を海船・川船にわたって解説する。四六判316頁 '95

77-I 反射炉I 金子功
日本初の佐賀鍋島藩の反射炉と精錬方＝理化学研究所、島津藩の反射炉と集成館＝近代工場群を軸に、日本の産業革命の時代における人と技術を現地に訪ねて発掘する。四六判244頁 '95

77-II 反射炉II 金子功
伊豆韮山の反射炉をはじめ、全国各地の反射炉建設にかかわった有名無名の人々の足跡をたどり、開国か攘夷かに揺れる幕末の政治と社会の悲喜劇をも生き生きと描く。四六判226頁 '95

78-I 草木布（そうもくふ）I 竹内淳子
風土に育まれた布を求めて全国各地を歩き、木綿普及以前に山野の草木を利用して豊かな衣生活文化を築き上げてきた庶民の知られざる知恵のかずかずを実地にさぐる。四六判282頁 '95

78-II 草木布（そうもくふ）II 竹内淳子
アサ、クズ、シナ、コウゾ、カラムシ、フジなどの草木の繊維から、どのようにして糸を採り、布を織っていたのか——聞書きをもとに忘れられた技術と文化を発掘する。四六判282頁 '95

79-I すごろくI 増川宏一
古代エジプトのセネト、ヨーロッパのバクギャモン、中近東のナルド、中国の双陸などの系譜に日本の盤雙六を位置づけ、遊戯・賭博としてのその数奇なる運命を辿る。四六判312頁 '95

79-II すごろくII 増川宏一
ヨーロッパの鵞鳥のゲームから日本中世の浄土双六、近世の華麗な絵双六、さらには近現代の少年誌の附録まで、絵双六の変遷を追って時代の社会・文化を読みとる。四六判390頁 '95

80 パン 安達巖
古代オリエントに起ったパン食文化が中国・朝鮮を経て弥生時代の日本に伝えられたことを史料と伝承をもとに解明し、わが国パン食文化二〇〇〇年の足跡を描き出す。四六判260頁 '96

81 枕（まくら） 矢野憲一
神さまの枕・大嘗祭の枕から枕絵の世界まで、人生の三分の一を共に過す枕をめぐって、その材質の変遷を辿り、伝説と怪談、俗信と民俗、エピソードを興味深く語る。四六判252頁 '96

82-I 桶・樽（おけ・たる）I 石村真一
日本、中国、朝鮮、ヨーロッパにわたる厖大な資料を集成してその豊かな文化の系譜を探り、東西の木工技術史を比較しつつ世界史的視野から桶・樽の文化を描き出す。四六判388頁 '97

82-Ⅱ　桶・樽（おけ・たる）Ⅱ　石村真一
多数の調査資料と絵画・民俗資料をもとにその製作技術を復元し、東西の木工技術を比較考証しつつ、技術文化史の視点から桶・樽製作の実態とその変遷を跡づける。　四六判372頁　'97

82-Ⅲ　桶・樽（おけ・たる）Ⅲ　石村真一
樹木と人間とのかかわり、製作者と消費者とのかかわりを通じて桶樽と生活文化の変遷を考察し、木材資源の有効利用という視点から桶樽の文化史的役割を浮彫にする。　四六判352頁　'97

83-Ⅰ　貝Ⅰ　白井祥平
世界各地の現地調査と文献資料を駆使して、古来至高の財宝とされてきた宝貝のルーツとその変遷を探り、貝と人間とのかかわりの歴史を「貝貨」の文化史として描く。　四六判386頁　'97

83-Ⅱ　貝Ⅱ　白井祥平
サザエ、アワビ、イモガイなど古来人類とかかわりの深い貝をめぐって、その生態・分布・地方名、装身具や貝貨としての利用法などを豊富なエピソードを交えて語る。　四六判328頁　'97

83-Ⅲ　貝Ⅲ　白井祥平
シンジュガイ、ハマグリ、アカガイ、シャコガイなどをめぐって世界各地の民族誌を渉猟し、それらが人類文化に残した足跡を辿る。参考文献一覧／総索引を付す。　四六判392頁　'97

84　松茸（まつたけ）　有岡利幸
秋の味覚として古来珍重されてきた松茸の由来を求めて、稲作文化と里山（松林）の生態系から説きおこし、日本人の伝統的生活文化の中に松茸流行の秘密をさぐる。　四六判296頁　'97

85　野鍛冶（のかじ）　朝岡康二
鉄製農具の製作・修理・再生を担ってきた農鍛冶の歴史的役割を探り、近代化の大波の中で変貌する職人技術の実態をアジア各地のフィールドワークを通して描き出す。　四六判280頁　'98

86　稲　品種改良の系譜　菅　洋
作物としての稲の誕生、稲の渡来と伝播の経緯から説きおこし、明治以降主として庄内地方の民間育種家の手によって飛躍的発展をとげたわが国品種改良の歩みを描く。　四六判332頁　'98

87　橘（たちばな）　吉武利文
永遠のかぐわしい果実として日本の神話・伝説に特別の位置を占めて語り継がれてきた橘をめぐって、その育まれた風土とかずかずの伝承の中に日本文化の特質を探る。　四六判286頁　'98

88　杖（つえ）　矢野憲一
神の依代としての杖や仏教の錫杖に杖と信仰とのかかわりを探り、人類が突きつつ歩んだその歴史と民俗を興味ぶかく語る。多彩な材質と用途を網羅した杖の博物誌。　四六判314頁　'98

89　もち（糯・餅）　渡部忠世／深澤小百合
モチイネの栽培・育種から食品加工、民俗、儀礼にわたってそのルーツと伝承の足跡をたどり、アジア稲作文化という広範な視野からこの特異な食文化の謎を解明する。　四六判330頁　'98

90　さつまいも　坂井健吉
その栽培の起源と伝播経路を跡づけるとともに、わが国伝来後四百年の経緯を詳細にたどり、世界に冠たる育種と栽培・利用法を築いた人々の知られざる足跡をえがく。　四六判328頁　'99

91 珊瑚（さんご） 鈴木克美

海岸の自然保護に重要な役割を果たす岩石サンゴから宝飾品として知られる宝石サンゴまで、人間生活と深くかかわってきたサンゴの多彩な姿を人類文化史として描く。四六判370頁 '99

92-Ⅰ 梅Ⅰ 有岡利幸

万葉集、源氏物語、五山文学などの古典や天神信仰に表れた梅の足跡を克明に辿りつつ日本人の精神史に刻印された梅を浮彫にし、梅と日本人の二〇〇〇年史を描く。四六判274頁 '99

92-Ⅱ 梅Ⅱ 有岡利幸

その植生と栽培、伝承、梅の名所や鑑賞法の変遷から戦前の国定教科書に表れた梅まで、梅と日本人との多彩なかかわりを探り、桜との対比において梅の文化史を描く。四六判338頁 '99

93 木綿口伝（もめんくでん） 第2版 福井貞子

老女たちからの聞書を経糸とし、厖大な遺品・資料を緯糸として、母から娘へと幾代にも伝えられた手づくりの木綿文化を掘り起し、近代の木綿の盛衰を描く。増補版 四六判336頁 '00

94 合せもの 増川宏一

「合せる」には古来、一致させるの他に、競う、闘う、比べる等の意味があった。貝合せや絵合せ等の遊戯・賭博を中心に、広範な人間の営みを「合せる」行為に辿る。四六判300頁 '00

95 野良着（のらぎ） 福井貞子

明治初期から昭和四〇年までの野良着を収集・分類・整理し、それらの用途と年代、形態、材質、重量、呼称などを精査して、働く庶民の創意にみちた生活史を描く。四六判292頁 '00

96 食具（しょくぐ） 山内昶

東西の食文化に関する資料を渉猟し、食法の違いを人間の自然に対するかかわり方の違いとして捉えつつ、食具を人間と自然をつなぐ基本的な媒介物として位置づける。四六判292頁 '00

97 鰹節（かつおぶし） 宮下章

黒潮からの贈り物・カツオの漁法から鰹節の製法や食法、商品としての流通までを歴史的に展望するとともに、沖縄やモルジブ諸島の調査をもとにそのルーツを探る。四六判382頁 '00

98 丸木舟（まるきぶね） 出口晶子

先史時代から現代の高度文明社会まで、もっとも長期にわたり使われてきた刳り舟に焦点を当て、その技術伝承を辿りつつ、森や水辺の文化の広がりと動態をえがく。四六判324頁 '01

99 梅干（うめぼし） 有岡利幸

日本人の食生活に不可欠の自然食品・梅干をつくりだした先人たちの知恵に学ぶとともに、健康増進に驚くべき薬効を発揮する、その知られざるパワーの秘密を探る。四六判300頁 '01

100 瓦（かわら） 森郁夫

仏教文化と共に中国・朝鮮から伝来し、一四〇〇年にわたり日本の建築を飾ってきた瓦をめぐって、発掘資料をもとにその製造技術、形態、文様などの変遷をたどる。四六判320頁 '01

101 植物民俗 長澤武

衣食住から子供の遊びまで、幾世代にも伝承された植物をめぐる暮らしの知恵を克明に記録し、高度経済成長期以前の農山村の豊かな生活文化を愛惜をこめて描き出す。四六判348頁 '01

102 **箸**（はし）　向井由紀子／橋本慶子

そのルーツを中国、朝鮮半島に探るとともに、日本人の食生活に不可欠の食具となり、日本文化のシンボルとされるまでに洗練された箸の文化の変遷を総合的に描く。　四六判３３４頁　'01

103 **採集**　ブナ林の恵み　赤羽正春

縄文時代から今日に至る採集・狩猟民の暮らしを復元し、動物の生態系と採集生活の関連を明らかにしつつ、民俗学と考古学の両面から山に生かされた人々の姿を描く。　四六判２９８頁　'01

104 **下駄**　神のはきもの　秋田裕毅

古墳や井戸等から出土する下駄に着目し、下駄が地上と地下の他界を結ぶ聖なるはきものであったという大胆な仮説を提出、日本の神々の忘れられた側面を浮彫にする。　四六判３０４頁　'02

105 **絣**（かすり）　福井貞子

膨大な絣遺品を収集・分類し、絣産地を実地に調査して絣の技法と文様の変遷を地域別・時代別に跡づけ、明治・大正・昭和の手づくりの染織文化の盛衰を描き出す。　四六判３１０頁　'02

106 **網**（あみ）　田辺悟

漁網を中心に、網に関する基本資料を網羅して網の変遷と網をめぐる民俗を体系的に描き出し、網の文化を集成する。「網に関する小事典」「網のある博物館」を付す。　四六判３１６頁　'02

107 **蜘蛛**（くも）　斎藤慎一郎

「土蜘蛛」の呼称で畏怖される一方「クモ合戦」など子供の遊びとしても親しまれてきたクモと人間との長い交渉の歴史をその深層に遡って追究した異色のクモ文化論。　四六判３２０頁　'02

108 **襖**（ふすま）　むしゃこうじ・みのる

襖の起源と変遷を建築史・絵画史の中に探りつつその用と美を浮彫にし、衝立・障子・屏風等と共に日本建築の空間構成に不可欠の建具となるまでの経緯を描き出す。　四六判２７０頁　'02

109 **漁撈伝承**（ぎょろうでんしょう）　川島秀一

漁師たちからの聞き書きをもとに、寄り物、船霊、大漁旗など、漁撈にまつわる〈もの〉の伝承を集成し、海の道によって運ばれた習俗や信仰の民俗地図を描き出す。　四六判３３４頁　'03

110 **チェス**　増川宏一

世界中に数億人の愛好者を持つチェスの起源と文化を、欧米における膨大な研究の蓄積を渉猟しつつ探り、日本への伝来の経緯から美術工芸品としてのチェスにおよぶ。　四六判２９８頁　'03

111 **海苔**（のり）　宮下章

海苔の歴史は厳しい自然とのたたかいの歴史だった――採取から養殖、加工、流通、消費に至る先人たちの苦難の歩みを史料と実地調査によって浮彫にする食物文化史。　四六判１７２頁　'03

112 **屋根**　檜皮葺と杮葺　原田多加司

屋根葺師一〇代の著者が、自らの体験と職人の本懐を語り、連綿として受け継がれてきた伝統の手わざを体系的にたどりつつ伝統技術の保存と継承の必要性を訴える。　四六判３４０頁　'03

113 **水族館**　鈴木克美

初期水族館の歩みを創始者たちの足跡を通して辿りなおし、水族館をめぐる社会の発展と風俗の変遷を描き出すとともにその未来像をさぐる初の〈日本水族館史〉の試み。　四六判２９０頁　'03

114 **古着**（ふるぎ）　朝岡康二

仕立てと着方、管理と保存、再生と再利用等にわたり衣生活の変容を近代の日常生活の変化として捉え直し、衣服をめぐるリサイクル文化が形成される経緯を描き出す。四六判２９２頁　'03

115 **柿渋**（かきしぶ）　今井敬潤

染料・塗料をはじめ生活百般の必需品であった柿渋の伝承を記録し、文献資料をもとにその製造技術と利用の実態を明らかにして、忘れられた豊かな生活技術を見直す。四六判２９４頁　'03

116-Ⅰ **道Ⅰ**　武部健一

道の歴史を先史時代から説き起こし、古代律令制国家の要請によって駅路が設けられ、しだいに幹線道路として整えられてゆく経緯を技術史・社会史の両面からえがく。四六判２４８頁　'03

116-Ⅱ **道Ⅱ**　武部健一

中世の鎌倉街道、近世の五街道、近代の開拓道路から現代の高速道路網までを通観し、道路を拓いた人々の手によって今日の交通ネットワークが形成された歴史を語る。四六判２８０頁　'03

117 **かまど**　狩野敏次

日常の煮炊きの道具であるとともに祭りと信仰に重要な位置を占めてきたカマドをめぐる忘れられた伝承を掘り起こし、民俗空間の壮大なコスモロジーを浮彫りにする。四六判２９２頁　'04

118-Ⅰ **里山Ⅰ**　有岡利幸

縄文時代から近世までの里山の変遷を人々の暮らしと植生の変化の両面から跡づけ、その源流を記紀万葉に描かれた里山の景観や大和・三輪山の古記録・伝承等に探る。四六判２７６頁　'04

118-Ⅱ **里山Ⅱ**　有岡利幸

明治の地租改正による山林の混乱、相次ぐ戦争による山野の荒廃、エネルギー革命、高度成長による大規模開発など、近代化の荒波に翻弄される里山の見直しを説く。四六判２７４頁　'04

119 **有用植物**　菅　洋

人間生活に不可欠のものとして利用されてきた身近な植物たちの来歴と栽培・育種・品種改良・伝播の経緯を平易に語り、植物と共に歩んだ文明の足跡を浮彫にする。四六判３２４頁　'04

120-Ⅰ **捕鯨Ⅰ**　山下渉登

世界の海で展開された鯨と人間との格闘の歴史を振り返り、「大航海時代」の副産物として開始された捕鯨業の誕生以来四〇〇年にわたる盛衰の社会的背景をさぐる。四六判３１４頁　'04

120-Ⅱ **捕鯨Ⅱ**　山下渉登

近代捕鯨の登場により鯨資源の激減を招き、捕鯨の規制・管理のための国際条約締結に至る経緯をたどり、グローバルな課題としての自然環境問題を浮き彫りにする。四六判３１２頁　'04

121 **紅花**（べにばな）　竹内淳子

栽培、加工、流通、利用の実際を現地に探訪して紅花とかかわってきた人々からの聞き書きを集成し、忘れられた〈紅花文化〉を復元しつつその豊かな味わいを見直す。四六判３４６頁　'04

122-Ⅰ **もののけⅠ**　山内昶

日本の妖怪変化、未開社会の〈マナ〉、西欧の悪魔やデーモンを比較考察し、名づけ得ぬ未知の対象を指す万能のゼロ記号〈もの〉をめぐる人類文化史を跡づける博物誌。四六判３２０頁　'04

122-Ⅱ ものの け Ⅱ 山内昶
日本の鬼、古代ギリシアのダイモン、中世の異端狩り・魔女狩り等々をめぐり、自然＝カオスと文化＝コスモスの対立の中で〈野生の思考〉が果たしてきた役割をさぐる。四六判２８０頁 '04

123 染織（そめおり） 福井貞子
自らの体験と厖大な残存資料をもとに、糸づくりから織り、染めにわたる手づくりの豊かな生活文化を見直す。創意にみちた手わざのかずかずを復元する庶民生活誌。四六判２９４頁 '05

124-Ⅰ 動物民俗Ⅰ 長澤武
神として崇められたクマやシカをはじめ、人間にとって不可欠の鳥獣や魚、さらには人間を脅かす動物など、多種多様な動物たちと交流してきた人々の暮らしの民俗誌。四六判２６４頁 '05

124-Ⅱ 動物民俗Ⅱ 長澤武
動物の捕獲法をめぐる各地の伝承を紹介するとともに、全国で語り継がれてきた多彩な動物民話・昔話を渉猟し、暮らしの中で培われた動物フォークロアの世界を描く。四六判２６６頁 '05

125 粉（こな） 三輪茂雄
粉体の研究をライフワークとする著者が、粉食の発見からナノテクノロジーまで、人類文明の歩みを〈粉〉の視点から捉え直した壮大なスケールの〈文明の粉体史観〉 四六判３０２頁 '05

126 亀（かめ） 矢野憲一
浦島伝説や「兎と亀」の昔話によって親しまれてきた亀のイメージの起源を探り、古代の亀卜の方法から、亀にまつわる信仰と迷信、鼈甲細工やスッポン料理におよぶ。四六判３３０頁 '05

127 カツオ漁 川島秀一
一本釣り、カツオ漁場、船上の生活、船霊信仰、祭りと禁忌など、カツオ漁にまつわる漁師たちの伝承を集成し、黒潮に沿って伝えられた漁民たちの文化を掘り起こす。四六判３７０頁 '05

128 裂織（さきおり） 佐藤利夫
木綿の風合いと強靭さを生かした裂織の技と美をすぐれたリサイクル文化として見なおす。東西文化の中継地・佐渡の古老たちからの聞書をもとに歴史と民俗をえがく。四六判３０８頁 '05

129 イチョウ 今野敏雄
「生きた化石」として珍重されてきたイチョウの生い立ちと人々の生活文化とのかかわりの歴史をたどり、この最古の樹木に秘められたパワーを最新の中国文献にさぐる。四六判３１２頁［品切］ '05

130 広告 八巻俊雄
のれん、看板、引札からインターネット広告までを通観し、いつの時代にも広告が人々の暮らしと密接にかかわって独自の文化を形成してきた経緯を描く広告の文化史。四六判２７６頁 '06

131-Ⅰ 漆（うるし）**Ⅰ** 四柳嘉章
全国各地で発掘された考古資料を対象に科学的解析を行ない、縄文時代から現代に至る漆の技術と文化を跡づける試み。漆が日本人の生活と精神に与えた影響を探る。四六判２７４頁 '06

131-Ⅱ 漆（うるし）**Ⅱ** 四柳嘉章
遺跡や寺院等に遺る漆器を分析し体系づけるとともに、絵巻物や文学作品の考証を通じて、職人や産地の形成、漆工芸の地場産業としての発展の経緯などを考察する。四六判２１６頁 '06

132 まな板　石村眞一
日本、アジア、ヨーロッパ各地のフィールド調査と考古・文献・絵画・写真資料をもとにまな板の素材・構造・使用法を分類し、多様な食文化とのかかわりをさぐる。　四六判372頁　'06

133-Ⅰ 鮭・鱒（さけ・ます）Ⅰ　赤羽正春
鮭・鱒をめぐる民俗研究の前史から現在までを概観するとともに、原初的な漁法から商業的漁法にわたる多彩な漁法と用具、漁場と社会組織の関係などを明らかにする。　四六判292頁　'06

133-Ⅱ 鮭・鱒（さけ・ます）Ⅱ　赤羽正春
鮭漁をめぐる行事、鮭捕り衆の生活等を聞き取りによって再現し、人工孵化事業の発展とそれを担った先人たちの業績を明らかにするとともに、鮭・鱒の料理におよぶ。　四六判352頁　'06

134 遊戯　その歴史と研究の歩み　増川宏一
古代から現代まで、日本と世界の遊戯の歴史を概説し、内外の研究者との交流の中で得られた最新の知見をもとに、研究の出発点と目的を論じ、現状と未来を展望する。　四六判296頁　'06

135 石干見（いしひみ）　田和正孝編
沿岸部に石垣を築き、潮汐作用を利用して漁獲する原初的漁法を日・韓・台に残る遺構と伝承の調査・分析をもとに復元し、東アジアの伝統的漁撈文化を浮彫りにする。　四六判332頁　'07

136 看板　岩井宏實
江戸時代から明治・大正・昭和初期までの看板の歴史を生活文化史の視点から考察し、多種多様な生業の起源と変遷を多数の図版をもとに紹介する〈図説商売往来〉。　四六判266頁　'07

137-Ⅰ 桜Ⅰ　有岡利幸
そのルーツと生態から説きおこし、和歌や物語に描かれた古代社会の桜観から「花は桜木、人は武士」の江戸の花見の流行まで、日本人と桜のかかわりの歴史をさぐる。　四六判382頁　'07

137-Ⅱ 桜Ⅱ　有岡利幸
明治以後、軍国主義と愛国心のシンボルとして政治的に利用されてきた桜の近代史を辿るとともに、日本人の生活と共に歩んだ「咲く花、散る花」の栄枯盛衰を描く。　四六判400頁　'07

138 麴（こうじ）　一島英治
日本の気候風土の中で稲作と共に育まれた麴菌のすぐれたはたらきの秘密を探り、醸造化学に携わった人々の足跡をたどりつつ醱酵食品と日本人の食生活文化を考える。　四六判244頁　'07

139 河岸（かし）　川名登
近世初頭、河川水運の隆盛と共に物流のターミナルとして賑わい、船旅や遊廓などをもたらした河岸（川の港）の盛衰を河岸に生きる人々の暮らしの変遷としてえがく。　四六判300頁　'07

140 神饌（しんせん）　岩井宏實／日和祐樹
土地に古くから伝わる食物を神に捧げる神饌儀礼に祭りの本義を探り、近畿地方主要神社の伝統的儀礼をつぶさに調査して、豊富な写真と共にその実際を明らかにする。　四六判374頁　'07

141 駕籠（かご）　櫻井芳昭
その様式、利用の実態、地域ごとの特色、車の利用を抑制する交通政策との関連から駕籠かきたちの風俗までを明らかにし、日本交通史の知られざる側面に光を当てる。　四六判294頁　'07

142 **追込漁**（おいこみりょう） 川島秀一

沖縄の島々をはじめ、日本各地で今なお行なわれている沿岸漁撈を実地に精査し、魚の生態と自然条件を知り尽した漁師たちの知恵と技を見直しつつ漁業の原点を探る。四六判368頁 '08

143 **人魚**（にんぎょ） 田辺悟

ロマンとファンタジーに彩られて世界各地に伝承される人魚の実像をもとめて東西の人魚誌を渉猟し、フィールド調査と膨大な資料をもとに集成したマーメイド百科。四六判352頁 '08

144 **熊**（くま） 赤羽正春

狩人たちからの聞き書きをもとに、かつては神として崇められた熊と人間との精神史的な関係をさぐり、熊を通して人間の生存可能性にもおよぶユニークな動物文化史。四六判384頁 '08

145 **秋の七草** 有岡利幸

『万葉集』で山上憶良がうたいあげて以来、千数百年にわたり秋を代表する植物として日本人にめでられてきた七種の草花の知られざる伝承を掘り起こす植物文化誌。四六判306頁 '08

146 **春の七草** 有岡利幸

厳しい冬の季節に芽吹く若菜に大地の生命力を感じ、春の到来を祝い新年の息災を願う「七草粥」などとして食生活の中に巧みに取り入れてきた古人たちの知恵を探る。四六判272頁 '08

147 **木綿再生** 福井貞子

自らの人生遍歴と木綿を愛する人々との出会いを織り重ねて綴り、優れた文化遺産としての木綿衣料を紹介しつつ、リサイクル文化としての木綿再生のみちを模索する。四六判266頁 '09

148 **紫**（むらさき） 竹内淳子

今や絶滅危惧種となった紫草（ムラサキ）を育てる人びと、伝統の紫根染を今に伝える人びとを全国にたずね、貝紫染の始原を求めて吉野ヶ里におよぶ「むらさき紀行」。四六判324頁 '09

149-Ⅰ **杉Ⅰ** 有岡利幸

その生態、天然分布の状況から各地における栽培・育種、利用にいたる歩みを弥生時代から今日までの人間の営みの中で捉えなおし、わが国林業史を展望しつつ描き出す。四六判282頁 '10

149-Ⅱ **杉Ⅱ** 有岡利幸

古来神の降臨する木として崇められるとともに生活のさまざまな場面で活用され、絵画や詩歌に描かれてきた杉の文化をたどり、さらに「スギ花粉症」の原因を追究する。四六判278頁 '10

150 **井戸** 秋田裕毅（大橋信弥編）

弥生中期になぜ井戸は突然出現するのか。飲料水など生活用水ではなく、祭祀用の聖なる水を得るためだったのではないか。目的や構造の変遷、宗教との関わりをたどる。四六判260頁 '10